21世纪高等学校计算机基础实用规划教材

大学计算机基础

赵杉 赵春 主编

孙炼 杨建 副主编

U0361868

清华大学出版社

北京

内 容 简 介

本书针对非计算机专业大学生的特点,在作者多年大学计算机基础教学经验累积的基础上,吸取了国内外同类教材的优点,以强调应用技能为目标,以实践性和实用型为编著原则进行编写。为便于读者学习和上机操作,本书配有实验指导教材。

全书以应用软件为主线,先讲解计算机基础知识;再介绍软件使用方法,包括计算机操作系统Windows 7、计算机网络基础、办公软件 Office 2010;最后是实验指导。教材内容编排由浅到深、循序渐进,以应用为主、兼顾基础知识。写作风格力求概念清晰、语言简洁、通俗易懂。为了加强实验教学和检查学习效果,每章末附有实验练习题目和课外学习题,将课堂教学和实验教学融为一体。

本书可以作为高等学校非计算机专业的教材,也可供参加计算机等级考试(一级、二级)的考生以及普通读者自学使用。

图书在版编目(CIP)数据

大学计算机基础/赵杉等主编. —北京:清华大学出版社,2015(2023.7重印)
21世纪高等学校计算机基础实用规划教材
ISBN 978-7-302-41212-0

Ⅰ. ①大… Ⅱ. ①赵… Ⅲ. ①电子计算机－高等学校－教材 Ⅳ. ①TP3

中国版本图书馆 CIP 数据核字(2015)第 184825 号

责任编辑:付弘宇 薛 阳
封面设计:何凤霞
责任校对:梁 毅
责任印制:杨 艳

出版发行:清华大学出版社
  网 址:http://www.tup.com.cn,http://www.wqbook.com
  地 址:北京清华大学学研大厦 A 座   邮 编:100084
  社 总 机:010-83470000   邮 购:010-62786544
  投稿与读者服务:010-62776969,c-service@tup.tsinghua.edu.cn
  质量反馈:010-62772015,zhiliang@tup.tsinghua.edu.cn
  课件下载:http://www.tup.com.cn,010-83470236
印 装 者:北京鑫海金澳胶印有限公司
经 销:全国新华书店
开 本:185mm×260mm 印 张:24   字 数:596 千字
版 次:2015 年 9 月第 1 版   印 次:2023 年 7 月第 11 次印刷
印 数:37701～41500
定 价:65.00 元

产品编号:065168-02

出 版 说 明

随着我国改革开放的进一步深化,高等教育也得到了快速发展,各地高校紧密结合地方经济建设发展需要,科学运用市场调节机制,加大了使用信息科学等现代科学技术提升、改造传统学科专业的投入力度,通过教育改革合理调整和配置了教育资源,优化了传统学科专业,积极为地方经济建设输送人才,为我国经济社会的快速、健康和可持续发展以及高等教育自身的改革发展做出了巨大贡献。但是,高等教育质量还需要进一步提高以适应经济社会发展的需要,不少高校的专业设置和结构不尽合理,教师队伍整体素质亟待提高,人才培养模式、教学内容和方法需要进一步转变,学生的实践能力和创新精神亟待加强。

教育部一直十分重视高等教育质量工作。2007 年 1 月,教育部下发了《关于实施高等学校本科教学质量与教学改革工程的意见》,计划实施"高等学校本科教学质量与教学改革工程(简称'质量工程')",通过专业结构调整、课程教材建设、实践教学改革、教学团队建设等多项内容,进一步深化高等学校教学改革,提高人才培养的能力和水平,更好地满足经济社会发展对高素质人才的需要。在贯彻和落实教育部"质量工程"的过程中,各地高校发挥师资力量强、办学经验丰富、教学资源充裕等优势,对其特色专业及特色课程(群)加以规划、整理和总结,更新教学内容、改革课程体系,建设了一大批内容新、体系新、方法新、手段新的特色课程。在此基础上,经教育部相关教学指导委员会专家的指导和建议,清华大学出版社在多个领域精选各高校的特色课程,分别规划出版系列教材,以配合"质量工程"的实施,满足各高校教学质量和教学改革的需要。

本系列教材立足于计算机公共课程领域,以公共基础课为主、专业基础课为辅,横向满足高校多层次教学的需要。在规划过程中体现了如下一些基本原则和特点。

(1)面向多层次、多学科专业,强调计算机在各专业中的应用。教材内容坚持基本理论适度,反映各层次对基本理论和原理的需求,同时加强实践和应用环节。

(2)反映教学需要,促进教学发展。教材要适应多样化的教学需要,正确把握教学内容和课程体系的改革方向,在选择教材内容和编写体系时注意体现素质教育、创新能力与实践能力的培养,为学生的知识、能力、素质协调发展创造条件。

(3)实施精品战略,突出重点,保证质量。规划教材把重点放在公共基础课和专业基础课的教材建设上;特别注意选择并安排一部分原来基础比较好的优秀教材或讲义修订再版,逐步形成精品教材;提倡并鼓励编写体现教学质量和教学改革成果的教材。

(4)主张一纲多本,合理配套。基础课和专业基础课教材配套,同一门课程可以有针对不同层次、面向不同专业的多本具有各自内容特点的教材。处理好教材统一性与多样化、基本教材与辅助教材、教学参考书,文字教材与软件教材的关系,实现教材系列资源配套。

　　（5）依靠专家，择优选用。在制定教材规划时依靠各课程专家在调查研究本课程教材建设现状的基础上提出规划选题。在落实主编人选时，要引入竞争机制，通过申报、评审确定主题。书稿完成后要认真实行审稿程序，确保出书质量。

　　繁荣教材出版事业，提高教材质量的关键是教师。建立一支高水平教材编写梯队才能保证教材的编写质量和建设力度，希望有志于教材建设的教师能够加入到我们的编写队伍中来。

21 世纪高等学校计算机基础实用规划教材
联系人：魏江江 weijj@tup. tsinghua. edu. cn

前　言

　　本书主要针对大学非计算机专业学生及希望了解计算机应用基础知识的读者的特点和知识结构而编写，编写的目的是让读者快速拥有计算机的基本应用能力。理论部分涵盖了大部分实际需求，讲解深入浅出。有丰富实际操作内容帮助教师顺利开展相应的教学内容，为不同基础的读者提供便利条件，可以更好地把教材相关内容与实际需求紧密联系起来，完成理解到应用的学习过程。

　　本书理论部分包括计算机基础知识(赵春老师编写)、操作系统基础(杨建老师编写)、计算机网络基础(赵春老师编写)、Word 2010(孙炼老师编写)、PowerPoint 2010(赵杉老师编写)、Excel 2010(赵杉老师编写)6 部分内容，每部分都采用文字说明结合图片展示的方法进行讲解。同时，本书融入了计算机一级、二级考试的考点内容，为指导非计算机专业学生顺利通过计算机一级考试提供了方便。书中样例都源自实际问题，经过编者不断整理和组织，能更好地帮助读者进行学习。对于不同层次的读者，都可以快速掌握相关内容。

　　感谢读者选择使用本教材，由于作者水平有限，教材内容及文字中难免有不妥之处，恳请广大读者批评指正，并提出宝贵意见和建议。

　　作者的联系方式如下。

　　电子邮件地址：9870132@qq.com。

　　通信地址：四川大学锦城学院计算机科学与软件工程系 赵杉收。

　　邮政编码：611731。

作　者

2014 年 9 月

目　录

第1章   计算机基础知识

在人类历史的发展过程中计算工具的发明和创造一直未曾间断。20 世纪 50 年代之前,人工手算一直是沿用千年的主要计算方法;到了 20 世纪 40 年代,由于近代科学技术的发展以及人们对计算量、计算精度和计算速度的要求不断提高,原有的计算工具已经无法满足实际应用的需要;同时在计算理论、电子学以及自动控制等新兴技术理论迅速发展的背景下,出现了第一代现代电子计算机。计算机的出现根本改变了人们的生活方式,并引领人类社会进入了信息化时代。计算机知识已经成为人们知识结构中必不可少的组成部分,学习计算机知识,掌握计算机的应用已成为当代大学生必须掌握的基本技能。

1.1   计算机概论

1.1.1 计算机的发展

世界上第一台电子计算机是 1946 年 2 月在美国宾州大学研制成功的埃尼阿克(Electronic Numerical Integrator And Computer,ENIAC),它是一台电子数字积分计算机。在美国军方的大力支持下,它的研制工作历时 3 年。按照设计者的初衷,ENIAC 不过是出于战争时期的军事需求而研制的一种高速计算工具,然而电子计算机的问世却开创了一个崭新的计算机时代,引发了一场由工业社会向信息社会过渡的新技术产业革命,从此让人类历史步入了一个新的阶段。计算机问世以后,经过半个多世纪的飞速发展,已由早期单纯的计算工具发展成为在信息社会中举足轻重的具有强大信息处理能力的现代化电子设备,如图 1-1 所示。

图 1-1   世界上第一台电子计算机 ENIAC

计算机发展的历史通常以计算机所采用的逻辑元件作为划分标准。目前计算机的发展已经历四代,正在逐步迈向第五代计算机。计算机的发展阶段及各阶段的主要特征见表 1-1。

表 1-1　计算机发展阶段示意

年代器件	第 1 代 1946—1957	第 2 代 1958—1964	第 3 代 1965—1969	第 4 代 1970—至今
电子器件	电子管	晶体管	中、小规模集成电路	大规模和超大规模集成电路
主存储器	磁芯、磁鼓	磁芯、磁鼓	磁芯、磁鼓、半导体存储器	半导体存储器
外部辅助存储器	磁带、磁鼓	磁带、磁鼓	磁带、磁鼓、磁盘	磁带、磁盘、光盘
处理方式	机器语言 汇编语言	监控程序 连续处理作业 高级语言编译	多道程序 实时处理	实时、分时处理 网络操作系统
运算速度	5 千～3 万次/秒	几十万～百万次/秒	百万～几百万次/秒	几百万～千亿次/秒

1. 第 1 代电子计算机：电子管计算机

第 1 代计算机(1946—1957)的显著标志是采用电子管作为基本电子元件。它的操作指令是为特定任务而编制的。每种机器都有各自不同的机器语言,功能受到限制,速度也慢。另一个明显特征是主存储器采用磁鼓,外存储器采用磁带机。这个时期计算机的特点是体积大、功耗高、价格贵,运行速度和可靠性都较低,应用以军事计算和科学研究为主。第 1 代电子管计算机如图 1-2 所示。

2. 第 2 代电子计算机：晶体管计算机

采用晶体管代替电子管成为第 2 代计算机(1958—1964)的标志。晶体管与电子管相比,具有体积小、寿命长、开关速度快、省电等优点。晶体管和磁芯存储器导致了第 2 代计算机的产生。在这个时期,计算机的主存储器采用磁芯,外存储器开始采用硬磁盘;而计算机的软件也有很大的发展,开始有了系统软件,提出了操作系统的概念,出现了高级语言。由于采用了晶体管,第 2 代计算机的体积大幅度减小,运算速度及可靠性等各方面都有很大提高。计算机的应用领域也从科学计算拓展到数据处理和过程控制等方面。如图 1-3 所示为第一台全晶体管计算机 TRADIC。

图 1-2　第一代电子管计算机

图 1-3　贝尔实验室研制的世界上第一台全晶体管计算机 TRADIC

3. 第 3 代电子计算机：中小规模集成电路计算机

由于半导体工艺和固体物理技术的进一步发展,采用集成电路作为逻辑元件成为第 3 代计算机(1965—1969)最重要的特征。此外,第3代计算机采用半导体存储器作为主存,取代了原来的磁芯存储器,使存储器容量和存取速度继续大幅度提高。系统软件有了很大的发展,出现了分时操作系统,多用户可以共享计算机软硬件资源。在程序设计上采用了结构化的程序设计思想,为研制更加复杂的软件提供了技术上的保证。这一时期的中小规模集成电路技术,可将数十个甚至成百个分离的电子元件集中做在一块硅片上。集成电路体积更小,耗电更省,寿命更长,可靠性更高。第3代计算机主要用于科学计算、数据处理和自动控制等领域。

4. 第4代电子计算机:大(超大)规模集成电路计算机

第4代计算机(1970年至今)的基本逻辑部件采用了大规模乃至超大规模集成电路,使计算机体积、重量、成本均大幅度降低,并出现了微型机。这一时期的计算机采用半导体存储器作为主存,其集成度越来越高,容量越来越大;外存储器除广泛使用软硬磁盘外,还引进了光盘。第4代计算机在运算速度、存储容量、可靠性及性能价格比等诸多方面都是前三代计算机所不能比拟的,这个时期的计算机软件也层出不穷,操作系统日趋成熟。计算机的应用进入了以网络化为特征的时代,它的迅速普及改变了人们的生活,加速了人类社会向信息化的变迁。

5. 第5代计算机

第5代计算机即新一代计算机,是对第4代计算机以后的各种未来型计算机的总称。电子计算机从第1代到第4代,其基本的设计思想和工作方式都采用了冯·诺依曼的“存储程序原理”。计算机始终是一种机器,它只能在人们事先设计好的程序的控制下工作。而新一代计算机在这方面有重大突破,它能够最大限度地模拟人类大脑的机制,具有人脑所特有的联想、推理、学习等某些功能,具有对语言、声音、图像及各种模糊信息的感知、识别和处理能力。新一代计算机从20世纪80年代开始已提出超导计算机、量子计算机、智能计算机、神经网络计算机、生物计算机及光子计算机等各种设想和描述,在实际研制过程中也取得了一些重要进展。

1.1.2 计算机的特点

计算机作为一种有计算功能、记忆功能和逻辑判断功能的机器,具有以下特点。

1. 运算速度快

运算速度快是计算机的一个突出特点。它每秒进行加减运算的次数最高可达亿亿次。这种高速运算能力不仅极大地提高了工作效率,把人们从重复繁杂的脑力劳动中解放出来,而且也可以使得时效性高的复杂处理在限定的时间内完成。在20世纪早期,需要几万人日夜不停地用手摇计算机对气象数据进行计算,才能跟上天气变化,而借助今天的现代计算机则短短几分钟就可以完成。

2. 计算精度高,可靠性强

计算机采用二进制数表示数据,易于扩充机器字长。计算机的精度取决于字长位数,字长越长,精度越高。在科学研究和工程设计中,对计算结果的精度有很高的要求。一般的计算工具只能达到几位有效数字,而计算机对数据处理的结果精度在理论上不受限制,其有效位数可根据实际情况而取舍。

3. 具有超强的信息存储能力

目前计算机的存储容量越来越大,已高达千兆数量级。计算机与传统计算工具的重要区别就在于它拥有能够存储数据的“记忆”功能。存储容量的大小,标志着计算机记忆能力的强弱。采用半导体存储元件作为存储器的计算机,不仅存储容量巨大,而且吞吐量也高。

4. 具有逻辑判断功能

逻辑判断能力是计算机能够实现信息自动化处理的重要原因。计算机的运算器除了能够完成基本的算术运算外,还具有进行比较、判断等逻辑运算的功能,并可根据判断结果自动完成不同的处理。计算机的运算能力、信息存储能力和逻辑判断能力的结合,使得计算机的能力远远超过了任何一种其他工具而成为人类脑力延伸的有力助手。

5. 自动化程度高,通用性强

计算机中可以存储大量的程序和数据。存储程序是计算机工作的一个重要原则,这是计算机能自动处理的基础。计算机的工作方式是将程序和数据预先存放在计算机内,工作时按程序自动执行;具有无须人工干预,自动化程度高的特点。计算机通用性的特点表现在几乎能求解自然科学和社会科学中一切类型的问题,能广泛地应用于各个领域。

1.1.3 计算机的分类

计算机技术的迅速发展,导致计算及类型的不断分化。目前计算机的分类方法较多,根据处理的对象、用途和规模的差异可有不同的分类方法。

1. 根据计算机的用途分类

根据计算机的用途不同可分为通用计算机和专用计算机两种。

(1)通用计算机:通用计算机适用于解决一般问题,其适应性强、应用面广,如科学计算、数据处理和过程控制等。

(2)专用计算机:专用计算机用于解决某一特定方面的问题,配有为解决某一特定问题而专门开发的软件和硬件,应用于如自动化控制、工业仪表、军事等领域。

2. 按处理的对象分类

计算机按处理的对象可分为模拟计算机、数字计算机和混合计算机。

(1)模拟计算机:指用电流、电压等连续变化的物理量直接进行运算的计算机。它的特点是参与运算的数值由不间断的连续量表示,其运算过程是连续的,但计算精度较低,应用范围较窄。模拟计算机目前已很少生产。

(2)数字计算机:指用于处理数字数据的计算机。它的特点是数据处理的输入和输出都是数字量,参与运算的数值用非连续的数字量表示,具有逻辑判断等功能。数字计算机是以近似人类大脑的"思维"方式进行工作的,所以又被称为"电脑"。

(3)混合计算机:指模拟技术与数字计算灵活结合的电子计算机,输入和输出既可以是数字数据,也可以是模拟数据。

3. 根据计算机的规模分类

计算机的规模由计算机的一些主要技术指标来衡量,如字长、运算速度、存储容量、外部设备、输入和输出能力、软件配置、价格高低等。计算机根据其规模可分为巨型机、大型主机、小型机、微机和工作站等。

(1)巨型机:又称超级计算机,一般用于国防尖端技术和现代科学计算等领域。巨型机是当代速度最快、容量最大、体积最大、也是造价最高的。目前巨型机的运算速度已达每秒亿亿次,并且这个记录还在不断刷新。巨型机是计算机发展的一个重要方向,研制巨型机也是衡量一个国家经济实力和科学水平的重要标志。

近年来,我国巨型机的研发也取得了显著的成绩。2010年11月,"天河一号"曾以每秒4.7千万亿次的峰值速度,首次成为全球最快的计算机。2013年11月18日,中国国防科学技术大学研制的"天河二号"以比美国的"泰坦"快近一倍的速度再度登上榜首。"天河二号"超级计算机系统的峰值计算速度达到每秒5.49亿亿次,持续计算速度达到每秒3.39亿亿次,双精度浮点运算的优异性能位居榜首,在"天河一号"之后再次成为全球最快的超级计算机。"天河二号"超级计算机如图1-4所示。

图 1-4 "天河二号"超级计算机

（2）大型主机：指被广泛应用于商业运作的一种通用计算机。大型机运算速度快，存储容量大，可靠性高，通信联网功能完善，有丰富的系统软件和应用软件。大型机常用来为大中型企业的数据提供集中存储、管理和处理，承担主服务器的作用。它在企业信息系统中占据着核心位置。但随着微机与网络的迅速发展，它正在被高档微机所取代。

（3）小型机：小型机是比大型机存储容量小、处理能力弱的中等规模的计算机。小型机结构简单、可靠性高、成本较低，主要面向中小企业。目前小型机同样受到高档微机的挑战。

（4）微机：微型计算机简称微机，又叫个人计算机（PC），是目前发展最快、应用最广泛的一种计算机。微机的中央处理器采用微处理芯片，体积小巧轻便。微机价格便宜，使用方便、适合办公室或家庭使用。微机又可分为台式计算机和便携式计算机。

（5）工作站：工作站是一种中型的、单用户计算机，它比小型机的处理能力弱，但是比微机拥有更强大的处理能力和较大的存储容量。

1.1.4 计算机的应用

计算机的高速发展，促进了计算机的全面应用，遍及经济、政治、军事及社会生活的各个领域。计算机的应用可以大致归纳为以下几个方面：

1. 科学计算

科学计算又称为数值计算，是计算机最原始的应用领域。在科学研究和工程技术中，有大量的复杂计算问题。借助计算机高速运算和大容量存储的能力，可进行人工难以完成或根本无法完成的各种复杂的数值计算任务。例如，人造卫星轨迹的计算、房屋抗震强度的计算、气象预报中卫星云图资料的分析计算等。

2. 信息处理

信息处理又称为数据处理，是目前计算机应用的主要领域。数据处理是指用计算机对原始数据进行收集、存储、分类、加工和输出等处理过程。数据处理是现代管理的基础，广泛地用于信息检索、统计、事务管理、生产管理自动化、决策系统和办公自动化等诸多方面。数据处理的应用已全面深入到当今社会生产和生活的各个领域。据统计，在计算机的所有应用中，数据处理方面的应用约占全部应用的 80% 以上。

3. 过程控制

过程控制也称为实时控制，是指用计算机及时采集数据，将数据处理后按最优值迅速地对对象进行控制。用计算机进行控制，可以大大提高自动化水平，减轻劳动强度，增强控制的准确性，提高生产效率。因此在工业生产的各个行业及现代化战争的武器系统中都得到了广泛的应用。

实时性是指在信息产生的同时进行实时处理，它是过程控制的一个重要特征。实时处理的结果一般用来控制正在进行中的事件或过程,也可以将采集的数据或处理的结果用于后期的分析决策。民航交通管制以及铁路联网售票等被人们所熟知的业务系统都是实时控制系统。

4. 电子商务

电子商务是一种基于互联网的网络商务活动。它旨在使用计算机及网络技术为传统商务活动的核心业务提供电子化和数字化实现,改善用户体验和售后服务,缩短周转周期,借助有限的资源获得更大的收益。电子商务重新实现了流通模式,减少了中间环节,使得交易更加直接。

电子商务依据交易双方的不同,有多种不同的模式。这其中包括商家对商家(Business to Business,B2B):典型的代表有阿里巴巴等;商家对客户(Business to Customer,B2C):典型代表有当当网、京东商城等;客户对客户(Customer to Customer,C2C):典型代表有淘宝、拍拍网等。

5. 计算机辅助系统

计算机辅助系统是指能够部分或全部代替人工完成各项工作的计算机应用系统,目前主要包括计算机辅助设计(Computer Aided Design,CAD)、计算机辅助制造(Computer Aided Manufacturing,CAM)和计算机辅助教学(Computer Aided Instruction,CAI)。

CAD可以帮助设计人员进行工程或产品的设计工作,采用CAD能够提高设计工作的自动化程度,缩短设计周期,并达到最佳的设计效果。目前CAD已广泛地应用于机械、电子、建筑、航空、服装、艺术等行业,成为计算机应用最活跃的领域之一。

CAM是指用计算机来管理、计划和控制生产过程。采用CAM技术可以提高产品合格率,缩短生产周期,提高生产率,降低成本并改善生产人员的工作条件。CAD与CAM的结合产生CAD/CAM一体化生产系统,再进一步发展,则形成计算机制造集成系统。

CAI是指利用计算机来辅助教学工作。CAI改变了传统的教学模式,更新了旧的教学方法。多媒体课件的使用,为学生创造了一个生动、形象、高效的全新的学习环境,显著提高了学习效果。

6. 人工智能

人工智能是用计算机来模拟人的某种智能行为,使之具有演绎推理、决策、判断等能力,从而代替人的部分脑力劳动。人工智能既是计算机当前的重要应用领域,也是今后计算机发展的主要方向。人工智能应用中所要研究和解决的问题均是需要进行判断及推理的智能性问题,难度很大,因此人工智能是计算机在更高层次上的应用。目前人工智能在机器人、专家系统和模式识别等方面已有了实际应用。

1.1.5 计算机的发展趋势

从第一台计算机诞生到今天,计算机的体积不断变小,性能和速度不断提高。然而科学家们始终致力于研究更好、更快、功能更强的计算机。从目前的研究方向看,计算机的发展趋势可以归纳为以下几个方面。

1. 巨型化

巨型化是指计算速度更快、存储容量更大、功能更强、可靠性更高的计算机,其运算能力一般在每秒百亿次以上。巨型计算机主要用于天文、气象、地质、核反应、航天飞机和卫星轨道计算机等尖端科学技术领域和军事国防系统的研究开发。巨型计算机的发展集中体现了计算机科学技术的发展水平。

2. 微型化

微型化是指体积小、重量轻、功能强、价格低、可靠性高、适用范围广的计算机系统,其特点是将CPU集成在一块芯片上。微型化是大规模乃至超大规模集成电路发展的必然。计算机芯片集成度越来越高，所完成的功能越来越强，使计算机微型化的进程和普及率越来越快。目前，笔记本型、掌上型等微型计算机都是向这一方向发展的产品。

3. 网络化

计算机网络是利用通信技术将地理位置分散的多台计算机互联起来，组成能共享信息的计算机系统，是计算机技术与通信技术相结合的产物，是计算机应用发展的必然结果。由于网络技术的发展，使得不同地区、不同国家之间的信息共享、数据共享以及资源共享成为可能。现在，计算机网络在交通、金融、企业管理、教育、邮电、商业等各行各业中得到广泛的应用。目前各国都在开发三网合一的系统工程，即将计算机网、电信网、有线电视网合为一体。将来通过网络能更好地传送数据、文本资料、声音、图形和图像，用户可随时随地在全世界范围拨打可视电话或收看任意国家的电视和电影。计算机网络的发展水平已成为衡量国家现代化程度的重要指标，在社会经济发展中发挥着极其重要的作用。

4. 智能化

智能化是让计算机能够模拟人类的智力活动，如学习、感知、理解、判断、推理等能力，具备理解自然语言、声音、文字和图像的能力，具有说话的能力，使人机能够用自然语言直接对话。它可以利用已有的和不断学习到的知识，进行思维、联想、推理，并得出结论，能解决复杂问题，具有汇集记忆、检索有关知识的能力。智能化的研究包括智能机器人、物形分析、自动程序设计等，其中最有代表性的领域是专家系统和机器人。智能计算机将促使传统程序设计方法发生质的飞跃，使计算机突破"计算"这一含义，创造性地扩展计算机的能力。

5. 多媒体化

媒体也称媒质或媒介，是传播和表示信息的载体。多媒体是结合文字、图形、影像、声音和动画等各种媒体的一种应用。多媒体技术的产生是计算机技术发展历史中的又一次革命，它把图、文、声、像融为一体，统一由计算机来处理。多媒体技术使多种信息建立了有机联系，并集成为一个具有人机交互性的系统。多媒体计算机将真正改善人机界面，使计算机朝着人类接受和处理信息的最自然的方式发展。多媒体与网络技术相结合，可以实现电脑、电话、电视的"三位一体"，使计算机系统更加完善。

未来计算机的发展必然会经历更多新的突破。从目前的发展趋势来看，未来的计算机将是微电子技术、光学技术、超导技术和电子仿生技术相互结合的产物。第一台超高速全光数字计算机，已由英国、法国和德国等国的科学家和工程师合作研制成功，光子计算机的运算速度是电子计算机的 1000 倍。不久的将来，超导计算机、神经网络计算机等全新的计算机也会诞生。届时计算机将发展到一个更高、更先进的水平。

1.2　信息社会与计算机文化

以计算机技术、通信技术和控制技术为核心的信息技术飞速发展并取得了广泛的应用，它已经形成对当代人类社会产生全面影响的一种新的文化形态——计算机文化。计算机文化是信息时代的文化，同时它又作为一种全新的生产力，推动着人类社会的高速发展。

1.2.1　信息的概念

信息是指将原始数据经过加工提炼成为有意义、有用的数据。数据是信息的载体，而信息则是数据的内涵。信息广泛存在于现实世界中，人们无时无刻不在接触、传播、加工和利用信息，这是因为人们的生活、学习和工作时时处处都需要信息。信息具有以下特征：

1. 信息必须依附于载体

信息不能独立存在,必须借助某种符号才能表现出来;同时这些符号又必须附载于某种物体上,所谓载体就是承载信息的工具。文字、声音、图像、视频、电磁波、空气,以及纸张、胶片、存储器等都是信息的载体。

2. 信息的共享性

信息的拥有者可以和其他人共享同一信息。例如,电视节目、报纸等拥有众多的观众和读者,这些观众和读者就是在共享信息。

3. 信息的可处理性

信息是可以被处理的。它可以被分类、检索和统计,也可以转换形态。信息在流动过程中,经过处理,可以更有效地服务于不同的人群或不同的领域,原有信息就实现了增值。

4. 信息的时效性

一条信息可能在某个时刻以前具有很高的价值,但是在某个时刻之后可能就没有任何价值了,这就是信息的时效性。例如,明天的天气预报对今天、明天有着重要价值,但是到了后天就毫无用处。

5. 信息的价值性

信息的价值性在于获取的信息可以影响人们的思维、决策和行为方式,从而为人们带来不同层面上的收益。例如,一些传染病在某地爆发、流行的消息会影响你决定是否去此地。

1.2.2 信息技术

1. 信息技术的概念

所谓信息技术,就是指在获取信息、处理信息、传播信息和存储信息等过程中采用的技术手段和方法。自20世纪70年代以来,随着微电子技术、计算机技术和通信技术的发展,围绕着信息的产生、收集、存储、处理、检索和传递形成了一个全新的、用以开发和利用信息资源的高技术群,包括微电子技术、新型元器件技术、通信技术、计算机技术、各类软件及系统集成技术、光盘技术、传感技术、机器人技术、高清电视技术等,其中以微电子技术、计算机技术、软件技术、通信技术为主导。

信息技术是一门综合性学科,它主要包括信息感测技术、信息通信技术、信息智能技术、信息控制技术等。信息技术涉及信息的采集与输入、存储、加工处理、传输、输出、维护和使用等。在使用计算机处理信息时,必须将要处理的有关信息转换成计算机能识别的符号,信息的符号化就是数据。数据包括文字、声音、图像、视频等,是信息的具体表示形式。

2. 信息技术的应用

从应用的角度来看,信息技术经历了从数值处理到数据处理、知识处理、智能处理和网络处理5个阶段,目前正在向网格处理过渡。

1) 数值处理

数值处理主要指利用计算机等电子设备对物理或数字信号进行运算和处理。数值处理是计算机应用系统的基本特征。

2) 数据处理

20世纪50年代末,以文件管理技术和数据库技术为代表的数据处理技术出现了。从数值处理到数据处理是计算机在应用技术上的一个飞跃。数据处理技术的突破使得计算机的应用开始向商务管理等领域渗透,导致了信息系统的诞生和信息技术的飞速发展。

3) 知识处理

从数据处理到知识处理是 20 世纪 70 年代中期到 80 年代初计算机在应用技术上的又一次飞跃,它标志着计算机从传统的只能处理定量化问题向着处理定性化问题迈出了关键的一步,同时也是信息系统从概念、结构到方法、技术上的一次革命性突破。

4) 智能处理

从知识处理到智能处理是未来信息系统努力的方向。知识处理已经为信息系统处理定性化问题,进行各种分析、推理、判断等奠定了基础。信息系统已经具备了朝着智能处理迈进的可能性。

5) 网络处理

20 世纪 90 年代互联网的出现为信息系统的网络互联和资源共享提供了环境,使得 IT 技术进入了网络处理时代。信息系统最主要的技术特征变为网络互联、资源高度共享、时空观念的转变,以及物理距离的消失等。这些技术将会给企业经营管理信息系统和各类商务活动带来极大的影响。

6) 网格技术

网格是新一代信息处理技术,它把整个因特网整合成一台巨大的超级计算机,实现计算资源、存储资源、数据资源、信息资源、知识资源、专家资源的全面共享。网格的目的是将计算能力和信息资源,像电力网格输送电力一样输送到每一个用户,用户也可以像使用电力资源一样方便地使用网络资源。

1.2.3 信息化与信息社会

1. 信息化

信息化是指培育、发展以智能化工具为代表的新的生产力并使之造福于社会的历史过程。智能工具一般必须具备信息获取、信息传递、信息处理、信息再生和信息利用的能力。社会信息化的过程,就是在经济活动和社会活动中建设和完善信息基础设施,发展信息技术和信息产业,增强开发和利用信息资源的能力,促进经济发展和社会进步,使信息产业在国民经济中占主导地位,使人们的物质和文化生活高度发展的历史进程。

我国政府非常重视信息化建设,并将信息化建设纳入国家发展规划之中。目前我国的信息化建设已经有了巨大的发展。

2. 信息社会

信息已成为当今社会的重要战略资源,信息资源将成为当今网络经济时代生产力发展的决定性因素。企业不实现信息化就很难在市场上有所作为,通过信息化提高企业的管理水平、生产水平,改进产品质量,就能明显提高企业的经济效益与社会效益。一个国家如果缺乏信息资源,不从战略高度重视发展、利用信息资源,在现代社会中将永远处于贫穷落后的地位。

信息产业是信息化的必然结果,也是信息社会的支柱产业。人类已经步入了信息社会,信息社会给人们带来的是全新的生活和工作方式。信息时代对每一个人都提出了更高的要求和标准,正确地获取信息、迅速地分析和选择信息,并创造性地加工和处理信息已成为当代人的基本能力。作为一名处于信息时代的大学生,应该努力掌握并充分利用信息技术。

3. 信息高速公路

"信息高速公路"是一个交互式的多媒体通信网络,它以光纤为通信媒体,以电话、电脑、电视、传真等多媒体终端为信息传输单元,既能传输语言和文字,又能传输数据和图像,使信息的高速传递、共享和增值成为可能,并且提供了教育、卫生、商务、金融、文化、娱乐等广泛的信息服务。信息高速公路是信息化社会的重要特征。

信息高速公路中的内容包罗万象,包括可视电话、网络购物、电视会议、居家办公、远程教育、远程医疗、网络游戏、视频点播等。信息高速公路的建成,大大改变了人类的工作、学习和生活方式,其影响远超过铁路与高速公路,对国家的政治、经济、文化和社会生活产生了越来越深入、广泛和持久的影响,促进了科学技术的进步,加快了经济发展的速度,产生了新的产业和行业,加快了教育的速度和知识更新的步伐,导致了思维方式的更新,改变了人们的生活方式。

1.2.4　计算机文化

文化是人类社会的特有现象。计算机从问世以来的五十多年时间,以难以置信的发展速度深刻影响着人类的工作和生活方式,即通过广泛地使用计算机从而使得人类在思维方式、行为方式、生活方式和交往方式等方面都发生了巨大的变化。计算机已不再是单纯的科学技术,而是渐渐地形成了一种新的文化内涵,越来越多地丰富了人类文化的内容。计算机的出现和广泛应用造就了一场伟大而深刻的文化变迁,这就是计算机文化。

在计算机文化的形成过程中,计算机高级语言的使用,微型计算机的普及,信息公路的提出,这三件大事起到了重大的促进作用。目前计算机文化的影响已全方位地渗透到人类社会的各个方面,深刻地改变了人们的生产方式、生活方式及思维方式。计算机文化作为信息文化,将全面推动信息社会的发展,创造出前所未有的人类文明。

1.3　计算机中信息的表示

在计算机内部,数值是用二进制来表现的;而对于非数值信息(字符、图形图像、声音等)则是通过对其进行二进制编码来处理的。由于人们最为熟悉的还是十进制表示法,因此绝大多数计算机终端都能够接受和输出十进制的数字。此外还常使用八进制和十六进制,但它们最终都要转化为二进制后在计算机内部进行存储和加工。

1.3.1　数　制

1. 进位记数制

数制也称记数制,是指用一组固定的符号和统一的规则来表示数值的方法。按进位的原则进行计数的方法,称为进位记数制。例如,在十进制计数制中,是按照"逢10进1"的原则进行计数的;而在十六进制中,则是按照"逢16进1"的原则实现计数的。常用的进位记数制包括十进制、二进制、八进制和十六进制。

2. 进位计数制的基数与位权

计数制由基本符号(通常称为基符)、基数和位权三个要素组成。一个数的基符就是组成该数的所有数字和字母,所有数字符号的个数称为数制的基数。基的 i 次方称为位权,i 代表基数在数中的"位",位是从小数点起向两侧计位,整数部分从 0 开始,小数部分从 -1 开始。

(1) 基数:指进位计数制的每位数上可能有的数字的个数。例如,十进制数每位上的数字,有 0,1,2,3,…,9 这 10 个数码,所以基数是 10。

(2) 位权:指一个数值的每一位上的数字权值的大小。例如十进制数 3758 从低位到高位的位权分别是 10^0、10^1、10^2、10^3,因为 $3758=3\times10^3+7\times10^2+5\times10^1+8\times10^0$。

(3) 数的位权表示:任何一种数制的数都可以表示成按位权展开的多项式之和。比如,十进制数的 271.69 可表示为 $271.69=2\times10^2+7\times10^1+1\times10^0+6\times10^{-1}+9\times10^{-2}$。

位权表示法的特点是：每一项＝某位上的数字×基数的若干次幂（幂次的大小由该数字所在的位置决定）。

二进制的基符是0、1两个数字，采用的是"逢2进1、借1当2"的运算规则，基数为2，位权是以2为底的幂。例如二进制数101011可以表示为$1×2^5＋0×2^4＋1×2^3＋0×2^2＋1×2^1＋1×2^0$。

八进制的基符是0、1、2、…、7这8个数字，采用的是"逢8进1，借1当8"的运算规则，基数为8。

十六进制的基符是0、1、2、…、9这10个数字和A、B、C、D、E、F 6个字母。6个字母分别对应十进制中的10、11、12、13、14、15，采用的是"逢16进1，借1当16"的运算规则，基数为16。例如：$(52E)_{16}＝5×16^2＋2×16^1＋E×16^0$。

各种数制的表示方法及特点见表1-2。

表 1-2　各种数制的表示方法

数值	进位规则	基数	基符	位权	数制标识
二进制	逢2进1	2	0、1	2^i	B
八进制	逢8进1	8	0～7	8^i	O
十进制	逢10进1	10	0～9	10^i	D
十六进制	逢16进1	16	0～9、A～F	16^i	H

各数制的对应关系见表1-3。

表 1-3　各种数制的对应关系

十进制	二进制	八进制	十六进制
0	0	0	0
1	1	1	1
2	10	2	2
3	11	3	3
4	100	4	4
5	101	5	5
6	110	6	6
7	111	7	7
8	1000	10	8
9	1001	11	9
10	1010	12	A
11	1011	13	B
12	1100	14	C
13	1101	15	D
14	1110	16	E
15	1111	17	F

1.3.2　不同记数制之间的转换

进位记数制之间的转换包括非十进制数与十进制数之间的相互转换以及非十进制数之间的转换。

1. R 进制转换成十进制

任意进制的数转换成十进制的方法是：基数乘以位权相加。

【例1】 将二进制数$(1010)_2$转换成十进制数。

$$(1010)_2 = 1 \times 2^3 + 0 \times 2^2 + 1 \times 2^1 + 0 \times 2^0$$
$$= (10)_{10}$$

【例2】 将二进制数$(10011011)_2$转换成十进制数。

$$(10011011)_2 = 1 \times 2^7 + 0 \times 2^6 + 0 \times 2^5 + 1 \times 2^4 + 1 \times 2^3 + 0 \times 2^2 + 1 \times 2^1 + 1 \times 2^0$$
$$= (155)_{10}$$

【例3】 将二进制数$(1100110.01)_2$转换成十进制数。

$$(1100110.01)_2 = 1 \times 2^6 + 1 \times 2^5 + 0 \times 2^4 + 0 \times 2^3 + 1 \times 2^2 + 1 \times 2^1 + 0 \times 2^0 + 0 \times 2^{-1} + 1 \times 2^{-2}$$
$$= (102.25)_{10}$$

【例4】 将八进制数$(56)_8$转换成十进制数。

$$(59)_8 = 5 \times 8^1 + 6 \times 8^0$$
$$= (46)_{10}$$

【例5】 将八进制数$(236.47)_8$转换成十进制数，小数点后保留 2 位。

$$(236.47)_8 = 2 \times 8^2 + 3 \times 8^1 + 6 \times 8^0 + 4 \times 8^{-1} + 7 \times 8^{-2}$$
$$= (158.61)_{10}$$

【例6】 将十六进制数$(5EA)_{16}$转换成十进制数。

$$(5EA)_{16} = 5 \times 16^2 + E \times 16^1 + A \times 16^0$$
$$= 5 \times 16^2 + 14 \times 16^1 + 10 \times 16^0$$
$$= (1514)_{10}$$

【例7】 将十六进制数$(1C.F3)_{16}$转换成十进制数，小数点后保留 2 位。

$$(1C.F3)_{16} = 1 \times 16^1 + C \times 16^0 + F \times 16^{-1} + 3 \times 16^{-2}$$
$$= 1 \times 16^1 + 12 \times 16^0 + 15 \times 16^{-1} + 3 \times 16^{-2}$$
$$= (28.95)_{10}$$

2. 十进制转换成 R 进制

十进制数转换成 R 进制的规则由整数和小数两个部分的处理组成：

整数部分：除基取余，直至商为零；余数反向排列。

小数部分：乘基取整，直至满足精度为止；余数正向排列。

【例8】 将十进制数$(19)_{10}$转换成二进制数。

整数部分采用"除 2 取余"的方法，运算过程如下：

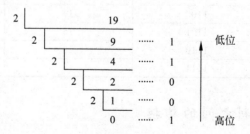

所以，$(19)_{10} = (10011)_2$。

【例9】 将十进制数$(26.74)_{10}$转换成二进制数，小数点后保留 3 位。

整数部分采用"除 2 取余"的方法，运算过程如下：

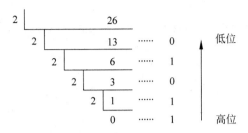

小数部分采用"乘 2 取整"的方法,运算过程如下:

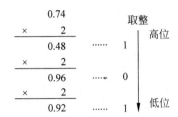

所以,$(26.74)_{10} = (11010.101)_2$。

【例 10】 将十进制数$(173)_{10}$转换成八进制数。

整数部分采用"除 8 取余"的方法,运算过程如下:

```
  8 |    173
     8 |    21  …… 5     ↑ 低位
        8 |    2  …… 5
             0  …… 2     高位
```

所以,$(173)_{10} = (255)_8$。

【例 11】 将十进制数$(46.3125)_{10}$转换成八进制数。

整数部分采用"除 8 取余"的方法,运算过程如下:

```
  8 |    46                ↑ 低位
     8 |    5  …… 6
          0  …… 5          高位
```

小数部分采用"乘 8 取整"的方法,运算过程如下:

```
         0.3125
       ×      8        取整
         0.5000   …… 2    ↑
       ×      8
            0.0   …… 4    ↓
```

所以,$(46.3125)_{10} = (56.24)_8$。

【例 12】 将十进制数$(628)_{10}$转换成十六进制数。

整数部分采用"除 16 取余"的方法,运算过程如下:

```
  16 |    628
      16 |    39  …… 4      ↑
          16 |    2  …… 7
               0  …… 2
```

所以，$(628)_{10} = (274)_{16}$。

【例 13】 将十进制数$(335.7)_{10}$转换成十六进制数，小数点后保留 2 位。

整数部分采用"除 16 取余"的方法，运算过程如下：

```
16          335
   16        20  ……  F    ↑  低位
      16      1  ……  4    │
              0  ……  1    │  高位
```

小数部分采用"乘 16 取整"的方法，运算过程如下：

```
        0.7              取整
    ×    16              │  高位
        0.2  ……  B       │
    ×    16              │
        0.2  ……  3       ↓  低位
```

所以，$(335.7)_{10} = (14F.B3)_{16}$。

3. 二进制和八进制之间的相互转换

1）二进制转八进制

转换方法：从小数点开始，向左右两侧每 3 位分成一组，最高或最低不满 3 位时补 0，再将每 3 位转换为对应的八进制数。

【例 14】 将二进制数$(101110011)_2$转换成八进制数。

```
二进制数分组：   101    110    011
                 ↓      ↓      ↓
八进制数：        5      6      3
```

所以，$(101110011)_2 = (563)_8$。

【例 15】 将二进制数$(1110)_2$转换成八进制数。

```
二进制数分组：   001    110
                 ↓      ↓
八进制数：        1      6
```

所以，$(1110)_2 = (16)_8$。

【例 16】 将二进制数$(10101001.1001)_2$转换成八进制数。

```
二进制数分组：   010    101    001 . 100    100
                 ↓      ↓      ↓     ↓      ↓
八进制数：        2      5      1  .  4      4
```

所以，$(10101001.1001)_2 = (251.44)_8$。

2）八进制转二进制

转换方法：用 3 位二进制数取代每 1 位八进制数，去掉整数部分最高位和小数部分最低位的零。

【例 17】 将八进制数$(331)_8$转换成二进制数。

```
八进制数：      3      3      1
               ↓      ↓      ↓
二进制数：     011    011    001
```

所以,$(35)_8 = (11011001)_2$。

【**例 18**】 将八进制数$(75)_8$转换成二进制数。

八进制数：　　7　　　　5

二进制数：　111　　101

所以,$(75)_8 = (111101)_2$。

【**例 19**】 将八进制数$(367.25)_8$转换成二进制数。

八进制数：　　3　　　6　　　7　.　2　　5

二进制数：　011　　110　　111 . 010　101

所以,$(367.25)_8 = (11110111.010101)_2$。

3） 二进制转十六进制

转换方法：从小数点开始,向左右两侧每 4 位分成一组,最高或最低不满 4 位时补零,再将每 4 位转换成对应的十六进制。

【**例 20**】 将二进制数$(110000101110)_2$转换成十六进制数。

二进制数分组：　1100　　0010　　1110

十六进制数：　　C　　　　2　　　　E

所以,$(110000101110)_2 = (C2E)_{16}$。

【**例 21**】 将二进制数$(1111010)_2$转换成十六进制数。

二进制数分组：　0111　　1010

十六进制数：　　7　　　　A

所以,$(1111010)_2 = (7A)_{16}$。

【**例 22**】 将二进制数$(10110100.1101)_2$转换成十六进制数。

二进制数分组：　1011　　0100 . 1101

十六进制数：　　B　　　4 .　D

所以,$(10110100.1101)_2 = (B4.D)_{16}$。

4） 十六进制转二进制

转换方法：每 4 位二进制数取代每 1 位十六制数,去掉整数部分最高位和小数部分最低位的零。

【**例 23**】 将十六进制数$(D9)_{16}$转换成二进制数。

十六进制数：　　D　　　9

二进制数：　1101　　1001

所以,$(D9)_{16} = (11011001)_2$。

【**例 24**】 将十六进制数$(351)_{16}$转换成二进制数。

计算机基础知识

十六进制数： 3　　　5　　　1

　　　　　　　　↓　　　↓　　　↓

二进制数： 0011　0101　0001

所以，$(351)_{16}=(1101010001)_2$。

【例 25】 将十六进制数$(A7E.C5)_{16}$转换成二进制数。

十六进制数： A　　7　　E　．　C　　5

　　　　　　　　↓　　↓　　↓　　　↓　　↓

二进制数： 1010　0111 1110 ． 1100 0101

所以，$(A7E.C5)_{16}=(101001111110.11000101)_2$。

1.3.3　二进制的运算

1. 二进制的算术运算

二进制数的算术运算类似于十进制数，具体的运算规则见表 1-4。

表 1-4　二进制数的算术运算规则

加　　法	减　　法	乘　　法	除　　法
$0+0=0$	$0-0=0$	$0\times0=0$	$0\div0=0$
$0+1=1$	$1-0=1$	$0\times1=0$	$0\div1=0$
$1+0=1$	$1-1=0$	$1\times0=0$	$1\div0$（没有意义）
$1+1=10$（进位）	$0-1=1$（借位）	$1\times1=1$	$1\div1=1$

【例 26】 计算二进制数 1010 与 0011 相加的结果。

```
      1 0 1 0
  +   0 0 1 1      …… 进位
    ─────────
      1 1 0 1
```

所以，$(1010)_2+(0011)_2=(1101)_2$。

【例 27】 计算二进制数 1001110 与 10111 相加的结果。

```
    1 0 0 1 1 1 0
  + 0 0 1 0 1 1 1      …… 进位
    ─────────────
    1 1 0 0 1 0 1
```

所以，$(1001110)_2+(10111)_2=(1100101)_2$。

【例 28】 计算二进制数 1110 与 1010 相减的结果。

```
      1 1 1 0
  -   1 0 1 0
    ─────────
      0 1 0 0
```

所以,$(1110)_2 - (1010)_2 = (0100)_2$。

【例29】 计算二进制数 1011100 与 0111001 相减的结果。

$$
\begin{array}{r}
-\ 1\,0\,1\,1\,1\,0\,0 \\
0\,1\,1\,1\,0\,0\,1 \\
\hline
0\,1\,0\,0\,0\,1\,1
\end{array}
$$

······ 错位

所以,$(1011100)_2 - (0111001)_2 = (100011)_2$。

【例30】 计算二进制数 1110 与 11 相乘的结果。

$$
\begin{array}{r}
1\,1\,1\,0 \\
\times\quad 1\,1 \\
\hline
1\,1\,1\,0 \\
1\,1\,1\,0 \\
\hline
1\,0\,1\,0\,1\,0
\end{array}
$$

所以,$(1110)_2 \times (11)_2 = (101010)_2$。

【例31】 计算二进制数 10011 与 1011 相乘的结果。

$$
\begin{array}{r}
1\,0\,0\,1\,1 \\
\times\quad 1\,0\,1\,1 \\
\hline
1\,0\,0\,1\,1 \\
1\,0\,0\,1\,1 \\
0\,0\,0\,0\,0 \\
1\,0\,0\,1\,1 \\
\hline
1\,1\,0\,1\,0\,0\,0\,1
\end{array}
$$

所以,$(10011)_2 \times (1011)_2 = (11010001)_2$。

2. 二进制的逻辑运算

1) 逻辑值及其表示

逻辑值的值域只包含"真"与"假",在计算机内部表示为 1 和 0。它用于判断某个事件是否成立;成立为真,反之则为假。对逻辑变量实施的运算称为逻辑运算,基本运算有"与"、"或"、"非"三种。

2) 基本的逻辑运算

(1) 逻辑与(AND)运算。

常用 .、×、∧ 来表示。与运算的规则如下:

$0 \times 0 = 0, 0 \times 1 = 0, 1 \times 0 = 0, 1 \times 1 = 1$

(2) 逻辑或(OR)运算。

常用 ∨、+ 来表示,或运算规则如下:

$0 + 0 = 0, 0 + 1 = 1, 1 + 0 = 1, 1 + 1 = 1$

(3) 逻辑非(NOT)运算。

常用符号 ⁻ 来表示,运算规则如下:

对 1 求非,运算结果为 0;对 0 求非,运算结果为 1。

（4）逻辑异或（XOR）运算。

常用符号⊗来表示,运算规则如下：

只有在参与运算的两个逻辑变量的值不同时,异或运算的结果为 1;否则为 0。

【例 32】 如果 A＝1101100，B＝1010101，求 $A \wedge B$。

$$
\begin{array}{r}
1101100 \\
\wedge\ 1010101 \\
\hline
1000100
\end{array}
$$

所以，$A \wedge B$＝1101100 $\wedge$ 1010101＝1000100。

【例 33】 如果 A＝1101100，B＝1010101，求 $A \vee B$。

$$
\begin{array}{r}
1101100 \\
\vee\ 1010101 \\
\hline
1111101
\end{array}
$$

所以，$A \vee B$＝1101100 $\vee$ 1010101＝1111101。

【例 34】 如果 A＝1101100，B＝1010101，求 $A \otimes B$。

$$
\begin{array}{r}
1101100 \\
\otimes\ 1010101 \\
\hline
0111001
\end{array}
$$

所以，$A \otimes B$＝1101100 $\otimes$ 1010101＝0111001。

1.3.4 带符号数的表示

数有正负,在计算机中如何表示呢？通常的做法是约定一个数的最高位为符号位,若该位为 0,则表示正数;若该位为 1,则表示负数。图 1-5 是计算机中＋89 的表示方法。

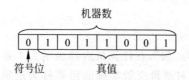

图 1-5 用一个字节表示 89 的机器数

这种在计算机中使用的连同数符一起数字化了的数,称为机器数。而机器数所表示的真实数值称为真值。例如,用 8 位二进制表示＋6 和－6 分别是：00000110 和 10000110,其中第一位为符号位,如表 1-5 所示。

表 1-5 6 与－6 的机器数与真值比较

	机器数	真值
6	00000110	＋0000110
－6	10000110	－0000110

计算机中对带符号数的表示有原码、反码和补码三种形式。

1. 原码表示法

原码是计算机机器数中最简单的一种表示形式。其符号位为 0 表示正数,符号位为 1 表示负数,数值位即真值的绝对值。所以原码又称做带符号的绝对值表示。

求原码的规则如下:任意整数或小数的原码只需要将真值的符号位数值化,即＋用 0 表示,－用 1 表示;而除符号位之外的数值位保持不变。

【例35】 求＋1101000 和－1101000 的原码。

$[+1101000]_原 = 01101000$

$[-1101000]_原 = 11101000$

2. 反码表示法

机器数的反码可由原码得到。求反码的规则是:

(1)正数的反码与原码相同。

(2)负数的反码是将数值位逐位取反。

【例36】 求 5 和－5 的反码。

所以,$[5]_反 = 00000101$。

所以,$[-5]_反 = 11111010$。

3. 补码表示法

补码表示法是根据数学上的同余概念引出来的,主要思路是采用加法运算来代替减法运算。因此在计算机中广泛采用加法运算。

求补码的规则如下:

(1)正数的补码与原码相同。

(2)负数的补码为保持原码的符号位不变,然后将其数值位逐一取反,再在最低位加1。

【例37】 求 23 和－23 的补码。

$[23]_原 = 00010111$

所以,$[23]_补 = 00010111$。

$[-23]_原 = 10010111$

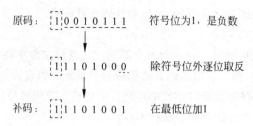

原码: 1 0 0 1 0 1 1 1　　符号位为1,是负数

　　　1 1 1 0 1 0 0 0　　除符号位外逐位取反

补码: 1 1 1 0 1 0 0 1　　在最低位加1

所以,$[-23]_{补} = 11101001$。

1.3.5　数据的存储

在计算机内部,数据都是采用二进制的形式进行存储、运算、处理和传输的。二进制数据通常使用的单位包括位、字节和字等。

1. 位

在计算机内部到处都是由0和1组成的数据流。计算机中最小的数据存储单位是二进制的一个数位,简称为位(b,比特)。计算机中最直接、最基本的操作就是对二进制位的操作。它可以表示两种状态:0或1。

2. 字节

字节是计算机中数据存储的基本单位。各种信息在计算机中的存储和处理至少需要一个字节。例如,1个ASCII用1个字节表示,1个汉字用2个字节表示。1个字节由8个二进制位组成。字节是计算机中用来表示存储空间大小的基本容量单位。为方便大容量存储空间的表示,计算机中一般采用KB(千字节)、MB(兆字节)、GB(吉字节)和TB(太字节)等作为存储容量的单位。它们之间的转换关系是:

$1KB = 2^{10}B = 1024B$　　　　$1MB = 2^{10}KB = 1024KB$

$1GB = 2^{10}MB = 1024MB$　　　$1TB = 2^{10}GB = 1024GB$

相邻两个存储单位之间的进率是2^{10},即1024。

3. 字

字是计算机一次存取、处理、加工和传输的数据长度,是处理信息的基本单位。一个字由若干字节组成,它可以存储一条指令或一个数据,字的长度称为字长。字长是指CPU能够直接处理的二进制数据位数。字长越长,占的位数越多,处理的信息量就越多,计算精度也越高,它是计算机性能的一个重要指标。常见的计算机字长有8位、16位、32位和64位。

1.3.6　常用的信息编码

数据的类型有很多,数字和文字是最简单的类型;表格、声音、图形和图像则是复杂的类型。计算机不能直接处理英文字母、汉字、图形、声音,需要对这些类型的数据进行编码。编码过程就是实现将复杂多样的信息在计算机中转化为0和1构成的二进制串的过程。

1. ASCII编码

在西文领域的符号处理普遍采用的是美国标准信息交换码(American Standard Code for Information Interchange,ASCII)。虽然ASCII是美国国家标准,但它已被国际标准化组织(ISO)认定为国际标准。

在计算机中,要为每个字符指定一个确定的编码,作为识别与使用这些字符的依据。字符信息包括字母和各种符号,它们必须按规定好的二进制码来表示,计算机才能处理。字母、数字字符共 62 个,包括 26 个大写英文字母、26 个小写英文字母和 0~9 这 10 个数字,还有其他类型的符号,用 127 位符号足以表示字符符号的范围。

1 字节包含 8 位,最高位总是 0,用 7 位二进制可表示 0000000~1111111,即可以表示 128(2^7)个字符。标准 ASCII 用 7 个二进制位表示,如表 1-6 所示。数字字符 0~9 的 ASCII 是连续的,从 30H~39H(H 表示是十六进制数);大写字母 A~Z 和小写英文字母 a~z 的 ASCII 也是连续的,分别从 41H 到 5AH 和从 61H 到 7AH。因此可以根据一个字母或数字的 ASCII 推算出其他字母和数字的编码。

例如:大写字母 B,其 ASCII 为 1000010,即 ASC(B)=66。

小写字母 b,其 ASCII 为 1100010,即 ASC(b)=98。

可推得 ASC(F)=70,ASC(f)=102。

表 1-6　7 位 ASCII 表

				b7	0	0	0	0	1	1	1	1
				b6	0	0	1	1	0	0	1	1
				b5	0	1	0	1	0	1	0	1
b4	b3	b2	b1		0	1	2	3	4	5	6	7
0	0	0	0	0	NUL	DLE	SP	0	③	P	③	p
0	0	0	1	1	SOH	DC1	!	1	A	Q	a	q
0	0	1	0	2	STX	DC2	"	2	B	R	b	r
0	0	1	1	3	ETX	DC3	#	3	C	S	c	s
0	1	0	0	4	EOT	DC4	$	4	D	T	d	t
0	1	0	1	5	ENQ	NAK	%	5	E	U	e	u
0	1	1	0	6	ACK	SYN	&	6	F	V	f	v
0	1	1	1	7	BEL	ETB	'	7	G	W	g	w
1	0	0	0	8	BS	CAN	(	8	H	X	h	x
1	0	0	1	9	HT	EM	)	9	I	Y	i	y
1	0	1	0	10	LF	SUB	*	:	J	Z	j	z
1	0	1	1	11	VT	ESC	+	;	K	[	k	{
1	1	0	0	12	FF	FS	,	<	L	\\	l	|
1	1	0	1	13	CR	GS	—	=	M	]	m	}
1	1	1	0	14	SO	RS	.	>	N	^	n	~
1	1	1	1	15	SI	US	/	?	O	_	o	DEL

扩展的 ASCII 是 8 位码,也用 1B 表示,其前 128 个码与标准的 ASCII 是一样的,后 128 个码(最高位为 1)则有不同的标准,并且与汉字的编码有冲突。

2. 汉字编码

汉字编码比 ASCII 要复杂。要完成汉字字符在计算机中的处理,就必须解决汉字的输入输出以及汉字的处理。由于汉字具有特殊性,计算机处理汉字信息时,汉字的输入、存储、处理及输出过程中所使用的汉字代码不相同,其中有用于汉字输入的输入码,用于机内存储和处理的机内码,用于输出显示和打印的字模点阵码(或称字形码),即在汉字处理中需要经过汉字输入码、汉字机内码、汉字字形码的三码转换。

1)汉字输入码

汉字输入码是为了利用现有的键盘,将形态各异的汉字输入计算机而编制的代码。目前在我国推出的汉字输入编码方案大致可以分为：以汉字发音进行编码的音码，例如全拼码、简拼码、双拼码等；按汉字书写的形式进行编码的形码，例如五笔字型码。

2) 汉字国标码

《信息交换用汉字编码字符集·基本集》是我国于 1980 年制定的国家标准 GB 2312—80，代号为国标码，是国家规定的用于汉字信息处理使用的代码依据。

GB 2312—80 中规定了信息交换用的 6763 个汉字和 682 个非汉字图形符号的代码，即共有 7445 个代码。每个汉字的编码占两个字节，使用每个字节的低 7 位，共计 14 位，最多可编 2^{14} 个汉字及符号，足以表示常用的 7445 个汉字。

汉字的区位码：每个汉字采用 2B 表示，1B 只用低 7 位。由于低 7 位中有 34 种状态是用于控制字符的，因此，只有 94(128−34＝94) 种状态可用于汉字编码。这样，2B 的低 7 位只能表示 94×94＝8836 种状态。此标准的汉字编码表有 94 行、94 列。其行号称为区号，列号称为位号。2B 中，用高字节表示区号，低字节表示位号。非汉字图形符号置于第 1～第 11 区。国标汉字集中有 6763 个汉字，又按其使用频度、组词能力以及用途大小分成一级常用汉字 3755 个，二级常用汉字 3008 个。一级汉字 3755 个置于第 16～第 55 区，二级汉字 3008 个置于第 56～第 87 区。

3) 汉字的机内码

汉字的机内码是供计算机系统内部进行数据存储、加工、处理和传输而统一使用的代码，又称为汉字内部码或汉字内码。不同的系统使用的汉字机内码有可能不同。目前使用最广泛的一种为两字节的机内码。这种格式的机内码是将国标 GB2312—80 交换码的两字节的最高位分别置为 1 而得到的。其最大优点是机内码表示简单，且与交换码之间有明显的对应关系，同时也解决了中西文机内码存在二义性的问题。

例如："西"的区位码用十进制表示是 46 87。转换为机器内码的方法为：每字节化为十六进制；每字节高位置 1；每字节加 (20)16 得机内码。汉字"西"的机内码则为 (CEF7)16。

4) 汉字的字形码

汉字字形码是汉字字库中存储的汉字字形的数字化信息，用于汉字的显示和打印。汉字字形库可以用点阵与矢量来表示。目前汉字字形的产生方式大多是以点阵方式形成汉字。

汉字字形点阵有 16×16 点阵、24×24 点阵、32×32 点阵、64×64 点阵、96×96 点阵、128×128 点阵、256×256 点阵等。一个汉字方块中行数、列数分得越多，描绘的汉字就越细微，但占用的存储空间也就越多。汉字字形点阵中每个点的信息要用一位二进制码来表示。对 16×16 点阵的字形码，需要用 32B(16×16÷8＝32) 表示；24×24 点阵的字形码需要用 72B(24×24÷8＝72) 表示。

汉字字库是汉字字形数字化后，以二进制文件形式存储在存储器中而形成的汉字字模库。汉字字模库亦称汉字字形库，简称汉字字库。

1.4　计算机系统的组成及基本工作原理

1.4.1　计算机系统概述

一个完整的计算机系统由硬件系统和软件系统两部分组成，如图 1-6 所示。硬件系统是构成计算机系统的各种物理设备的总称。软件系统是运行、管理和维护计算机的各类程序和文档的总称。软件是计算机系统的灵魂，硬件则是计算机系统的物理支撑。

计算机系统
├─ 硬件系统
│　├─ 主机
│　│　├─ 中央处理器(CPU)
│　│　│　├─ 运算器(ALU)
│　│　│　└─ 控制器(CU)
│　│　└─ 内存
│　│　　　├─ 只读存储器(ROM)
│　│　　　├─ 随机存储器(RAM)
│　│　　　└─ 高速缓存存储器(cache)
│　└─ 外部设备
│　　　├─ 输入设备：键盘、鼠标、扫描仪
│　　　├─ 输出设备：显示器、打印机、绘图仪
│　　　└─ 外存：软盘、硬盘、光盘、内存
└─ 软件系统
　　├─ 系统软件
　　│　├─ 操作系统：Windows、UNIX、Linux、DOS
　　│　├─ 语言处理程序：C、C++、Java、C# 等
　　│　└─ 实用程序：诊断程序、排错程序等
　　└─ 应用软件
　　　　├─ 基础应用软件：办公软件、数据库管理系统等
　　　　└─ 专业应用软件：企业的管理信息系统等

图 1-6　计算机系统的组成

1.4.2　计算机硬件系统的组成

计算机硬件系统包括主机和外部设备，它由 5 大部件组成：运算器、控制器、存储器、输入设备和输出设备。

1. 主机

主机是计算机系统的核心，主要由中央处理器(CPU)、内存、输入输出设备接口(I/O 接口)、总线和扩展槽等构成，通常被封装在主机箱内，其正面、侧面及背面如图 1-7 所示。

图 1-7　主机机箱外观示意图

1) 主板

主板(Mother Board，main Board，System Board)是微型计算机中最大的一块集成电路板，是其他部件和外部设备的连接载体。主板上布满了各种电子元件、插槽和接口等。它为 CPU、内存和各种功能(声、图、通信、网络等)卡提供安装插槽；为各种存储设备、I/O 设备、多媒体和通信设备提供接口，如图 1-8 所示。计算机在正常运行时对系统内存、存储设备和其他 I/O 设备的控制都必须通过主板来完成，因此计算机整体运行速度和稳定性取决于主板的性能。目前常见的主板结构规范主要有 AT、ATX、LPX 等。

2) 中央处理器

中央处理器(Central Processing Unit，CPU)，又称为“微处理器”。它是微型计算机的心脏。CPU 的主要功能是按照程序设定的指令序列分析指令、执行指令，完成对数据的加工处理，从而控制整个计算机各部件协调工作。CPU 是一个超大规模集成电路器件，它包括运算器和控制器两个部件。

控制器用来协调和指挥整个计算机系统的操作，是计算机的控制中心。它通过读取各种指

图 1-8　计算机主板外观示意图

令,并对其进行翻译和分析,然后对各部件做出相应的控制;它主要由指令寄存器、译码器、程序计数器和时序电路等组成。运算器主要完成算术运算和逻辑运算,是对信息加工和处理的部件。运算器接收控制器发出的控制信号进行操作,是执行部件。它主要由算术逻辑单元和一些寄存器组组成。

　　CPU 的性能优劣直接决定了微型计算机的品质。能够处理的数据位数是衡量 CPU 性能的一个重要指标。通常所说的 8 位机、16 位机、32 位机、64 位机即指 CPU 可同时处理 8 位、16 位、32 位或 64 位的二进制数。Intel 公司在 CPU 技术和市场上一直占有主导地位,目前主要的产品是奔腾系列(Pentium)、赛扬系列(Celeron)和酷睿系列(Core)。国产 CPU 龙芯(Loongson)是中国科学院计算技术研究所自主研发的通用 CPU,它标志着我国在现代通用微处理器设计方面实现了突破。CPU 的外观如图 1-9 所示。

图 1-9　CPU(中央处理器)外观示意图

　　3) 内存储器

　　内存又称为主存,用于存放计算机进行数据处理所需要的各种数据和指令,其外观如图 1-10 所示。内存由半导体存储器组成,存取速度较快,由于价格上的影响,一般容量有所限制。内存中含有很多的存储单元,每个单元可以存放 1 个 8 位的二进制数,即 1B。通常 1B 可以存放 0 到 255 之间的 1 个无符号整数或 1 个字符的代码,而对于其他大部分数据可以用若干个

图 1-10　内存外观示意图

连续字节按一定的规则进行存放。内存中的每个字节各有一个固定的编号,这个编号称为地址。CPU 在存储器中存取数据时按地址进行。所谓存储器容量即指存储器中所包含的字节数,通常用 KB、MB 和 GB 作为存储器容量的单位。

内存储器按工作方式的不同,可以分为随机存储器(RAM)和只读存储器(ROM)两种。RAM 是一种读写存储器,其内容可以随时根据需要读出,也可以随时重新写入新的信息。内存条就是将 RAM 集成块集中在一起的一小块电路板,它插在主板上的内存插槽中,如图 1-11 所示。一般 RAM 又分为 SRAM(静态随机存储器)和 DRAM(动态随机存储器)两种。SRAM 的

图 1-11 主板上的内存插槽

特点是只要存储单元上加有工作电压,它上面存储的信息就会保持。DRAM 由于利用 MOS 管极间电容保存信息,因此随着电容的漏电,信息会逐渐丢失;为了补偿信息的丢失,要每隔一定的时间对存储单元的信息进行刷新。

不论是 SRAM 还是 DRAM,当电源电压去掉时,RAM 中保存的信息都将会丢失。RAM 在微机中主要用来存放正在执行的程序和临时数据。由于 SRAM 成本较高,通常在存储器较小的存储系统中采用,以省去刷新电路。CPU 中的 cache 采用的就是 SRAM。在存储量较大的存储系统中宜用 DRAM,以降低成本。目前计算机中的内存条采用的是就由 DRAM 发展而来的 DDR(DDR SDRAM),即双倍速率同步动态随机存储器。DDR 已发展到第 3 代,包括 DDR、DDR2 和 DDR3。在选用内存条时,一定要注意相应的主板是否支持。

ROM 是一种内容只能读出而不能写入和修改的存储器,其存储的信息是在生产该存储器时就被写入的。在计算机运行过程中,ROM 中的信息只能被读出,而不能写入新的内容。ROM 常用来保存一些固定程序、数据和系统软件等,如系统引导程序、自检程序等。

为了加快运算速度,通常在 CPU 内部增设一级、二级,甚至三级高速静态存储器,即高速缓冲存储器(cache)。有了 cache 以后,CPU 每次读操作都首先查找 cache,如果找到,可以直接从 cache 中高速读出;如果不在 cache 中再从主存中读出。cache 大大缓解了高速 CPU 与低速内存的速度匹配问题,它可以与 CPU 运算单元同步执行。大容量的 cache 可以提高计算机的性能,因此 cache 容量成为衡量微型计算机性能的重要指标之一。目前主流 CPU 内存的 cache 容量一般为 2~12MB。

衡量内存的常用指标有容量与速度。目前计算机内存容量主要有 512MB、1GB、2GB、4GB 和 8GB 等。计算机内存的速度是指读或写一次内存所需的时间,数量级以纳秒(ns)衡量。

4) 外部存储器

内存由于技术及价格上的原因,容量有限,不可能容纳所有的系统软件及各种用户程序。因此,计算机系统都要配置外存储器。常用的外存有硬盘、光盘、闪存和磁带。

硬盘是计算机的主要外部存储设备,如图 1-12 所示。它是由若干个硬盘片组成的盘片组,一般被固定在主机箱内,如图 1-13 所示。较之其他外部存储器,硬盘的容量更大。目前计算机中所配置的硬盘容量一般为 320GB~4TB。

衡量硬盘的常用指标有容量、转速,以及硬盘自带 cache 的容量等。容量越大,存储的信息越多;转速越高,存取信息的速度越快;cache 越大,计算机的整体速度越快。目前普通硬盘的转速为 5400 转,8MB cache;高速硬盘有 10 000 转,64MB cache。

图 1-12　硬盘外观示意图　　　　　　　　　图 1-13　被固定在机箱中的硬盘

　　光盘的存储介质不同于磁盘,它属于另类存储器,主要利用激光原理存储和读取信息。光盘片用塑料制成,塑料中间夹入了一层薄而平整的铝膜,通过铝膜上极细微的凹坑记录信息,其外观如图 1-14 所示。由于光盘的容量大、存取速度快、不易受干扰、经济实惠等特点,光盘的应用越来越广泛。光盘根据其制造材料和记录信息方式的不同一般分为三类:只读光盘、一次性写入光盘和可擦写光盘。

图 1-14　CD-ROM 和 DVD-ROM 示意图

　　只读光盘也称 CD-ROM(Compact Disk-Read Only Memory),生产厂家在制造时根据用户要求将信息写到盘上,用户不能抹掉,也不能写入,只能通过光盘驱动器读出盘中信息。计算机上用的 CD-ROM 有一个数据传输速率指标,称为倍速。一倍速的数据传输速率是 150kb/s,24 倍速 CD-ROM 的数据传输速率是 $24 \times 150kb/s = 3.6MB/s$。CD-ROM 的标准容量是 700MB。

　　一次性写入型光盘也称 CD-R(Compact Disk-Recordable),可以由用户写入信息,但只能写一次,不能抹除和改写。这种光盘的信息可多次读出,读出信息时使用只读光盘用的驱动器即可。一次写入型光盘的存储容量一般为 700MB。

　　可擦写光盘也称 CD-RW,它可由用户自己写入信息,也可对已记录的信息进行抹除和改写,就像使用磁盘一样反复使用。可擦写光盘需插入特制的光盘驱动器进行读写操作。

　　DVD-ROM 是 CD-ROM 的后继产品,DVD-ROM 盘片的尺寸与 CD-ROM 盘片完全一致。但不同的是 DVD 盘光道之间的间距由原来的 $1.6\mu m$ 缩小至 $0.74\mu m$,而记录信息的最小凹凸坑长度由原来的 $0.83\mu m$ 缩小到 $0.4\mu m$。这直接导致了单面单层的 DVD 盘的存储容量可提高至 4.7GB,是 CD-ROM 的 7 倍,而且 DVD 驱动器具有向下的兼容性,即也可以读取 CD-ROM 的光盘。光驱的外观如图 1-15 所示。

　　Flash 存储设备是一种非易失性半导体移动存储器,通常被称为"U 盘",又称为"优盘"、"闪存",如图 1-16 所示。它通过 USB 接口与计算机等设备交换数据,如图 1-17 所示。U 盘具有即插即用的特点。用户只需将它插入 USB 接口,计算机就可以实现自动检测,在读写数据方面非

图 1-15　光盘驱动器外观示意图

常方便。由于优盘具有存储容量大、抗震、价格便宜、便于携带等诸多优点,故而已经取代软盘成为最常用的移动存储设备。目前 U 盘的存储容量一般为 2～256GB,一般都可重复擦写百万次以上。

图 1-16　U 盘外观示意图

图 1-17　U 盘连接计算机、手机、投影仪

2. 输入设备

在计算机中所能存储加工的仅是以二进制代码表示的信息,因此要处理这些外部信息就必须把它们转换成二进制代码的内部表示形式。输入设备负责将各种信息输入计算机内部。

1)键盘

键盘是用来输入文字和数字到计算机的主要输入设备。目前微机所配置的标准键盘有 101个按键,包括数字键、字母键、符号键、控制键和功能键等。标准键盘的布局分三个区域,即主键盘区、数字键盘区和功能键区。主键盘区包括数字符号键、字母键和控制键;数字键盘区包括光标移动键、光标控制键、算术运算符键、数字键、编辑键、数字锁定键和打印屏幕键等;功能键区包括 F1～F12,在功能键中前 6 个键的功能是由系统锁定的,后面 6 个功能键的功能可根据软件的需要由用户自己定义。

2)鼠标

鼠标是一种常见的输入设备。它与显示器配合,可以方便、准确地移动显示器上的光标,并通过单(双)击,选取光标所指的内容。鼠标按其按钮个数可以分为两键鼠标和三键鼠标;按感应位移变化的方式可以分为机械鼠标和光电鼠标。键盘和鼠标的外观如图 1-18 所示。

图 1-18　键盘、鼠标的外观示意图

3）扫描仪

扫描仪是一种光电一体的输入设备,它可以将照片、图片、图形输入计算机中,并转换成图像文件存储于硬盘。扫描仪主要有两类:手持式和平板式。平板式扫描仪的性能要优于手持式扫描仪。扫描仪的主要技术参数是分辨率、扫描幅度和扫描速度。

4）手写板

手写绘图板是一种输入设备,最常见的是手写板,其作用和键盘类似。一般局限于输入文字或者绘画,也带有一些鼠标的功能。在手写板的日常使用上,除用于文字、符号、图形等输入外,还可提供光标定位功能,因此手写板可以同时替代键盘与鼠标,成为一种独立的输入工具。手写板一般是使用一只专门的笔或者手指在特定的区域内书写文字。手写板通过各种方法将笔或者手指走过的轨迹记录下来,然后识别为文字。对于不喜欢使用键盘或者不习惯使用中文输入法的人来说是非常有用的,因为它不需要学习输入法。手写板还可以用于精确制图,例如可用于电路设计、CAD 设计、图形设计、自由绘画以及文本和数据的输入等。手写板有的集成在键盘上,有的单独使用,单独使用的手写板一般使用 USB 口或者串口。手写板种类很多,有兼具手写输入汉字和光标定位功能的,也有专用于屏幕光标精确定位以完成各种绘图功能的。扫描仪和手写板的外观如图 1-19 所示。

图 1-19 扫描仪、手写板外观示意图

3. 输出设备

输出设备用于将计算机内部以二进制代码形式表示的信息转换为用户所接受并能识别的表现形式,如十进制数字、文字、符号、图形、图像、声音,或者其他系统所能接受的信息形式。在微型机系统中,主要的输出系统是显示器和打印机等。

1）显示器

显示器是最重要的输出设备,又被称为“终端”。计算机通过显示屏幕向用户输出消息。PC 的显示系统由显示器和图形适配器(Graphics Adapter,也称为图形卡或显卡)组成。它们共同决定了图像输出的质量。显示器类型很多,按显示的内容可以分为只能显示 ASCII 字符的字符显示器和能显示字符与图形的图形显示器;按显示的颜色可以分为单色显示器和彩色显示器;按显示原理可以分为阴极射线管显示器(CRT)和液晶显示器(LCD)。目前主要使用的是 LCD 液晶显示器。液晶显示器和显卡外观如图 1-20 所示。

图 1-20 液晶显示器、显卡外观示意图

2）打印机

打印机是将输出结果打印在纸张上的一种输出设备。打印机主要有针式打印机、喷墨打印机、激光打印机等。针式打印机速度慢,噪音大,但它的耗材便宜。喷墨打印机价格便宜、体积

小、噪音低、打印质量高,但对纸张要求高、墨水消耗量大,适于家庭购买。激光打印机是激光技术和电子照相技术的复合物。它将计算机输出的信号转换成静电磁信号,磁信号使磁粉吸附在纸上形成有色字体。激光打印机印字质量高,字符光滑美观,打印速度快,噪音小,但价格稍高一些。打印机的技术指标主要有打印速度、打印分辨率和打印噪声等。针式、喷墨和激光打印机的外观如图1-21所示。

图1-21　针式打印机、喷墨打印机、激光打印机外观示意图

3) 投影仪

投影仪又称投影机,是一种可以将图像或视频投射到幕布上的设备,可以通过不同的接口与计算机、VCD、DVD、DV 等设备连接以播放相应的视频信号。投影仪广泛应用于家庭、办公室、学校和娱乐场所,根据工作方式不同,有 CRT、LCD、DLP 等不同类型。投影仪的性能指标是区别投影仪档次高低的标志,主要包括光输出、水平扫描频率、垂直扫描频率、视频带宽和分辨率等。

4) 绘图仪

绘图仪是一种输出图形的硬拷贝设备。绘图仪在绘图软件的支持下可绘制出复杂、精确的图形,是各种计算机辅助设计不可缺少的工具。绘图仪的性能指标主要有绘图笔数、图纸尺寸、分辨率、接口形式及绘图语言等。绘图仪一般是由驱动电机、插补器、控制电路、绘图台、笔架、机械传动等部分组成的。绘图仪除了必要的硬设备之外,还必须配备丰富的绘图软件。只有软件与硬件结合起来,才能实现自动绘图。

绘图仪的种类很多,按结构和工作原理可以分为滚筒式和平台式两大类。滚筒式绘图仪结构紧凑,绘图幅面大,但它需要使用两侧有链孔的专用绘图纸。平台式绘图仪绘图精度高,对绘图纸无特殊要求,应用比较广泛。

投影仪、绘图仪外观示意图如图1-22所示。

图1-22　投影仪、绘图仪外观示意图

1.4.3　计算机的主要性能指标

微型机的种类很多,需要了解其有关的性能指标。不同用途的计算机,其侧重面也不同。需要重点考虑的性能指标如下所述。

1) 字长

字长是指 CPU 一次能够直接处理的二进制数据的位数,它是由加法器、寄存器的位数决定的,所以字长一般等于内部寄存器的位数。字长标志着精度,字长越长,计算精度越高,指令的直接寻址能力也越强。假如字长较短的机器要计算位数较多的数据,那么需要经过两次或多次

的运算才能完成,这会影响计算机整体的运行速度。目前一般微机字长是 32～64 位。

2）运算速度

运算速度是衡量计算机性能的一项重要指标。通常所说的计算机运算速度（平均运算速度）是指每秒钟所能执行的指令条数,一般用"百万条指令/秒"（Million Instruction Per Second,MIPS）来描述。同一台计算机执行不同运算所需的时间可能不同,因而对运算速度的描述常采用不同的方法。常用的有 CPU 时钟频率（主频）、每秒平均执行指令数（IPS）等。微型计算机一般采用主频来描述运算速度。主频是 CPU 的时钟频率,也就是 CPU 运算时的工作频率。一般说来,主频越高,一个时钟周期里面完成的指令数也越多,CPU 的处理速度也就越快。主频的单位是 MHz 或 GHz,比如 Intel 酷睿 i7 4790 处理器的主频为 4GHz。主频是计算机的主要技术性能指标。外频是系统总线的工作频率;倍频则是指 CPU 外频与主频相差的倍数。三者关系十分密切：主频＝外频×倍频。

3）内存容量

任何程序和数据的存取都要通过内存。内存容量的大小反映了存储程序和数据的能力,从而反映了信息处理能力的强弱。存储容量越大,软件的运行速度也越快。很多应用程序的正常运行都对内存容量有要求。

4）外存储器容量

外存储器容量通常是指硬盘容量（包括内置硬盘和移动硬盘）。外存储器容量越大,可存储的信息就越多,可安装的应用软件也就越丰富。

5）外部设备配置

外部设备配置是指计算机的输入输出设备、多媒体部件等的配置情况,其中主要有：键盘的按键数及它是否是多功能键盘;显示器和打印机的种类及性能指标;光盘驱动器是 CD-ROM 还是 DVD,倍速是多少;声卡和音响的种类;电脑是否配置了 USB 接口等。

6）软件配置

软件配置包括操作系统、计算机语言、数据库管理系统、网络通信软件、汉字软件及其他各种应用软件等。由于目前各类兼容微机种类繁多,因此要特别考虑到软件的兼容性。一般微型机之间的兼容性包括接口、硬件总线、键盘形式、操作系统和 I/O 规范等方面。

以上列出了微机一些主要的性能指标。应该注意的是微机的优劣不能根据某项指标来单独评定,而是需要综合考虑,以满足自身应用需求为目的。

1.4.4 计算机的工作原理

计算机的基本工作原理是采用美籍匈牙利科学家冯·诺依曼（见图 1-23）于 1946 年提出的基本思想,即二进制和存储程序。这一思想是计算机设计的基本思想,确立了现代计算机的基本结构和工作方式。虽然现在计算机的设计及制造技术有了很大的发展,但基本结构仍属于冯·诺依曼的体系范畴。

冯·诺依曼的思想可以概括为三点：

1. 采用二进制表示数据和指令

指令是人对计算机发出的用于完成一个最基本操作的工作命令,由计算机硬件来完成。指令以二进制形式表示,由 0 和 1 的代码序列构成,又被称做机器指令。指令通常由操作码和地址码两部分内容构成。操作码用于指明要求计算机执行的操作,如取数、加法运算或输出数据等;地址码用于指明参与操作的数据在存储器中的地址。

指令和数据在代码的外形上并无区别,都是由 0 和 1 组成的代码序列,只是各自约定的含义不同。采用二进制可以使信息数字化更容易实现,并可以用二值逻辑元件来表示和处理。

2. 采用存储程序方式工作

这是冯·诺依曼思想的核心内容。程序是人们为解决某一实际问题而写出的有序的一条条指令的集合。存储程序方式意味着事先编制程序并将程序(包括指令和数据)存入主存储器中。计算机在运行程序时就能自动、连续地从程存储器中依次取出指令并执行。

图 1-23　冯·诺依曼

3. 计算机由运算器、控制器、存储器、输入设备和输出设备 5 大部分组成

根据冯·诺依曼提出的体系结构,计算机的 5 个组成部分及关系如图 1-24 所示。计算机的各个部件在控制信号的控制下实现数据信号的传输,完成程序规定的各种操作,其基本流程是:

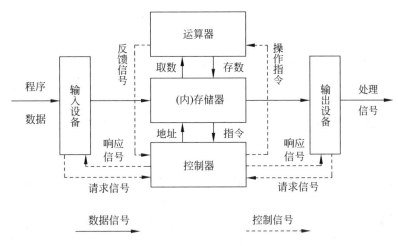

图 1-24　冯·诺依曼结构框图

(1) 由输入设备接收程序和数据,控制器发出指令将程序和相关数据送入存储器中。每一条程序指令都明确规定了计算机从哪个地址取数,进行何种操作,以及将结果送到何处等信息。

(2) 向存储器发出取指令命令,将程序指令逐条送入控制器。控制器对指令进行分析,根据指令的操作要求,向存储器和运算器发出数据存取命令和运算命令,经过运算器计算把计算结果按地址存入存储器。

(3) 在控制器发出的取数和输出命令的作用下,通过输出设备输出计算结果。

1.4.5　计算机软件系统的组成

计算机软件由程序和有关的文档组成。程序是软件的主体,一般保存在存储介质中,以便在计算机上使用。文档是指用来描述程序的内容、组成、设计、功能规格、开发情况、测试结构和使用方法的文字资料和图表。在软件概念中,程序和文档是一个软件不可分割的两个方面。计算机软件可分为系统软件和应用软件。

1. 系统软件

系统软件是一种主要用于计算机管理,以及监控和维护计算机软硬件资源的软件,处于系统中最靠近硬件的一层。其他软件一般都通过系统软件发挥作用。系统软件主要分为操作系统、语言处理程序、数据库管理系统和系统服务程序。

1) 操作系统

操作系统(Operating System,OS)是对计算机全部软硬件资源进行控制和管理的大型程序,是直接运行在"裸机"上的最基本的系统软件,是软件系统的核心。其他软件必须在操作系统的支持下才能运行。操作系统的功能一般包括进程与处理器管理、作业管理、存储管理、设备管理和文件管理。常见的操作系统有 DOS、Windows、UNIX、Linux 和 Netware 等。

2) 语言处理程序

语言处理程序包含机器语言、汇编语言和高级语言。这些语言处理程序除个别可以常驻 ROM 中独立运行以外,其他都必须在操作系统的支持下运行。

(1) 机器语言。

机器语言(机器指令)是计算机能够直接识别和执行的一组二进制代码。用机器语言编写的程序称为机器语言程序,其优点是占用内存少、执行速度快,缺点是难编写、难阅读、难修改、难移植。

(2) 汇编语言。

汇编语言是将机器语言的每条二进制代码指令用便于记忆的符号形式表示出来的一种语言,所以它又称为符号语言。采用汇编语言编写的程序称为汇编程序,其特点是相对于机器语言易阅读、易修改。

(3) 高级语言。

高级语言是目前应用最为广泛的一类计算机语言。它对机器依赖性低,适用于各种机器。目前常用的高级语言有 C、C++、Java 和 C♯等。

3) 数据库管理系统

数据库的出现使得数据处理成为计算机应用的一个重要领域。数据库系统主要由数据库(Database,DB)和数据库管理系统(Database Management System,DBMS)组成。数据库是按一定方式组织起来的相关数据的集合。数据库管理系统是对数据库进行有效管理和操作的系统,是用户与数据库之间的接口。它提供了数据库的建立、修改、检索、统计和排序等命令。数据库管理系统是建立信息管理系统(如人事管理、财务管理和档案管理等)的主要系统软件工具。一般数据库管理系统是按不同的数据模型把数据组织到数据库中的。常用的数据模型可分为层次型、网状型和关系型。其中关系型数据库管理系统应用最为广泛,常见的有 FoxPro、SQLServer、MySQL、Oracle、DB2 和 Sybase 等。

4) 系统服务程序

系统服务程序是方便用户使用、维护和管理计算机的系统软件,主要的服务程序有编辑程序、打印管理程序、测试程序和诊断程序等。

2. 应用软件

应用软件是指利用计算机系统软件及工具软件编制的应用于特定领域的程序。正是由于应用软件的特点,才使得计算机的应用日益渗透到社会的各行各业。应用软件大致可以分为两大类:通用应用软件和专用应用软件。

1) 办公自动化软件

Microsoft Office 办公软件是目前最常用的通用应用软件。现代办公涉及对文字、数字、表格、图表、图像和语音等多种媒体信息的处理,这些工作需要不同类型的办公软件支撑。Microsoft Office 正是这样一套集成了多种办公应用于一体的应用软件。它提供了字处理软件(Word)、演示文稿软件(PowerPoint)、电子表格处理软件(Excel)等。

2）图形和图像处理软件

图像处理软件广泛应用于图形图像处理，主要包括图像处理软件（Photoshop 等）、绘图软件（Adobe Illustrator、AutoCAD、CorelDraw 等）和动画制作软件（3ds MAX、Flash 等）。

3）网络应用软件

随着互联网的迅速发展，人类已经进入了一个崭新的信息时代。借助网络应用软件可以更方便地获取和利用网络资源。典型的网络应用软件包括浏览器、电子邮件、文件传输、搜索引擎和聊天软件等。

4）专业应用软件

常见的专用应用软件包括各行各业根据自己的行业特点所构建的信息管理系统（Information Management System，MIS）等，如财务管理软件、人事管理软件、建筑工程管理软件等。

1.5 计算机信息安全与病毒防护

互联网的普及方便了信息的共享与交流，使得信息技术的应用扩展到了社会的各个领域。与此同时，信息安全威胁也在不断增加，引起了人们的高度重视。

信息无论是在计算机上被存储、处理，还是在网络上传输，都有可能被非法访问导致信息泄露，或被篡改、破坏，从而造成信息不完整、被替换、无法存取的情况发生。这些现象的造成有可能是有意的，如黑客攻击、病毒感染等。因此用户对信息的安全要求越来越高。信息安全技术就是要使得信息系统（包括硬件、软件、数据、人、物理环境及其基础设施）受到保护，不受偶然的或者恶意的原因而遭到破坏、更改、泄露，系统能够连续可靠地正常运行。

1.5.1 信息安全

1. 信息安全的目标

信息安全能够确保信息在采集、处理、存储和传输过程中不被泄露、窃取和篡改。它的核心安全目标包括保密性、完整性、可用性、可控性和不可否认性。

1）保密性

保密性是指阻止非授权的用户阅读信息，即未授权的用户不能够获取敏感数据。它是信息安全一诞生就具有的特性，也是信息安全主要的研究内容之一。对纸质文档信息，只需要保护好文件，不被非授权者接触即可；而对计算机及网络环境中的信息，不仅要制止非授权者对信息的阅读，也要阻止授权者将其访问的信息传递给非授权者以致信息被泄露。

2）完整性

完整性是指防止信息被未经授权的用户篡改，保护信息的原始状态，使信息保持其真实性。如果这些信息被蓄意地修改、插入和删除，从而形成虚假信息，则可能将会带来严重的后果。

3）可用性

可用性是指授权用户在需要信息时能及时得到服务的能力。可用性是在信息安全保护阶段对信息安全提出的新要求，也是在网络化空间中必须满足的一项信息安全要求。

4）可控性

可控性是指对信息和信息系统实施安全监控管理，防止非法利用信息和信息系统。

5）不可否认性

不可否认性是指在网络环境中，信息交换的双方不能否认其在交换过程中发送信息或接收

计算机基础知识

信息的行为。

2. 信息安全的原则

为了达到信息安全的目标,各种信息安全技术的使用必须遵守一些基本的原则。

1) 最小化原则

受保护的敏感信息只能在一定范围内被共享。履行工作职责和职能的安全用户在法律和相关安全策略允许的前提下,为满足工作需要,仅被授予其访问信息的适当权限,称为最小化原则。

2) 分权制衡原则

在信息系统中,对所有权限应该进行适当的划分,使每个授权用户只能拥有其中的一部分权限,从而使得他们之间相互制约、相互监督,共同保证信息系统的安全。如果为一个授权用户分配的权限过大,无人监督和制约,就隐含了"滥用权力"的安全隐患。

3) 安全隔离原则

隔离和控制是实现信息安全的基本方法,而隔离是进行控制的基础。信息安全的一个基本策略就是将信息的主体与客体分离,按照一定的安全策略,在可控和安全的前提下实施主体对客体的访问。

在这些基本原则的基础上,人们还总结出了一些实施原则。它们是基本原则的具体体现和扩展,主要包括整体保护原则、谁主管谁负责原则、适度保护的等级化原则、分域保护原则、动态保护原则、多级保护原则、深度保护原则和信息流向原则等。

3. 影响信息安全的因素

具体说来,影响计算机信息安全的因素主要有以下几方面:

(1) 计算机病毒的因素。计算机病毒对信息安全的影响是不言而喻的。

(2) 网络系统和软件本身的安全问题。

网络本身和软件的缺陷及漏洞使得信息容易遭到入侵和破坏,如局域网基本都采用以广播为基础的以太网,这就带来了安全隐患。根据广播的工作原理,在任意两个网络节点之间进行传输的数据报,不仅被这两个节点的网卡接收,也同时被处在同一个以太网上的任何一个网卡所截取。因此,只要接入该以太网上的任一节点进行侦听,就可以抓取在这个以太网上传输的所有数据包;通过对其进行解包分析,就可以窃取数据包中的关键信息。

(3) 硬件设备和线路的安全问题。硬件故障易造成数据的破坏;另一方面可能因硬件或线路的屏蔽不严而造成电磁泄漏和电磁干扰等。

(4) 存储介质的因素。如因为存储介质的原因而造成信息无法读出。

(5) 管理、使用人员的技术及安全意识的因素。主要体现在业务不熟练造成误操作;因规章制度不健全或保密观念差而无意泄露信息,甚至人为泄露和破坏等。

(6) 环境的安全因素。如地震、水灾、火灾、风灾等自然灾害或停电、电力不稳造成信息不安全等。

4. 常见的信息安全产品

1) 杀毒软件

杀毒软件也被称做反病毒软件或防毒软件,是用于清除电脑病毒、特洛伊木马和恶意软件等计算机威胁的一类软件。杀毒软件通常集成监控识别、病毒扫描和清除,以及自动升级等功能,有的杀毒软件还带有数据恢复等功能。它是计算机防御系统的重要组成部分。

2) 防火墙

防火墙是一种隔离技术,是一个在内部网和外部网之间、专用网与公共网之间构造保护屏障,保护内部网免受非法用户入侵的软件或硬件的结合。受保护网络内的计算机流入流出的所有网络通信和数据包均要经过防火墙。防火墙主要由服务访问规则、验证工具、包过滤和应用网关4个部分组成。防火墙是在两个网络通信时执行的一种访问控制尺度,它能允许合法的用户和数据进入内部网络,同时将非法的用户和数据拒之门外,最大限度地阻止网络中的黑客来访问内部网络。

一个防火墙能极大地提高一个内部网络的安全性,并通过过滤不安全的服务而降低风险。由于只有经过精心选择的应用协议才能通过防火墙,所以网络环境变得更安全。如防火墙可以禁止众所周知的不安全的 NFS 协议进出受保护网络,这样外部的攻击者就不可能利用这些脆弱的协议来攻击内部网络。防火墙同时可以保护网络免受基于路由的攻击,如 IP 选项中的源路由攻击和 ICMP 重定向中的重定向路径。

3)入侵检测系统

入侵检测系统(Intrusion Detection System,IDS)是一种对网络传输进行即时监视,在发现可疑传输时发出警报或者采取主动反应措施的网络安全设备。它与其他网络安全设备的不同之处在于 IDS 是一种积极主动的安全防护技术。它通过收集和分析网络行为、安全日志、审计数据、其他网络上可以获得的信息以及计算机系统中若干关键点的信息,以检查网络或系统中是否存在违反安全策略的行为和被攻击的迹象。入侵检测提供了对内部攻击、外部攻击和误操作的实时保护,在网络系统受到危害之前拦截和响应入侵,因此被认为是防火墙之后的第二道安全闸门。

4)安全路由器

安全路由器通常是指集常规路由与网络安全防范功能于一身的网络安全设备。一般来讲,具备 IPSec 协议支持,能够有效利用 IPSec 保证数据传输机密性与完整性,或能够借助其他途径强化本身安全性能的路由器都可以称之为安全路由器。与常规路由器产品相比,安全路由器通常具有以下特征:采用 IPSec 协议;带有包过滤和代理协议的防火墙功能;能够隐藏内部网络的拓扑结构;支持路由信息与 IP 数据包加密;能够实现身份鉴别、数据签名和数据完整性验证;具有灵活的密钥配置;支持集中式密钥与分布式密钥管理;可有效防止虚假路由信息的接收与路由器的非法接入;能够阻止非授权人员的入侵等。

5)数据备份与恢复产品

数据备份与恢复产品是指利用数据备份、数据复制、智能存储等软件和设备所提供的数据获取、传输和管理能力,将业务系统中需要进行冗余保护的系统数据、基础数据、应用数据、临时数据实时或定时存储于备用存储介质中,当业务系统出现数据错误、数据丢失、数据损毁的情况时,为用户提供及时恢复全部或部分数据、支持业务系统持续运行能力的系统。

6)反垃圾邮件产品

凡是未经用户许可就强行发送到用户邮箱中的任何电子邮件均称为垃圾邮件。反垃圾邮件产品就是通过正确有效的方法识别垃圾邮件、邮件病毒或邮件攻击程序,从而采取反垃圾邮件方法来减少垃圾邮件,满足安全处理的需求。

1.5.2 计算机病毒

1. 计算机病毒的定义

自从 morris 蠕虫病毒出现以来,计算机病毒就成为了计算机安全的重要隐患之一。计算机病毒是指编制或者在计算机程序中插入的破坏计算机功能或者破坏数据,影响计算机使用,并能自我复制的一组计算机指令或者程序代码。由于这些程序有独特的复制能力,可以很快地蔓延,又常常难以根除,类似于生物学上的病毒,因此被称为计算机病毒。

随着网络的普及,计算机病毒以前所未有的速度进行传播,破坏力也不断增强。智能病毒、远程控制病毒等新型病毒也层出不穷。要防范计算机病毒,就应该了解病毒的特征、病毒的传播模式、病毒的类型以及病毒的防护措施。

2. 计算机病毒的特征

计算机病毒通常具有以下特征:

(1) 传染性:指计算机病毒能够自我复制,将病毒程序植入其他无病毒的程序体内,使之成为新的病毒源,从而快速传播。传染性是计算机病毒最基本的特征。在生物界,病毒通过传染从一个生物体扩散到另一个生物体。在适当的条件下,它会大量繁殖,并使被感染的生物体表现出病症甚至死亡。同样,计算机病毒也会通过各种渠道从已被感染的计算机扩散到未被感染的计算机,在某些情况下造成被感染的计算机工作失常甚至瘫痪。与生物病毒不同的是,计算机病毒是一段人为编制的计算机程序代码。这段程序代码一旦进入计算机并得以执行,它就会搜寻其他符合其传染条件的程序或存储介质,确定目标后再将自身代码插入其中,达到自我繁殖的目的。只要一台计算机染毒,如不及时处理,那么病毒会在这台电脑上迅速扩散。网络病毒还可以利用网络上的各种通信端口或借助电子邮件迅速传播。攻击对象由原来的个人计算机扩大到网络中的工作站、服务器,甚至是移动通信设备。

(2) 隐蔽性:病毒程序一般都隐藏在正常程序中,在进行传播时也无外部表现,因而用户难以察觉它的存在。有些病毒像定时炸弹一样,让它什么时间发作是预先设计好的。比如黑色星期五病毒,不到预定时间是无法觉察的,等到条件具备的时候就会自动运行起来,对系统进行破坏。一个编制精巧的计算机病毒程序,进入系统之后一般不会马上发作,因此病毒可以隐蔽在磁盘里几天,甚至几年,一旦时机成熟,得到运行机会,就会四处繁殖、扩散,产生危害。

(3) 可触发性:计算机病毒潜入系统后,一般并不会立即发作,而是在一定条件下被激活后才进行传染和破坏。计算机病毒的内部往往有一种触发机制,不满足触发条件时,计算机病毒除了传染外不做什么破坏。触发条件一旦得到满足,有的在屏幕上显示信息、图形或特殊标识,有的则执行破坏系统的操作,如格式化磁盘、删除磁盘文件、对数据文件做加密、封锁键盘以及使系统死锁等。

(4) 寄生性:通常计算机病毒都不是单独作为一个文件存在的,而是依附在其他文件之中的。这些文件可以是计算机操作系统、可执行文件(exe 文件)、数据文件等。计算机病毒寄生在其他程序之中,当执行这个程序时,病毒就起破坏作用,而在未启动这个程序之前,它是不易被人发觉的。

(5) 多样性:不同病毒在发作时的症状是不一样的,有时同一病毒在不同的发作条件下也呈现出不同的症状。这些症状有的可直接观察,有的却难以察觉。由于计算机病毒具有自我复制和传播的特点,加上现代传播媒介的多元化,计算机病毒的发展在种类和数量上均呈现出多样化的特点。

(6) 破坏性:几乎所有的计算机病毒都具有不同程度的破坏力,只是病毒的破坏情况表现不一。良性病毒破坏小,恶性病毒破坏大。它可占用计算机系统资源、干扰系统正常运行、破坏数据,严重的可使计算机软硬件系统崩溃。在网络环境下,计算机病毒可以造成通信网络的堵塞和瘫痪、网络终端的数据丢失、机密数据失窃等严重情况。

3. 计算机病毒的分类

计算机病毒种类繁多,并且不断地以很快的速度递增。在传统的单机环境下,病毒大都隐藏在文件中,通过软盘或光盘进行传播。而随着网络的普及,计算机病毒则更多地通过网络传播和感染。

1) 传统的单机病毒

（1）引导型病毒。

引导型病毒是指寄生在磁盘引导区或主引导区的计算机病毒。此种病毒利用系统引导时不对主引导区的内容正确与否进行判别的缺点在系统引导的过程中侵入系统，驻留内存监视系统运行，待机传染和破坏。其特点是当系统引导时，病毒程序被运行，并获得控制权，从而伺机发作。因为磁盘的引导区是磁盘正常工作的先决条件，因此这种病毒的传染性和危害性都很大。按照引导型病毒在硬盘上的寄生位置又可细分为主引导记录病毒和分区引导记录病毒。主引导记录病毒感染硬盘的主引导区，如大麻病毒、2708 病毒、火炬病毒等；分区引导记录病毒感染硬盘的活动分区引导记录，如小球病毒、Girl 病毒等。

（2）文件型病毒。

在各种单机病毒中，文件型病毒占的数目最大、传播最广。它感染的主要对象是后缀为.com、.exe 等的可执行文件。这种文件与可执行文件进行链接，一旦被感染的可执行文件运行，计算机病毒即获得控制权。当运行带病毒的程序时，病毒程序被运行，从而伺机发作。如 1575/1591 病毒、848 病毒感染.com 和.exe 等可执行文件，Macro/Concept、Macro/Atoms 等宏病毒感染.doc 文件。

（3）复合型病毒。

复合型病毒是指兼具引导型病毒和文件型病毒寄生方式的计算机病毒。这种病毒扩大了病毒程序的传染途径。它既感染磁盘的引导记录，又感染可执行文件。当染有此种病毒的磁盘用于引导系统或调用执行染毒文件时，病毒都会被激活。因此在检测、清除复合型病毒时，必须全面彻底地根治。如果只发现该病毒的一个特性，把它只当作引导型或文件型病毒进行清除，则清除后依然会留有较大的隐患，这种经过消毒后的"洁净"系统更富有攻击性。这种病毒有 Flip 病毒、新世际病毒、One-half 病毒等。

2) 现代网络病毒

（1）蠕虫病毒。

蠕虫病毒主要通过系统漏洞、电子邮件、在线聊天和局域网中的资源共享等途径进行传播。蠕虫病毒不需要宿主程序，它可以自我复制并通过网络传播。最初的蠕虫病毒定义是因为在 DOS 环境下，病毒发作时会在屏幕上出现一条类似虫子的东西，胡乱吞吃屏幕上的字母并将其改形而得名。在产生的破坏性上，蠕虫病毒也不是普通病毒所能比拟的。网络的发展使得蠕虫可以在很短的时间内蔓延整个网络，造成网络瘫痪。根据用户类型可以将蠕虫病毒分为两类：一种面向企业用户和局域网，另外一种针对个人用户。面向企业用户和局域网的蠕虫病毒利用系统漏洞，主动进行攻击，可以对整个互联网造成瘫痪性的后果。以"红色代码"、"尼姆达"为代表。针对个人用户的蠕虫病毒则主要通过网络（电子邮件、恶意网页等形式）迅速传播，以爱虫病毒、求职信病毒为代表。

在这两类蠕虫病毒中，第一类具有很大的主动攻击性，而且爆发也有一定的突然性，但相对来说，查杀这种病毒并不是很难。熊猫烧香是一种模仿"尼姆达"病毒编写的蠕虫病毒，于 2007年 1 月初肆虐网络，被感染的用户系统中所有的.exe 可执行文件全部被改成熊猫举着三根香的模样。这是一波计算机病毒蔓延的狂潮。在极短时间之内就可以感染几千台计算机，严重时可以导致网络瘫痪。那只憨态可掬、领首敬香的"熊猫"除而不尽。反病毒工程师们将它命名为"尼姆亚"。病毒变种使用户计算机中毒后可能会出现蓝屏、频繁重启以及系统硬盘中数据文件被破坏等现象。同时，该病毒的某些变种可以通过局域网进行传播，进而感染局域网内所有的计算机系统,最终导致企业局域网瘫痪,无法正常使用,它能感染系统中 exe,com,pif,src,html, asp 等文件,它还能终止大量的反病毒软件进程并且删除扩展名为 gho 的备份文件。

第二种病毒的传播方式比较复杂和多样,少数利用了微软应用程序的漏洞,更多的是对用户进行欺骗和诱使,这样的病毒造成的损失是非常大的,同时也是很难根除,比如可以作为病毒传播里程碑的求职信病毒,出现几个月后有了很多变种,在互联网肆虐数月。最常见的求职信病毒通过邮件进行传播,然后自我复制,同时向受害者通信录里的联系人发送同样的邮件。一些变种求职信病毒携带其他破坏性程序,使计算机瘫痪。有些甚至会强行关闭杀毒软件或者伪装成病毒清除工具。求职信病毒出现不久,黑客就对它进行了改进。改进后的病毒传染性更强。它不仅能向通讯录联系人发送同样的邮件,而且还能从中毒者的通讯录里随机选中一个人,将该邮件地址填入发信人的位置。

(2) 木马病毒。

木马程序是当前比较流行的病毒文件,它通过伪装自身来吸引用户下载执行,向施种木马者提供打开被种者计算机的大门,使施种者可以任意毁坏、窃取被种者的文件,甚至远程控制被种者的计算机。木马病毒的设计者为了防止木马被发现,通常会刻意采用多种手段隐藏木马。

比如"网游大盗"是一种盗取用户网络游戏账号的木马程序,会在被感染的计算机系统后台秘密监视用户运行的所有应用程序窗口标题,然后利用键盘钩子、内存截取或封包截取等技术盗取网络游戏玩家的游戏账号、游戏密码、所在区服、角色等级、金钱数量和仓库密码等信息资料;并在后台将盗取的所有玩家信息资料发送到黑客指定的远程服务器站点上,致使网络游戏玩家的游戏账号、装备物品、金钱等丢失,从而给游戏玩家带来不同程度的损失。"网游大盗"会通过在被感染计算机系统注册表中添加启动项的方式,来实现木马开机自启动。

"股票窃贼"也是一种木马病毒。计算机被感染后,病毒会监视当前窗口标题中是否含有"交易登录"、"网上股票交易系统"等字符。如果有,就开始启动键盘钩子对用户登录信息进行记录,包括用户名和密码;同时它还会对用户登录时的窗口画面进行截屏,并保存为图片;当记录一定次数后,会通过邮件发送到病毒作者指定的邮箱中。这样就窃取了用户的网上证券交易账号和密码,从而可能获得操作股票的权限。如果用户股票被恶意买卖,将会给用户带来非常重大的损失。更加厉害的是"证券大盗"病毒每次窃取成功后就会自动中止运行,并删除大部分病毒文件,以达到销毁罪证的目的。

4. 计算机病毒的传染途径

计算机病毒最基本的特性就是它的传染性。了解计算机病毒的传染途径,有的放矢地采取有效措施,才能够更好地防止病毒对计算机系统的侵袭。

1) 网络传播

商务来往的电子邮件,还有浏览网页、下载软件、即时通信软件、网络游戏等,都是通过互联网这一媒介进行传播的。频繁的使用率使得网络备受病毒的青睐。

(1) 通过电子邮件、BBS 传播。

在计算机和网络日益普及的今天,电子邮件已成为人们日常交流和沟通的重要工具,病毒也随之找到了载体。电子邮件携带病毒、木马及其他恶意程序,会导致收件者的计算机被黑客入侵。E-mail 协议的新闻组、文件服务器、FTP 下载和 BBS 文件区也是病毒传播的主要形式。经常有病毒制造者上传带毒文件到 FTP 和 BBS 上,群发到不同组。很多病毒伪装成一些软件的新版本,甚至是杀毒软件。

BBS 是由计算机爱好者自发组织的通信站点,因为上站容易、投资少,因此深受大众用户的喜爱。用户可以在 BBS 上进行文件交换(包括自由软件、游戏、自编程序等)。由于 BBS 站一般没有严格的安全管理,亦无任何限制,这样就给一些病毒程序编写者提供了传播病毒的场所。

（2）通过浏览网页和下载软件传播。

很多网络用户都遇到过在浏览某网页之后,浏览器标题便被篡改了,并且每次打开浏览器都被迫登录某一固定网站,有的还被禁止恢复还原,这便是恶意代码在作怪。当用户浏览一些不健康的网站或误入一些黑客站点,访问这些站点的同时或单击其中某些链接或下载软件时,便会自动在用户的浏览器或系统中安装上某间谍程序。这些间谍程序便可让用户的浏览器不定时地访问其站点,或者截获用户的私人信息并发送给他人。

（3）通过即时通信软件传播。

即时通信(Instant Messenger,IM)软件可以说是目前我国上网用户使用率最高的软件,它已经从娱乐休闲软件变成了生活工作中的必备工具。由于用户数量众多,再加上即时通信软件本身的安全缺陷,例如内建有联系人清单,使得病毒可以方便地获取传播目标,这些特性都能被病毒利用来传播自身,导致其成为病毒的攻击目标。事实上,臭名昭著、造成上百亿美元损失的求职信病毒就是第一个可以通过ICQ进行传播的恶性蠕虫。它可以遍历本地ICQ中的联络人清单来传播自身。而更多的对即时通信软件形成安全隐患的病毒还正在陆续发现中,并有愈演愈烈的态势。

P2P,即对等互联网络技术(点对点网络技术),它让用户可以直接连接到其他用户的计算机,进行文件共享与交换。每天全球有成千上万的网民在通过P2P软件交换资源、共享文件。P2P技术也存在着很大的安全隐患。由于不经过中继服务器,使用起来更加随意,所以许多病毒制造者开始编写依赖于P2P技术的病毒。

（4）通过网络游戏传播。

网络游戏已经成为目前网络活动的主体之一,更多的人选择进入游戏来缓解生活的压力,实现自我价值。可以说,网络游戏已经成了一部分人生活中不可或缺的东西。对于游戏玩家来说,网络游戏中最重要的就是装备、道具这类虚拟物品了。这类虚拟物品会随着时间的积累而成为一种有真实价值的东西,因此出现了针对这些虚拟物品的交易,从而出现了偷盗虚拟物品的现象。一些用户要想非法得到其他用户的虚拟物品,就必须得到该用户的游戏账号信息,因此,目前网络游戏的安全问题主要就是游戏盗号问题。由于网络游戏要通过电脑并连接到网络上才能运行,偷盗玩家游戏账号、密码最行之有效的办法莫过于特洛伊木马。专门偷窃网游账号和密码的木马也层出不穷。

2）局域网传播

局域网是由相互连接的一组计算机组成的,这是数据共享和相互协作的需要。组成网络的每一台计算机都能连接到其他计算机,数据也能从一台计算机发送到其他计算机上。如果发送的数据感染了计算机病毒,接收方的计算机将自动被感染,并很有可能在极短的时间内感染整个网络中的计算机。局域网络技术的应用为企业的发展做出了巨大的贡献,同时也为计算机病毒的迅速传播创造了条件。同时,由于系统漏洞所产生的安全隐患也会使病毒在局域网中传播。

3）不可移动的计算机硬件设备传播

这种传播方式是通过不可移动的计算机硬件设备进行病毒传播的,其中计算机的专用集成电路芯片(ASIC)和硬盘为病毒的重要传播媒介。通过ASIC传播的病毒极为少见,但是,其破坏力却极强,一旦遭受病毒侵害将会直接导致计算机硬件的损坏。

硬盘是计算机数据的主要存储介质,因此也是计算机病毒感染的重灾区。硬盘传播计算机病毒的途径是:硬盘向U盘复制带毒文件、向光盘刻录带毒文件、硬盘之间的数据复制,以及将

计算机基础知识

带毒文件发送至其他地方等。

4）移动存储设备传播

更多的计算机病毒逐步转为利用移动存储设备进行传播。移动存储设备包括常见的光盘、移动硬盘、U 盘、数码相机、MP3 等。光盘的存储容量大，所以大多数软件都刻录在光盘上，以便互相传递，因此成为了计算机病毒寄生的"温床"。同时，盗版光盘上的软件和游戏及非法拷贝也是目前传播计算机病毒的主要途径。移动硬盘、U 盘等移动设备也成为了新的攻击目标。而 U 盘因其超大空间的存储量，逐步成为了使用最广泛、最频繁的存储介质，为计算机病毒的寄生提供了更宽裕的空间。目前，U 盘病毒正在逐步地增加，使得 U 盘成为了很重要的一种病毒传播途径。

5）无线设备传播

这种传播途径随着手机功能性的开放和增值服务的拓展，已经成为必须要加以防范的一种病毒传播途径。随着智能手机的普及，通过彩信、上网浏览，以及下载到手机中的程序越来越多，不可避免地会对手机安全产生威胁。手机病毒会成为新一轮电脑病毒危害的"源头"。手机、特别是智能手机和 3G 网络发展的同时，手机病毒的传播速度和危害程度与日俱增。通过无线传播的趋势很有可能将会发展成为第二大病毒传播媒介，与网络传播造成同等的危害。

5. 计算机病毒的典型表现形式

计算机受到病毒感染以后，会表现出不同的症状。下面列出一些比较常见的现象：

（1）计算机不能正常启动。

充电后计算机根本不能启动；或者可以启动，但所需要的时间比原来的启动时间明显变长了，甚至有时会突然出现黑屏现象。

（2）系统运行速度降低。

在运行某些程序时，计算机的运行速度较之以往明显降低；比如读取数据的时间比原来长，或存取文件的时间也大大增加。

（3）磁盘空间迅速变小。

由于病毒程序要进驻内存，而且又能繁殖，因此内存空间突然变小，甚至变为 0 时，则很有可能是病毒侵占了用户计算机的内存空间。

（4）文件内容和长度有所改变。

当文件被存入磁盘后，它的长度和内容一般都不应改变。但是由于病毒的干扰，文件长度可能改变，文件内容也可能出现乱码，甚至有时文件内容无法显示或显示后又消失了。

（5）经常出现"死机"现象。

正常的操作不会造成计算机出现死机现象。即使用户命令输入不对也不会死机。如果计算机经常死机，则可能是由于系统被病毒感染了。

（6）外部设备工作异常。

外部设备受系统的控制。如果计算机中有病毒，外部设备在工作时可能会出现一些异常情况，甚至出现一些难以解释清楚的现象。

（7）浏览器无法使用或自动启动。

（8）在未经许可的情况下，计算机中有程序试图访问网络。

如果经常出现以上一种或几种情况，则计算机很有可能已经被病毒感染。计算机用户应该及时予以检查并使用专业杀毒软件查杀病毒。

6. 计算机病毒的防范

计算机病毒已经无处不在，而新的病毒还在不断产生，并以越来越快的速度和更加复杂多样的方式进行传播,对计算机软硬件的破坏也越来越大。为了预防计算机病毒,一般可以采用以下防范措施。

(1) 利用 Windows 的更新功能及时对操作系统进行更新,防止系统漏洞。

(2) 谨慎使用资源共享功能,尽量避免将其设定为"可写"状态。

(3) 注意将重要的资料经常备份,并加写保护。

(4) 谨慎使用来路不明的文件、磁盘和 U 盘,使用前务必先查毒、杀毒。

(5) 安装有效的防病毒软件,定期使用其扫描系统,并更新防病毒软件。

(6) 重视邮件附件中的.exe 或.com 等文件,不轻易执行它们。

(7) 调高浏览器的安全级别,不浏览不安全的网站。

(8) 建立正确的病毒观念,了解病毒感染、发作的原理,提高自己的警觉性。

7. 杀毒软件

杀毒软件是用于消除计算机病毒、特洛伊木马和其他恶意程序的一类软件。它也被称为反病毒软件或防毒软件。杀毒软件通常都包括监控识别、病毒扫描和清除以及自动升级等核心功能。有的杀毒软件还具有数据恢复等功能。杀毒软件是计算机防御系统的重要组成部分。目前常用的杀毒软件有：360 杀毒软件、卡巴斯基、诺顿、瑞星、江民、金山毒霸等。

杀毒软件不可能查杀所有的病毒;有的病毒即使被查出,也不一定能够被清除。杀毒软件对被病毒感染的文件的处理方式包括：清除、删除、重命名、禁止访问、隔离和不处理等。大部分杀毒软件是滞后于计算机病毒的,所以要及时升级软件版本、更新病毒特征库、定期对计算机进行全面查毒。

习　题　1

一、选择题

1. 以下关于计算机发展史的叙述中,(　　)是正确的。

　　A. 世界上第一台计算机是 1946 年在美国发明的,称 EDSAC

　　B. ENIAC 是根据冯·诺依曼原理设计制造的

　　C. 第一台计算机在 1946 年发明,所以 1946 年是计算机时代的开始

　　D. 世界上第一台投入使用的,根据冯·诺依曼原理设计的计算机是 ENIAC

2. 办公自动化(OA)是计算机的一项应用,按计算机应用分类,它属于(　　)。

　　A. 数据处理　　　　B. 科学计算　　　　C. 实时控制　　　　D. 辅助设计

3. 个人计算机属于(　　)。

　　A. 大型计算机　　B. 小型计算机　　C. 微型计算机　　D. 超级计算机

4. 计算机自诞生以来,无论在性能、价格等方面都发生了巨大的变化;但是(　　)并没有发生多大的改变。

　　A. 耗电量　　　　B. 体积　　　　　C. 运算速度　　　　D. 体系结构

5. 计算机最主要的工作特点是(　　)。

　　A. 存储程序与自动控制　　　　　　B. 高速度与高精度

　　C. 可靠性与可用性　　　　　　　　D. 有记忆能力

6. 计算机能够具备自动处理功能的基础是(　　)。

　　A. 存储程序　　　　　　　　　　　B. 具有逻辑判断功能

　　C. 运算速度快　　　　　　　　　　D. 计算精度高

7. 微型计算机硬件系统中最核心的部件是( )。

    A. 主板   B. CPU   C. 内存储器   D. I/O 设备

8. CPU 中控制器的功能是( )。

    A. 进行逻辑运算   B. 进行算术运算

    C. 分析指令并发出相应的控制信号   D. 只控制 CPU 的工作

9. 与十进制数 56 等值的二进制数是( )。

    A. 111000   B. 111001   C. 101111   D. 110110

10. 1 个字节包含( )个二进制位。

    A. 8   B. 16   C. 32   D. 64

11. 在计算机中存储数据的最小单位是( ),基本单位是( )。

    A. 字节   B. 位   C. 字   D. 记录

12. 微型计算机通常是由( )等几部分组成的。

    A. 运算器、控制器、存储器和输入输出设备

    B. 运算器、外部存储器、控制器和输入输出设备

    C. 电源、控制器、存储器和输入输出设备

    D. 运算器、放大器、存储器和输入输出设备

13. 和外存相比,内存的主要特征是( )。

    A. 价格便宜   B. 存储正在运行的程序

    C. 能存储大量信息   D. 能长期保存信息

14. 下列关于存储器的叙述中,正确的是( )。

    A. 外存储器不能与 CPU 直接交换数据

    B. 计算机断电后,ROM 和 RAM 中的信息将全部消失

    C. 外存储器不能与主存储器成批交换数据

    D. 内存储器不能与 CPU 直接交换数据

15. 微型计算机采用总线结构连接 CPU、内存储器和外设。总线由三部分构成,分别是( )。

    A. 数据总线、传输总线和通信总线

    B. 地址总线、逻辑总线和信号总线

    C. 控制总线、地址总线和运算总线

    D. 数据总线、控制总线和地址总线

16. 计算机能够直接执行的计算机语言是( )。

    A. 汇编语言   B. 机器语言   C. 高级语言   D. 自然语言

17. 计算机中根据( )访问内存。

    A. 存储内容   B. 存储地址   C. 存储单元   D. 存储容量

18. 在微型计算机内部,加工、处理、存储、传输的数据和指令都采用( )。

    A. 十六进制   B. 十进制   C. 八进制   D. 二进制

19. 下列设备中属于输出设备的是( )。

    A. 扫描仪   B. 手写板   C. 打印机   D. 光笔

20. 以下对于计算机病毒的描述,不正确的是( )。

    A. 计算机病毒是人为编制的一段恶意程序

    B. 计算机病毒不会破坏计算机硬件系统

C. 计算机病毒的传播途径主要是数据存储介质的交换以及网络

D. 计算机病毒具有潜伏性

二、填空题

1. 存储元件的发展经历了电子管、_____、集成电路和大规模集成电路 4 个阶段。

2. 中央处理器(CPU)主要包含_____和_____两个部件。

3. _____是指微处理器一次所能处理的二进制数的位数。

4. 通常所说的计算机系统是由_____和硬件系统两部分组成的。

5. 计算机中系统软件的核心是_____,它主要用来控制和管理计算机的所有软硬件资源。

6. 1MB=_____KB,1GB=_____MB。

7. 为解决某一特定问题而设计的指令序列称为_____。

8. 计算机的存储器可分为_____和_____。

9. -127 的补码表示为_____。

10. 计算机的内存储器按工作方式可分为_____和_____。

三、简答题

1. 计算机的发展经历了哪几个阶段?各阶段的主要特征是什么?

2. 简述计算机的特点。

3. 简述计算机的主要应用领域。

4. 简述冯·诺依曼提出的"存储程序"的基本原理。

5. 计算机主要由哪 5 个部分组成?每个部分的主要作用是什么?

6. 什么是计算机病毒?它们有何特点?其主要的传播途径都有哪些?

7. 请将 $(157.25)_D$ 分别转换成为二进制、八进制和十六进制。

8. 请将 $(11001101.011)_B$ 分别转换成为八进制、十进制和十六进制。

9. 请将 $(625.3)_O$ 和 $(C3.A)_H$ 分别转换成为二进制和十进制。

10. 假设 $A=10010110, B=01100010$,请计算 $A+B$ 和 $A-B$ 的结果。

11. 假设 $A=10100110, B=11010101$,请计算 $A \land B, A \lor B$ 和 $A \otimes B$ 的结果。

12. 请分别计算 $(92)_D$ 和 $(-92)_D$ 的原码、反码和补码。

第2章　操作系统基础

2.1　操作系统概述

2.1.1　操作系统的基本概念

操作系统(Operating System,OS)是管理和控制计算机硬件与软件资源的计算机程序,是直接运行在"裸机"上的最基本的系统软件,任何其他软件都必须在操作系统的支持下才能完成。简而言之,操作系统就是控制其他程序运行,管理计算机软硬件资源并为用户提供操作界面的系统软件的集合。

操作系统是用户和计算机的接口,同时也是计算机硬件和其他软件的接口。操作系统通常是最靠近硬件的一层系统软件,它把硬件裸机改造成为功能完善的一台虚拟机,使得计算机系统的使用和管理更加方便,计算机资源的利用效率更高,上层的应用程序可以获得比硬件提供的功能更多的支持。

操作系统的形态非常多样,不同机器安装的OS可从简单到复杂,可从手机的嵌入式系统到超级电脑的大型操作系统。但所有操作系统都具有并发性、共享性、虚拟性和异步性4个基本特征。

2.1.2　操作系统的特征

操作系统是一种系统软件,操作系统具有自己的特殊性即基本特征。操作系统的基本特征主要包含并发、共享、虚拟和异步。

1. 并发

并发是指两个或多个事件在同一时间间隔内发生。操作系统的并发性是指计算机系统中同时存在多个运行着的程序,因此操作系统具有处理和调度多个程序同时执行的能力。

2. 共享

在操作系统环境下,所谓共享是指系统中的资源可供内存中多个并发执行的进程共同使用。在一段时间内多个并发进程交替使用有限的计算机资源,共同享有计算机资源,操作系统对资源合理的分配和使用。共享资源有互斥共享方式和同时访问两种方式。互斥访问方式是指当一个进程占有资源时,其他进程不能同时再使用这个资源,必须等到该资源被放弃时再使用。同时访问方式是指如程序段和磁盘等资源,可以由进程交替访问。

3. 虚拟

操作系统中所谓的虚拟,是指通过某种技术把一个物理实体变为若干个逻辑上的对应物。物理实体是实际存在的,而逻辑对应物是虚的,是用户感觉上的东西。用于实现虚拟的技术称为虚拟技术。在操作系统中利用了多种虚拟技术,分别用来实现虚拟处理机、虚拟内存、虚拟外部设备和虚拟信道等。

4. 异步

所谓异步性是指进程以不可预知的速度向前推进,内存中的每个进程何时执行、何时暂停、以怎样的速度向前推进,每道程序总共需要多少时间才能完成等都是不可预知的。

比如,当正在执行的进程提出某种资源请求时,例如打印请求,而此时打印机正在为其他进程打印,由于打印机属于临界资源,因此正在执行的进程必须等待且放弃处理机,直到打印机空闲,并再次把处理机分配给该进程时,该进程方能继续执行。可见由于资源等因素的限制,进程的执行通常都不是"一气呵成"的,而是以"停停走走"的方式进行的。尽管如此,但只要在操作系统中配置完善的进程同步机制,且运行环境相同,作业经多次运行都会获得完全相同的结果。

2.1.3 操作系统的功能

操作系统的功能包括管理计算机系统的硬件、软件及数据资源,控制程序运行,改善人机界面,为其他应用软件提供支持等。操作系统能够使得计算机系统所有资源最大限度地发挥作用,提供了各种形式的用户界面,使用户有一个好的工作环境,为其他软件的开发提供必要的服务和相应的接口。

操作系统的主要功能是资源管理,程序控制和人机交互等。计算机系统的资源可分为设备资源和信息资源两大类。设备资源指的是组成计算机的硬件设备,如中央处理器,主存储器,磁盘存储器,打印机,磁带存储器,显示器,键盘输入设备和鼠标等。信息资源指的是存放于计算机内的各种数据,如文件,程序库,知识库,系统软件和应用软件等。

1. 资源管理

操作系统的设备资源管理功能主要是分配和回收外部设备以及控制外部设备按用户程序的要求进行操作等。对于非存储型外部设备,如打印机、显示器等,它们可以直接作为一个设备分配给一个用户程序,在使用完毕后回收以便给另一个需求的用户使用。对于存储型的外部设备,如磁盘、磁带等,则是提供存储空间给用户,用来存放文件和数据。存储性外部设备的管理与信息管理是密切结合的。

操作系统的信息资源管理是操作系统的一个重要功能,主要是向用户提供一个文件系统。一般说,一个文件系统向用户提供创建文件,撤销文件,读写文件,打开和关闭文件等功能。有了文件系统后,用户可按文件名存取数据而无需知道这些数据存放在哪里。这种做法不仅便于用户使用而且还有利于用户共享公共数据。此外,由于文件建立时允许创建者规定使用权限,这就可以保证数据的安全性。

2. 程序控制

一个用户程序的执行自始至终是在操作系统的控制下进行的。一个用户将他要解决的问题用某一种程序设计语言编写了一个程序后就将该程序连同对它执行的要求输入计算机内,操作系统就根据要求控制这个用户程序的执行直到结束。操作系统控制用户的执行主要有以下一些内容:调入相应的编译程序,将用某种程序设计语言编写的源程序编译成计算机可执行的目标程序,分配内存等资源将程序调入内存并启动,按用户指定的要求处理执行中出现的各种事件以及与操作员联系请示有关意外事件的处理等。

3. 人机交互

操作系统的人机交互功能是决定计算机系统"友善性"的一个重要因素。人机交互功能主要靠可输入输出的外部设备和相应的软件来完成。可供人机交互使用的设备主要有键盘、显示器、鼠标、各种模式识别设备等。与这些设备对应的软件就是操作系统提供人机交互功能的部分。人机交互部分的主要作用是控制有关设备的运行，理解并执行通过人机交互设备传来的有关的各种命令和要求。早期的人机交互设施是键盘、显示器。操作员通过键盘输入命令，操作系统接到命令后立即执行并将结果通过显示器显示。输入的命令可以有不同方式，但每一条命令的解释是清楚的、唯一的。随着计算机技术的发展，操作命令也越来越多，功能也越来越强。随着模式识别，如语音识别、汉字识别等输入设备的发展，操作员和计算机在类似于自然语言或受限制的自然语言这一级上进行交互成为可能。此外，通过图形进行人机交互也吸引着人们去进行研究。这些人机交互可称为智能化的人机交互。这方面的研究工作正在积极开展。

2.1.4 操作系统的分类

操作系统具有多种分类方式，常用的分类标准主要为按应用领域分类、按能支持的用户数目分类、按与用户交互的界面分类、按硬件结构分类及按操作系统的使用环境和作业的处理方式分类。

1. 按应用领域分类

按应用领域分类可以划分为桌面操作系统、服务器操作系统、嵌入式操作系统。

（1）桌面操作系统。桌面操作系统是指安装在个人电脑上的图形界面操作系统软件。桌面操作系统是应用最为广泛的系统。桌面操作系统基本上是根据人通过键盘和鼠标所发出的命令进行工作的，对人的动作和反应在时序上的要求并不严格。

（2）服务器操作系统。服务器操作系统一般是指安装在大型计算机上的操作系统，比如 Web 服务器、应用服务器和数据库服务器等，是企业 IT 系统的基础架构平台。服务器操作系统可以实现对计算机硬件和软件的直接控制和管理协调。在一个具体的网络中，服务器操作系统则要承担额外的管理、配置、稳定、安全等功能，在网络中处于控制中枢的地位。

（3）嵌入式操作系统。嵌入式操作系统是指用于嵌入式系统的操作系统。嵌入式操作系统是一种用途较为广泛的系统软件，通常包括与硬件相关的底层驱动软件、系统内核、设备驱动接口、通信协议、图形界面、标准化浏览器等。嵌入式操作系统负责嵌入式系统的全部软硬件资源的分配、任务调度、控制、协调并发活动。它必须体现其所在系统的特征，能够通过装卸某些模块来达到系统所要求的功能。目前在嵌入式领域广泛使用的操作系统有：嵌入式 Linux、Windows Embedded、VXWorks 等，以及应用在智能手机和平板电脑的 Android、iOS 等。

2. 按能支持的用户数目分类

（1）单用户操作系统。常见的单用户操作系统有 DOS、Windows 2000/XP/Vista 等。该类作系统管理简单，计算机的硬件软件资源某一时刻只能由一个用户独占。

（2）多用户操作系统。常见的多用户操作系统有 Windows 2000 Server、Windows Server 2003、Linux、UNIX、Windows 7 等。在该类操作系统中，系统能够管理和控制由多台计算机通过通信口连接起来组成的一个工作环境，为多个用户提供服务。

3. 按与用户交互的界面分类

（1）命令行用户界面操作系统。常见的命令行用户界面操作系统有 DOS、Novell 以及早期的 CP/M 等。

（2）图形用户界面操作系统。常见的图形用户界面操作系统有 Windows、Mac OS 等。该类操作系统中，文件、文件夹和应用程序均用图标来表示，命令也都以菜单或按钮的命令形式列出。

4. 按硬件结构分类

（1）网络操作系统。网络操作系统是基于计算机网络的，是在各种计算机操作系统上按网络体系结构协议标准开发的软件，包括网络管理、通信、安全、资源共享和各种网络应用，其目标是相互通信及资源共享。在其支持下，网络中的各台计算机能互相通信和共享资源，其主要特点是与网络的硬件相结合来完成网络的通信任务。

（2）分布式操作系统。该类操作系统是为分布计算系统配置的操作系统。大量的计算机通过网络被联接在一起，可以获得极高的运算能力及广泛的数据共享。由于分布计算机系统的资源分布于系统的不同计算机上，操作系统对用户的资源需求不能像一般的操作系统那样等待有资源时直接分配的简单做法而是要在系统的各台计算机上搜索，找到所需资源后才可进行分配。分布操作系统的结构不同于其他操作系统，它分布于系统的各台计算机上，能并行地处理用户的各种需求，有较强的容错能力。

5. 按操作系统的使用环境和作业的处理方式分类

（1）批处理操作系统。批处理（Batch Processing）操作系统的工作方式是：用户将作业交给系统操作员，系统操作员将许多用户的作业组成一批作业，之后输入计算机中，在系统中形成一个自动转接的连续的作业流，然后启动操作系统，系统自动、依次执行每个作业。最后由操作员将作业结果交给用户。

（2）分时操作系统。分时（Time Sharing）操作系统的工作方式是：一台主机连接了若干个终端，每个终端有一个用户在使用。用户交互式地向系统提出命令请求，系统接受每个用户的命令，采用时间片轮转方式处理服务请求，并通过交互方式在终端上向用户显示结果。用户根据上步结果发出下道命令。分时操作系统将 CPU 的时间划分成若干个片段，称为时间片。操作系统以时间片为单位，轮流为每个终端用户服务。每个用户轮流使用一个时间片而使每个用户并不感到有别的用户存在。

（3）实时操作系统。实时操作系统（RealTime Operating System，RTOS）是指使计算机能及时响应外部事件的请求在规定的时间内完成对该事件的处理，并控制所有实时设备和实时任务协调一致地工作的操作系统。实时操作系统要追求的目标是：对外部请求在严格时间范围内做出反应，有高可靠性和完整性。其主要特点是资源的分配和调度首先要考虑实时性然后才是效率。此外，实时操作系统应有较强的容错能力。

2.2　Windows 7 简介

2.2.1　Windows 7 版本简介

Windows 7 是由微软公司开发的，具有革命性变化的操作系统。该操作系统旨在让人们的日常电脑操作更加简单和快捷，为人们提供高效易行的工作环境。Windows 7 可供家庭及商业工作环境、笔记本电脑、平板电脑、多媒体中心等使用。

Windows 7操作系统为满足不同用户人群的需要,共开发了6个不同版本,分别是Windows 7简易版、Windows 7家庭基础版、Windows 7家庭高级版、Windows 7专业版、Windows 7旗舰版,下面针对这6个版本的不同特性分别做简要介绍。

1. Windows 7 Starter

Windows 7简易版简单易用,保留了Windows为大家所熟悉的特点和兼容性,并吸收了在可靠性和响应速度方面的最新技术进步。该版本仅在新兴市场投放,仅安装在原始设备制造商的特定机器上,并限于某些特殊类型的硬件。该版本最大的优势就是简单、易用、便宜。

2. Windows 7 Home Basic

Windows 7 Home Basic是简化的家庭版,新增加的特性包括无线应用程序、增强视觉体验、高级网络支持、移动中心等。该版本可以更快、更方便地访问使用最为频繁的程序和文档。家庭基础版仅在新兴市场投放,不包含美国、西欧、日本和其他发达国家。

3. Windows 7 Home Premium

Windows 7 Home Premium家庭高级版是面向家庭用户开发的一款操作系统,可使用户享有最佳的电脑娱乐体验,通过Windows 7系统家庭高级版可以轻松简单地创建家庭网络,使多台电脑间共享打印机、照片、视频和音乐等。可以按照用户喜欢的方式更改桌面主题和任务栏上排列的程序图标,自定义Windows的外观。

4. Windows 7 Professional

Windows 7专业版提供办公和家用所需的一切功能。替代了Vista下的商业版,支持加入管理网络、高级网络备份和加密文件系统等数据保护功能、位置感知打印技术等。Windows 7专业版具备用户所需要的各种商务功能,并拥有家庭高级版卓越的媒体和娱乐功能。

5. Windows 7 Enterprise

Windows 7 Enterprise提供一系列企业级增强功能,包括BitLocker、内置和外置驱动器数据保护、AppLocker、锁定非授权软件运行、DirectAccess、无缝连接基于Windows Server 2008 R2的企业网络、网络缓存等。企业版主要面向企业市场的高级用户,可满足企业数据管理、共享、安全等需求。

6. Windows 7 Ultimate

Windows 7旗舰版具备Windows 7家庭高级版和专业版的所有商务功能,同时增加了高级安全功能以及在多语言环境下工作的灵活性。但该版本对于计算机的硬件要求也是最高的。

2.2.2　Windows 7特性概述

2009年9月,微软正式推出Windows 7操作系统。作为微软继Windows XP和Windows Vista之后最重要的操作系统,Windows 7汇聚了微软多年来操作系统的研发智慧和经验,具有全新的简洁视觉设计、众多创新的功能特性以及更加安全稳定的性能表现。对于普通用户而言,Windows 7相比Windows Vista的最大改变在于速度的提升,Windows 7能够大幅缩短Windows的启动时间。Windows 7的Aero效果也更为华丽,有碰撞、水滴效果,还有丰富的桌面小工具,而Windows 7的资源消耗却很低,在提升效率的同时还能够进一步降低能耗,因此深受视便携性为生命的笔记本电脑的欢迎。

以下总结有关 Windows 7 的十大创新特性:

1. 系统运行更加快速

微软开发 Windows 7 的过程中,始终将性能放在首要的位置。Windows 7 不仅仅在系统启动时间上进行了大幅度改进,并且连从"休眠模式"唤醒系统这样的细节方面也进行了完善,使 Windows 7 成为一款反应更为快速的操作系统。

2. 革命性的工具栏设计

Windows 7 系统屏幕下方是经过全新设计的工具栏。这条工具栏从 Windows 95 时代沿用至今,在 Windows 7 系统中有了革命性的颠覆,Windows 7 工具栏上所有的应用程序都不再有文字说明,仅剩余一个图标,而且同一个程序的不同窗口将会自动群组。鼠标移动到图标上时会出现已打开窗口的缩略图,再次单击便会打开该窗口。在任何一个程序图标上单击右键,会出现一个显示相关选项的选单,微软成为 Jump List。在这个选单中除了更多的操作选项之外,还增加了一些强化功能,可让用户更为轻松地实现精确导航并找到搜索目标。

3. 更个性化的桌面

在 Windows 7 中,用户能对自己的桌面进行更多的操作和更为个性化的设置。在 Windows Vista 中原有的侧边栏被取消,而原来依附在侧边栏中的各种小插件现在可以任由用户自由放置在桌面的任何角落,不仅释放了更多的桌面空间,视觉效果也更加直观和个性化。Windows 7 中内置主题包带来的不仅是局部的变化,更是整体风格的统一,壁纸、面板色调、系统声音都可以根据用户喜好选择定义。

4. 智能化的窗口缩放

Windows 7 系统支持半自动化的窗口缩放。当用户把窗口拖到屏幕最上方时,窗口就会自动最大化。当把已经最大化的窗口往下拖动一点,窗口就会自动还原。如果把窗口拖到左右边缘,该窗口就会自动变成 50%的宽度,方便用户排列窗口。这样的功能设置对于需要经常处理文档的用户而言非常实用,可以省去不断在文档窗口之间切换的麻烦,轻松直观地在不同的文档之间进行对比、复制等操作。

5. 无缝的多媒体体验

Windows 7 支持从家庭以外的 Windows 7 个人电脑安全地从远程互联网访问家里的 Windows 7 电脑中的数字媒体中心,随心所欲地欣赏保存在家庭电脑中的任何数字娱乐内容。

Windows 7 中强大的综合娱乐平台和媒体库 Windows Media Center 不但可以让用户轻松管理电脑硬盘上的音乐、图片和视频,更是一款可定制化的个人电视。只要将电脑与网络连接或插上一块电视卡,就可以随时随地享受 Windows Media Center 上丰富多彩的互联网视频内容或者高清的地面数字电视节目。也可以将 Windows Media Center 电脑与电视连接,给电视屏幕带来全新的使用体验。

6. Windows Touch 触摸操控体验

Windows 7 的核心用户体验之一就是通过触摸支持触控的屏幕来控制计算机。在配置有触摸屏的硬件上,用户可以通过自己的指尖来实现众多的功能。

7. 简化局域网共享

Windows 7 通过图书馆(Libraries)和家庭组（Homegroups）两大新功能对 Windows 网络

进行了改进。图书馆是一种对相似文件进行分组的方式,即使这些文件被放在不同的文件夹中。用户可以创建 Homegroup,它会让这些图书馆更容易地在各个家庭组用户之间共享。

8. 全面革新的用户安全机制

用户账户控制这个概念是在 Windows Vista 系统中首先引入的。虽然用户账户控制能够提供更高级别的安全保障,但是频繁弹出的提示窗口会让用户感到不便。在 Windows 7 中,微软对于这项安全功能进行了革新,不仅大幅降低了提示窗口出现的频率,还能够使用户在设置方面拥有更大的自由度。Windows 7 自带的 Internet Explorer 8 也在安全性方面较之前的版本有不少的提升。

9. 硬件兼容性

微软作为全球 IT 产业链中最重要的一环,Windows 7 的诞生便意味着整个信息生态系统将面临全面升级,硬件制造商们也将迎来更多的商业机会。全球知名厂商 ATI、NVIDIA 等都表示将能够确保各自产品对于 Windows 7 系统的兼容性能。

10. Windows XP 模式

全球仍有许多用户习惯于坚守 Windows XP 的阵地,由于 Windows XP 强大的兼容性、游戏、办公甚至企业级应用全不耽误。许多企业仍然在使用 Windows XP 系统,微软为了让用户尤其是中小企业用户过渡到 Windows 7 平台时减少程序兼容性的顾虑,特在 Windows 7 中新增了一项"Windows XP 模式",它能够使 Windows 7 用户由 Windows 7 桌面启动,运行诸多 Windows XP 应用程序。

2.2.3 Windows 7 的运行环境和安装

1. Windows 7 的运行环境

安装 Windows 7,必须满足 Windows 7 安装的基本配置要求。所有 Windows 7 都有 32 位和 64 位两种版本,如果想要安装 64 位系统,要求 CPU 必须是 64 位处理器。

Windows 7 安装的最低配置要求如下:

(1) CPU 主频 1GHz 及以上。

(2) 内存 1GB 及以上,64 位系统需要 2GB 及以上。

(3) 硬盘 16GB 及以上可用磁盘空间,64 位系统则需要 20GB 以上可用磁盘空间。

(4) 支持 DirectX 9 有 WDDM1.0 或更高版驱动的显卡,显存 64MB 以上,开启 Aero 的最低配置为 128MB。

(5) DVD-R/W 驱动器或者 U 盘等其他储存介质,供安装使用。

2. Windows 7 的安装

Windows 7 的安装方法较为常用的主要有三种:光盘安装法、硬盘安装法、优盘安装法。下面对这三种安装方法分别做简要介绍。

(1) 光盘安装法。

光盘安装法是最为经典、常规且兼容性最好的安装方法。该方法简单易学,容易掌握,且安装方式灵活,可以通过该方法升级安装或全新安装,且不受旧系统限制,可以灵活安装 32 位或 64 位系统。

光盘安装法步骤如下:

① 下载将要安装版本的系统安装盘的 ISO 文件,刻录光盘以备使用,如果有光盘可以省略此步骤。

② 开机硬件自检时按 Delete 或者 F2 或 F1 键进入 BIOS,设置为光盘优先启动,按 F10 保存退出。

③ 将光盘放入 DVD RW 驱动器,重启电脑,光盘引导进入 Windows 7 系统安装界面,根据界面选项进行安装。当选择安装硬盘分区位置时,可选择空白分区或已有分区,并可以对分区格式化。

④ 根据提示完成安装。

(2) 硬盘安装法。

硬盘安装法可分为两种,分别为最简单的硬盘安装法、经典硬盘安装法。前者较为简单,只需要把系统 ISO 文件解压到其他分区,运行解压目录下的 SETUP. exe 文件,按照相应步骤进行即可。经典硬盘安装法安装过程相对麻烦,但是安装速度快,可以实现纯净安装,不会残留旧系统文件,但 32 位和 64 位不同系统不能够混装。

经典硬盘安装法的操作方法是把系统映像 ISO 文件解压到其他分区,按旧系统的不同可分为 XP 以下系统的安装和 Vista 以上系统的安装两种。

① XP 及以下系统的安装,需要拷贝安装目录以下文件到 C 盘根目录:BOOTMGR,BOOT、EFI 两个文件夹,SOURCES 下的 BOOT. WIM,运行以下命令:C:bootbootsect/nt60 C:重启电脑引导进入 Windows 7 计算机修复模式,选 DOS 提示符,删除 C 盘下所有文件,运行安装目录下的 Setup 进行安装。

② Vista 以上系统的安装,不必拷贝以上文件,直接重启进入计算机修复模式,选择 DOS 提示符,删除 C 盘下的所有文件,运行安装目录下的 Setup 进行安装。

(3) 优盘安装法。

U 盘安装法相比其他安装方式有很多优势,U 盘随身携带方便,一次制备,可多次安装,而且不受 32 位系统和 64 位系统环境的影响。安装速度快,避免出现不兼容的问题。

优盘安装方法如下:

① 在 Vista/Windows 7 下格式化优盘,并把优盘分区设为引导分区。

② 把 Windows 7 的 ISO 镜像文件解压进 U 盘。

③ 将电脑设置为优盘开机,重启电脑按提示分步安装。

④ 此条针对优盘容量不足的情况,可以只解压关键的开机文件,包含 BOOTMGR,BOOT、EFI 两个文件夹,SOURCES 下的 BOOT. WIM。并把所有映像文件解压到硬盘其他分区上,用优盘引导开机成功后,选择计算机修复模式,进 DOS,运行硬盘 Windows 7 安装目录下的 Setup 进行安装。

2.2.4 Windows 7 的启动和退出

1. Windows 7 的启动

启动计算机后,系统将自动运行 Windows 7,直至出现欢迎屏幕,输入用户名和密码即可登录系统。

2. Windows 7 的退出

Windows 7 的退出方式共有三种:【睡眠】、【休眠】、【关机】和【重新启动】。

1) 睡眠

【睡眠】功能可以通过鼠标单击开始菜单,从关机旁边的小箭头进行选择。【睡眠】状态是将电脑在工作状态中立即转换为一种节能模式,系统的所有工作都会保存在硬盘下的一个系统文件中,同时关闭除了内存外所有设备的供电。处于【睡眠】状态的用户能在最快的时间启动电脑,并且不会出现数据意外丢失的现象。用户只需按下键盘任意键即可让计算机从睡眠状态中迅速恢复,系统将返回用户睡眠前的桌面及运行的应用程序。

2) 休眠

【休眠】功能可以通过鼠标单击开始菜单,从关机旁边的小箭头进行选择。当系统切换到【休眠】模式之后,系统会自动将内存中的数据全部转存到硬盘上一个休眠文件之中,然后切断对所有设备的供电。当恢复的时候,系统会从硬盘上将休眠文件的内容直接读入内存,并恢复到休眠之前的状态。【休眠】模式完全不需要耗电,所以不怕休眠之后供电异常。其代价是需要一块和物理内存一样大小的硬盘空间。该模式的恢复速度较慢,具体取决于内存大小和硬盘的速度。

3) 关机

【关机】功能可以通过鼠标单击开始菜单进行操作。单击【关机】命令即可关闭计算机系统。系统在关闭之前,将关闭所有应用程序,关闭所有应用程序文档,最后自动关闭计算机电源。

4) 重新启动

【重新启动】功能可以通过鼠标单击开始菜单,从关机旁边的小箭头进行选择。单击【重新启动】命令,相当于执行【关闭】操作后再开机。

3. 注销和切换用户

Windows 7 可以设置多个用户名和密码,从而允许多个用户使用同一台计算机的操作系统,每个用户拥有自己的设置和工作环境。当其他用户需要使用计算机时,可以使用【注销】或者【切换用户】方式进行登录。

1) 注销

【注销】功能可以通过鼠标单击开始菜单,从关机旁边的小箭头进行选择。【注销】是将电脑账户的正常状态转为未登录状态。注销的意思是向系统发出清除现在登录的用户的请求,清除后即可使用其他用户来登录你的系统,注销不可以替代重新启动,只可以清空当前用户的缓存空间和注册表信息。【注销】能够在关闭当前操作环境中所有使用程序和窗口后,再让其他的用户登录。

2) 切换用户

【切换用户】功能可以通过鼠标单击开始菜单,从关机旁边的小箭头进行选择。切换用户指在电脑用户账户中同时存在两个及以上的用户时,可以单击【切换用户】回到欢迎界面,保留原用户正在使用的程序和打开的窗口不被关闭,进入其他用户中去的方式。能够保证多用户互不干扰地使用计算机。

2.3 Windows 7 基础操作

2.3.1 鼠标和键盘操作

1. 鼠标的使用

操作 Windows 7 可以使用鼠标或键盘,多数情况下使用鼠标更加快捷、方便。鼠标有左、中、右三个按键(有的只具有左、右两个按键),中间按键一般不被使用。通过控制面板中的鼠标图标可以交换左、右按钮的功能。

有关鼠标操作的常用术语有：

（1）单击。按下鼠标左键，立即释放称为左单击。按下鼠标右键，立即释放称为单击右键。单击鼠标右键后，通常出现一个快捷菜单，快捷菜单是执行命令最方便的方式。

（2）双击。双击是指快速进行两次单击（左键）操作。

（3）指向。在不按鼠标按钮的情况下，移动鼠标指针到预期位置，以便进行相应的操作。

（4）拖动。在按住鼠标左按钮的同时移动鼠标指针。拖动前，先把鼠标指针指向想要拖动的对象，然后拖动，结束拖动操作后松开鼠标按钮。拖动一般是按住鼠标左键。

（5）选定。指鼠标在桌面上或者窗口中的某点开始，按住鼠标左键不放，同时移动鼠标至桌面或窗口中的另外一点，然后松开鼠标左键，在这两点为对角线的范围内所有对象均呈反显，表明被选中。

当计算机在工作的时候，在屏幕上能看到一个小箭头，该箭头称为鼠标指针。当鼠标移动时，鼠标指针也会随鼠标移动的方向移动。随着鼠标操作的不同，在屏幕上显示出多种鼠标指针形状。表 2-1 列出了最常见的几种鼠标形状所代表的不同含义。

表 2-1　鼠标指针形状

名　称	图　标	名　称	图　标
正常选择	▯	选定文本	Ⅰ
帮助选择	▯?	手写	✎
后台运行	▯⧗	不可用	⊘
忙	⧗	移动	✛
精确定位	╋	链接选项	☝
竖直调整	↕	水平调整	↔
延对角线调整	↖ ↗	候选	↑

2. 键盘操作

键盘主要用来输入信息，通常可将键盘分为 6 个部分，如表 2-2 所示。

表 2-2　键盘的分区

分区名称	功　能
功能键区	位于键盘上面，由 F1～F12、Esc13 个键盘锁组成
主键盘区	由字母、数字、标点符号等键所组成，Enter 键表示回车，Space 键表示空格，Backspace 键表示退格，Tab 键表示跳格
指示灯区	由 Num Lock、Caps Lock、Scroll Lock 三个指示灯所组成，其中 Num Lock 指示数字键盘是否锁定到数字输入状态，Caps Lock 用来指示字母大小写状态，Scroll Lock 用来指示当前屏幕是否处于锁定卷动状态
编辑键盘区	主要在文档编辑时使用，其中光标键用来移动光标的位置
小键盘区	由数字键、编辑键以及运算符组成
特殊键区	由 Print Screen、"窗口"键等组成；其中 Print Screen 键用来把屏幕画面的内容复制到剪贴板中，"窗口"键与单击"开始"按钮的作用相同

Windows 中,大多数操作可以通过鼠标方便、快捷地完成,但文字输入等操作需通过键盘完成。键盘操作分为输入操作和命令操作。输入操作指利用键盘向计算机输入信息。命令操作指利用键盘实现对计算机的控制。通过键盘快捷键可以快速完成许多操作任务,表 2-3 列出了常用的快捷键。

表 2-3　常用的快捷键

快捷键	功能	快捷键	功能
Ctrl+A	全选	Alt+Tab	切换窗口
Ctrl+X	剪切	Alt+F4	关闭窗口或退出程序
Ctrl+C	复制	Print Screen	复制当前屏幕到剪贴板
Ctrl+V	粘贴	Alt+Print Screen	复制当前窗口到剪贴板
Ctrl+Z	撤销	Shift+Delete	直接将对象删除,不放入回收站

键盘中还有一个 Windows 键(▦)和一个应用程序键(▤),能够组合成以下快捷键,如表 2-4 所示。

表 2-4　常用的 Windows 和应用程序快捷键

快　捷　键	功　能	快　捷　键	功　能
▦	显示或隐藏开始菜单	▦+F	搜索文件或者文件夹
▦+D	显示桌面	▦+F1	显示 Windows 帮助
▦+M	最小化所有窗口	▦+R	打开运行对话框
▦+Shift+M	还原最小化窗口	▤	显示所选项的快捷菜单
▦+E	打开资源管理器窗口	▦+Break	显示系统属性对话框

2.3.2　Windows 7 的桌面

启动 Windows 7 之后,系统进入 Windows 7 的桌面,如图 2-1 所示。所谓桌面,即指屏幕工作区。Windows 7 的桌面由开始按钮、任务栏、桌面背景、桌面图标等部分共同组成。在 Windows 7 桌面上一般具有"计算机"、"网络"、"回收站"、"控制面板"等图标。开始按钮是运行 Windows 7 应用程序的入口,这是执行程序最常用的方式。若要启动程序、打开文档、改变系统设置、查找特定信息等,都可以用鼠标单击该按钮,然后再选择具体的命令。

1.【开始】按钮

【开始】按钮是运行 Windows 7 应用程序的入口,这是执行程序最常用的方式。若要启动程序、打开文档、改变系统设置、查找特定信息等,都可以用鼠标单击该按钮,然后再选择具体的命令。用鼠标单击【开始】按钮能够弹出【开始】菜单,它包含了使用 Windows 7 所需的全部命令。

2. 任务栏

【任务栏】位于桌面最下方,如图 2-2 所示,在【任务栏】最右边有一个矩形区域,是【显示桌面】按钮,可以快速切换到系统桌面。当用户打开程序、文档或者窗口之后,在【任务栏】上会出现一个相应的按钮。单击该按钮,可使该按钮对应的任务处于前台。当任务被关闭后,其相应的按钮也会从【任务栏】中消失。单击该按钮,还可以实现不同任务之间的切换。

【任务栏】中包含通知区域,用户可以自定义显示或者隐藏出现在通知区域的图标种类。如

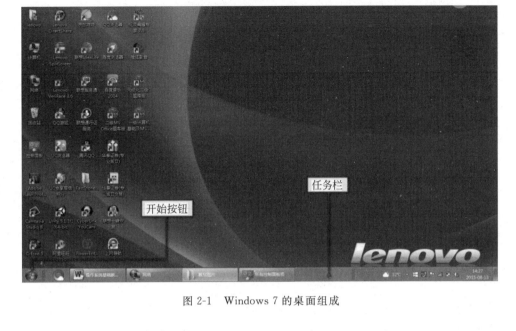

图 2-1　Windows 7 的桌面组成

图 2-2　Windows 7 任务栏组成

图 2-3 所示,单击自定义,选择要显示在任务栏上的图标。图标之后的行为列表中包含三种选项,分别是【显示图标和通知】、【隐藏图标和通知】、【仅显示通知】,供用户自行选择,如图 2-4所示。

图 2-3　任务栏图标自定义设置

3. 桌面背景

Windows 7 的桌面可以是操作系统自带的图片,也可以是用户电脑中所存储的图片。

4. 桌面图标

Windows 7 操作系统中桌面图标一般是由文字和图片所组成的,主要包括常用图标和快捷方式图标两类。常用图标如图 2-5 所示,快捷方式图标如图 2-6 所示。用户双击桌面上的常用图标或者快捷方式图标就能够快速打开相应的文件、文件夹或应用程序等。

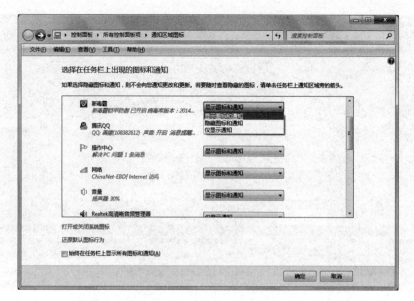

图 2-4　图标显示设置

图 2-5　回收站图标　　　　　　图 2-6　快捷方式图标

2.3.3　Windows 7 的窗口和对话框

　　Windows 7 是一个图形用户界面操作系统,Windows 7 的图形除了桌面之外还有两大部分:窗口和对话框。窗口和对话框是 Windows 7 的基本组成部件,因此窗口和对话框操作是 Windows 7 最基本的操作。

　　1. Windows 7 窗口的组成

　　窗口是屏幕上的一个矩形区域,图 2-7 是一张 Windows 7 系统窗口的组成,图中标识了窗口的各部分组成。Windows 7 系统下的窗口主要包含前进后退按钮、地址栏、搜索栏、菜单栏、控制按钮、状态栏等部分。

　　2. Windows 7 窗口的基本操作

　　(1)移动窗口。将鼠标指针对准窗口的【标题栏】,按下左键不放,移动鼠标到所需要的地方,松开鼠标按钮,窗口就被移动了。

　　(2)改变窗口大小。将鼠标指针对准窗口的边框或角,当鼠标指针变成双向箭头的时候拖动鼠标就可以改变窗口的大小。

　　(3)滚动窗口内容。将鼠标指针移到窗口滚动条的滚动块上,按住左键拖动滚动块,即可滚动浏览窗口中的内容。单击滚动条上的箭头,可以向上或者向下滚动窗口内容一行。

　　(4)最小化、最大化、还原和关闭窗口。Windows 7 窗口右上角具有最小化、最大化(或复

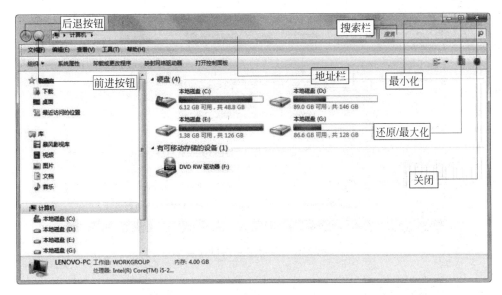

图 2-7　窗口组成

原)和关闭窗口三个按钮。单击最小化窗口,窗口会在桌面上消失,图标出现在【任务栏】中。单击【最大化】按钮,窗口扩大到整个桌面,此刻【最大化】按钮变成【还原】按钮。当窗口最大化时单击【还原】按钮,能使窗口还原成原来大小。单击【关闭】按钮,窗口在桌面上消失,【任务栏】中的图标也随之消失。

（5）切换窗口。对于同时处于打开状态的窗口,可以通过鼠标单击【任务栏】中的窗口图标按钮进行切换,也可以单击非活动窗口的任意位置进行窗口切换。还可借助快捷键进行窗口切换,Alt＋Tab 键可以实现不同窗口之间的选择性切换。

（6）排列窗口。如图 2-8 所示,用鼠标右键单击任务栏中的空白处,在弹出的快捷菜单中选择【层叠窗口】、【堆叠显示窗口】或者【并排显示窗口】选项之一,以改变窗口的排列方式。【层叠窗口】效果如图 2-9 所示,【堆叠显示窗口】效果如图 2-10 所示,【并排显示窗口】效果如图 2-11 所示。

图 2-8　排列窗口选项

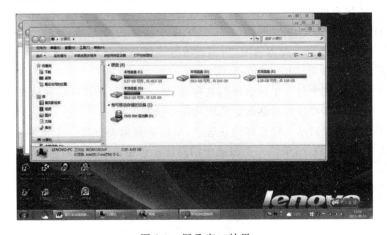

图 2-9　层叠窗口效果

操作系统基础

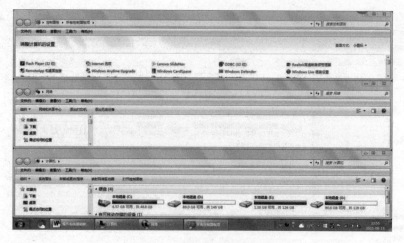

图 2-10　堆叠显示窗口效果

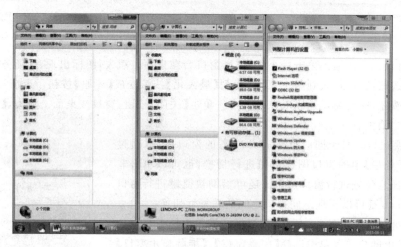

图 2-11　并排显示窗口效果

3. 对话框的基本操作

对话框是系统和用户进行信息交流的一个界面,为了获得用户信息,Windows 7 会打开对话框向用户提问。用户可以通过回答问题来完成对话,Windows 7 也使用对话框显示附加信息和警告,或解释没有完成操作的原因。一般当某一菜单命令后有省略号(…)时,就表示Windows 为执行此菜单命令需要询问用户,询问的方式就是通过对话框来提问。以图 2-12【鼠标属性】对话框为例,说明对话框各部分组成。

(1)标题栏。标题栏中包含了对话框的名称,用鼠标拖动标题栏可以移动对话框。

(2)标签。通过标签可以在对话框的几组功能中选择一组。

(3)复选框。复选框列出可以选择的任选项,可以根据需要选择一个或多个任选项。复选框被选中后,在框中会出现√,单击一个被选中的复选框意味该项不选。

(4)列表框。列表框显示多个选择项,由用户选择其中一项。当一次不能全部显示在列表框中时,系统会提供滚动条帮助用户快速查看。

(5)下拉列表框。单击下拉列表框的向下箭头可以打开列表供用户选择,列表关闭时显示被选中的信息。

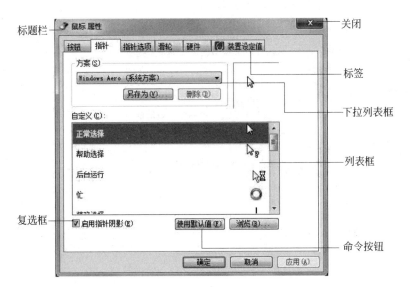

图 2-12　对话框组成

（6）命令按钮。单击命令按钮可立即执行一个命令。如果命令按钮呈暗淡色，表示该按钮是不可选的；如果一个命令按钮后跟有省略号（…），表示将打开一个对话框。对话框中常见的命令按钮有【确定】和【取消】。

（7）文本框。文本框是用于输入文本信息的一种矩形区域，如图 2-13 所示。

图 2-13　文本框

（8）数值框。单击数值框右边的箭头可以改变数值大小，也可以直接输入一个数值，如图 2-14 所示。

2.3.4　Windows 7 的菜单操作

Windows 7 中的菜单主要有三类，分别为开始菜单、右键快捷菜单、菜单栏菜单。

图 2-14　文本框

1. 打开菜单

（1）【开始】菜单。【开始】菜单是计算机程序、文件夹和设置的主门户。之所以称为"菜单"，是因为它提供一个选项列表，如同餐馆里的菜单那样。至于"开始"的含义，在于它通常是用户要启动或者打开某项内容的位置。用户可通过单击屏幕左下角的【开始】按钮 ⬤ 或者按键盘上的徽标键 ⊞，打开【开始】菜单。打开之后的【开始】菜单如图 2-15 所示。

图 2-15　【开始】菜单

（2）右键快捷菜单。用户可以在桌面空白处、文件夹或文件、盘符等处右键单击，打开右键快捷菜单，图 2-16 为在桌面空白处右键单击所产生的快捷菜单，图 2-17 为在盘符处右键单击所生成的右键菜单，图 2-18 为在文件夹上右键单击所产生的右键菜单。

（3）菜单栏上的菜单。对于菜单栏上的菜单，用鼠标单击菜单名或用键盘同时按下 Alt 键和菜单名右边的英文字母，就可以打开该菜单。图 2-19 显示的是计算机窗口菜单栏菜单。

2．消除菜单

用鼠标单击菜单以外的任何地方或按下 Esc 键即可消除菜单。

3．菜单中的命令项

菜单中一般含有若干命令项，其中有些命令项后带有符号，这些符号具有特定的含义，如表 2-5 所示。

图 2-16　桌面右键快捷菜单

图 2-17　盘符右键快捷菜单

表 2-5　菜单中的命令项

命　令　项	说　　　　明
暗淡的	命令项不可选
带省略号（…）	执行命令后可打开一个对话框，要求用户输入信息
前面带√	是选择标记，选择后在有效和无效之间切换
后带有组合键	按下组合键即可执行相应的命令，而不必通过菜单
后带有符号 ▶	当鼠标移到此命令项上，会弹出一个子菜单

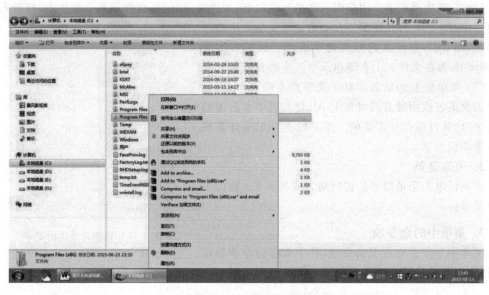

图 2-18　文件夹右键快捷菜单

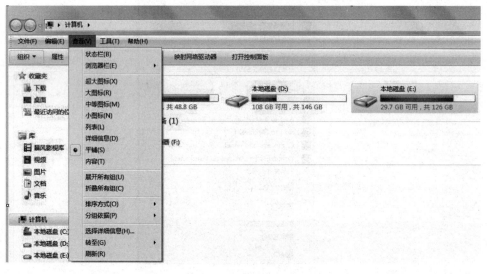

图 2-19　菜单栏菜单

2.3.5　Windows 7 的剪贴板

剪贴板是 Windows 7 中一个非常实用的工具,它是一个在 Windows 7 程序和文件之间用于传递信息的临时存储区。剪贴板不但可以存储正文,还可以存储图像、声音等其他信息。通过它可以把各文件的正文、图像、声音粘贴在一起形成一个图文并茂、有声有色的文档。剪贴板的使用步骤是先将信息复制或剪切到剪贴板这个临时存储区,然后在目标应用程序中将插入点定位在需要放置信息的位置,再使用【粘贴】命令或者快捷键 Ctrl+V 将剪贴板中的信息传到目标应用程序中。

剪贴板只能够保留一份数据,每当新的数据传入,旧的内容就会自动被覆盖。剪贴板是

Windows 系统一段可连续的、可随存放信息的大小而变化的内存空间,用来临时存放交换信息。内置在 Windows 并且使用系统的内部资源 RAM,或虚拟内存来临时保存剪切和复制的信息。剪切或复制在剪贴板上的信息,只有再剪贴或复制另外的信息,或者停电、退出 Windows 或有意清除时,才可能更新或清除其内容,即剪贴或复制一次,可供多次粘贴使用。

当系统剪贴板上所存放的信息量较大时,将严重影响系统运行的速度,必要时可采用复制一个字符的方法来更新剪贴板中的信息,以减少 RAM 中被剪贴板所占用的空间。

1. 将信息复制到剪贴板

(1) 把选定信息复制到剪贴板。首先选定要复制的信息,使之突出显示。选定的信息既可以是文本,也可以是文件或文件夹等其他对象。选择应用程序【编辑】菜单中的【剪切】或【复制】命令。【剪切】命令是将选定的信息复制到剪贴板上,同时在源文件中删除被选定的内容,【复制】命令是将选定的信息复制到剪贴板上,并且源文件保持不变。

(2) 复制整个屏幕或窗口到剪贴板。可以使用 Print Screen 键把整个屏幕复制到剪贴板上。复制窗口应先将需要复制的窗口选择为当前的活动窗口,然后按 Alt+Print Screen 键。

2. 从剪贴板中粘贴信息

将信息复制到剪贴板后,就可以将剪贴板中的信息粘贴到目标程序中,其操作步骤如下:

(1) 切换到要粘贴的应用程序。

(2) 光标定位到要放置信息的位置。

(3) 在目标程序中单击工具栏中的【粘贴】按钮,执行【粘贴】命令或者使用快捷键 Ctrl+V。

将信息粘贴到目标程序中后,剪贴板中内容依旧保持不变,因此可以进行多次粘贴。既可以在同一文件中多处粘贴,也可以在不同文件中粘贴,甚至是不同应用程序所创建的文件。【复制】、【剪切】和【粘贴】命令都有对应的快捷键,分别是 Ctrl+C、Ctrl+X 和 Ctrl+V。

2.3.6 Windows 7 的帮助系统

Windows 7 提供了功能强大的帮助系统,当用户遇到疑难问题可以使用 Windows 帮助和支持功能。Windows 7 帮助系统主要包括【Windows 帮助和支持】、各应用程序的【帮助】菜单以及【对话框和窗口帮助】。

1.【Windows 帮助和支持】

【Windows 帮助和支持】是 Windows 的内置帮助系统。可以快速获取常见问题的答案、疑难解答提示以及操作执行说明。单击屏幕左下角的【开始】按钮 ⊙ ,然后单击【帮助和支持】,即可打开【Windows 帮助和支持】窗口如图 2-20 所示。

(1) 获得最新帮助

如果已经连接到 Internet,为获取最新的帮助内容,要确保已将【Windows 帮助和支持】设置为【联机帮助】。【联机帮助】包括新主题和现有主题的最新版本,具体操作方法如下:

① 在 Windows【帮助和支持】工具栏上,选择【选项】→【设置】,如图 2-21 所示。

② 在【搜索结果】下,选中【使用联机帮助改进搜索结果(推荐)】复选框,然后单击【确定】按钮,如图 2-22 所示。当连接到网络时,【帮助和支持】窗口的右下角将显示【联机帮助】一词。

(2)【搜索帮助】,可以在【搜索帮助】文本框内输入关键词进行搜索,如图 2-23 所示。

(3)【浏览帮助主题】,可以按照主题浏览帮助主题。单击【浏览帮助主题】按钮,然后单击出现在主题标题列表中的项目,如图 2-24 和图 2-25 所示。主题标题可以包含帮助主题或者其他主题标题,单击帮助主题将其打开,或单击其他标题更加细化主题列表。

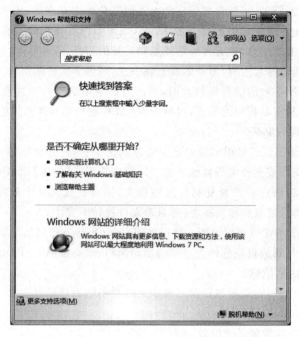

图 2-20　Windows 帮助和支持

图 2-21　单击选项进行设置

2. 从对话框和窗口获得帮助信息

有些对话框和窗口还包含有关其特定功能的帮助主题的链接。如果看到圆形或正方形内有一个问号,或者带下划线的彩色文本链接,单击可以打开帮助主题,如图 2-26 所示。

Windows XP 窗口所有对话框的标题栏上都有一个被称为"这是什么"的?图标。通过这个图标,可以直接获取帮助。在任何一个对话框中,单击对话框右上角的?单击要了解的项目,在屏幕的任意位置单击鼠标即可关闭弹出的帮助窗口。

图 2-22　设置使用联机帮助

图 2-23　搜索帮助

3. 通过应用程序的【帮助】菜单获取帮助信息

Windows 应用程序一般都有【帮助】菜单。使用应用程序的【帮助】菜单,可以得到该应用程序的帮助信息。

4. 从其他 Windows 用户获得帮助

如果无法通过帮助信息来解答问题,则可以尝试从其他 Windows 用户获得帮助。

(1) 邀请某人使用【远程协助】提供帮助。

如果朋友或者家人是计算机专业人士,则可以邀请他/她使用【远程协助】将其计算机连接到用户本人的计算机,他/她就可以查看用户的计算机屏幕,并就看到的情况彼此联机交流。在获得用户许可之后,提供帮助者甚至可以远程控制用户的计算机,帮助直接解决问题。Windows 应用程序一般都有【帮助】菜单。使用应用程序的【帮助】菜单,可以得到该应用程序的帮助信息。

(2) 使用 Web 上的资源。

Web 包含大量的信息,用户也可以在网络中寻找问题的答案。

图 2-24　单击【浏览帮助主题】

图 2-25　帮助主题

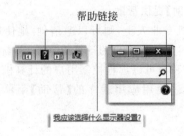

图 2-26　帮助链接

2.4 Windows 7 的文件及文件夹管理

2.4.1 Windows 7 文件系统

1. Windows 7 的文件和文件夹

文件是有名称的一组相关信息的集合,任何程序和数据都是以文件的形式存放在计算机的外存储器(如磁盘等)上的。任何一个文件都有文件名,文件名是存取文件的依据,即按名存取。一个磁盘上通常存有大量的文件,必须将它们分门别类地组织为文件夹,Windows 7 采用树状结构以文件夹的形式组织和管理文件。

在树状存储结构下,用户可以分门别类地建立多个文件夹,并将文件按类别分别保存在不同的文件夹下,以方便组织和管理。

2. Windows 7 中文件和文件夹的命名规范

Windows 7 文件和文件夹的命名约定如下:

(1) 在文件名或文件夹名中,最多可以有 255 个字符。

(2) 文件名或文件夹名中不能出现以下字符:\、/、:、*、?、"、<、>、|。

(3) 不区分英文字母大小写。

(4) 可以使用多分隔符的名字。

(5) 可以使用汉字。

(6) 可以包含空格。

2.4.2 Windows 7【资源管理器】的使用

【资源管理器】和【计算机】都是 Windows 7 中用于管理文件和文件夹的两个应用程序,利用它们可以了解文件和文件夹的各种信息,并对文件和文件夹进行各种操作。本节以【资源管理器】为例,介绍它在 Windows 7 中对文件和文件夹的管理。

1. Windows 7【资源管理器】的启动

(1) 鼠标右键单击【开始】按钮,在弹出的快捷菜单中选择【打开 Windows 资源管理器】命令。

(2) 单击【开始】按钮,弹出【开始】菜单,选择【所有程序】的【附件】中的【Windows 资源管理器】命令。

2. Windows 7【资源管理器】的组成

Windows 7 中【资源管理器】窗口的组成如图 2-27 所示,主要包含以下部分:

(1) 标题栏。Windows 7【资源管理器】窗口的标题栏中有最小化按钮、最大化(还原)按钮、关闭按钮。

(2) 菜单栏。包含若干菜单选项。

(3) 窗口工作区。分为左窗口和右窗口。左窗口显示文件夹的树状组织结构,称为结构窗口。Windows 7 的资源管理器的左窗格包含收藏夹、库、计算机、网络 4 个部分。右窗口显示当前文件夹中所包含的内容,称为内容窗口。

(4) 状态栏。显示窗口中的对象总个数及其所占的磁盘空间情况。

3. Windows 7【资源管理器】的操作

(1) 移动分割条。移动分隔条可以改变左、右窗格的大小,其方法是用鼠标拖动分隔条。

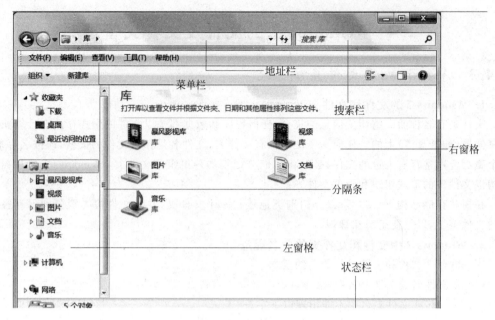

图 2-27　Windows 资源管理器

（2）浏览文件夹中的内容。当在左窗格中选定一个文件夹时,右窗格中就显示该文件夹中所包含的文件和子文件夹。如果一个文件夹包含下一层子文件夹,则可以展开。展开后的文件夹还可以重新折叠。

（3）改变文件和文件夹的视图方式。除非做了设置,大多数文件不会显示后缀名,而是使用不同的图标表示其类型。如果一个文件的类型没有登记,则使用通用的图标表示这个文件,并且显示文件扩展名。可以单击窗体菜单栏右边【更改您的视图】的下三角按钮选择不同的视图方式。文件和文件夹的视图方式主要有:【超大图标】、【大图标】、【中等图标】、【小图标】、【列表】、【详细信息】、【平铺】、【内容】,如图 2-28 所示。

图 2-28　视图方式

（4）预览窗格。在【资源管理器】左侧,如图 2-29 所示,打开【组织】、【布局】,勾选【预览窗格】或者直接单击资源管理器右侧的【显示/隐藏预览窗格】按钮,可以对不同类型的文件进行预览操作,如图 2-30 所示。

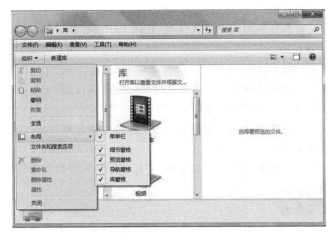

图 2-29　勾选【预览窗格】

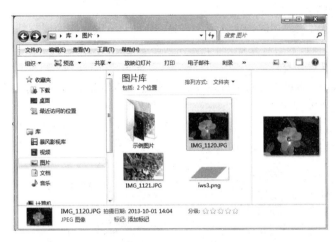

图 2-30　预览窗格

2.4.3　Windows 7 文件和文件夹操作

Windows 7 系统下的文件和文件夹操作主要包含文件及文件夹的选定、复制、粘贴、移动、删除、发送、创建、更改、查看、恢复和搜索等。

1. 选定文件和文件夹

（1）选定单个文件或文件夹：用鼠标单击所要选定的文件或文件夹。

（2）选定多个连续文件或文件夹：用鼠标单击所要选定的第一个文件或文件夹然后按住 Shift 键，再单击所要选定的最后一个文件或文件夹，可以实现多个连续文件或文件夹的选定。

（3）选定多个不连续的文件或文件夹：单击所要选定的第一个文件或文件夹，然后按住 Ctrl 键不放，单击剩余的每个文件或文件夹，可以实现多个不连续的文件或文件夹的选定。

2. 复制文件或文件夹

（1）使用菜单命令：选定要复制的文件或文件夹，选择【编辑】菜单中的【复制】命令，打开目标盘或目标文件夹，选择【编辑】菜单中的【粘贴】命令。

（2）使用鼠标拖动：按住 Ctrl 键，拖动选定的文件或文件夹到目标文件夹上。如果在不同的驱动器上复制,不按 Ctrl 键。

(3) 使用键盘:选定要复制的文件或文件夹,使用 Ctrl＋C 快捷键复制;选定目标文件夹,再使用 Ctrl＋V 快捷键粘贴。

3. 移动文件或文件夹

(1) 使用菜单命令:选定要移动的文件或文件夹,选择【编辑】菜单中的【剪切】命令;选定目标文件夹,再选择【菜单】命令中的【粘贴】命令。

(2) 使用鼠标拖动:按住 Shift 键,拖动选定的文件或文件夹到目标文件夹上。如果在同一驱动器上移动,不按 Shift 键。

(3) 使用键盘:选定要移动的文件或文件夹,使用 Ctrl＋X 快捷键剪切;选定目标文件夹,再使用 Ctrl＋V 快捷键粘贴。

4. 删除文件或文件夹

(1) 使用菜单命令:选定要删除的文件或文件夹,选择【编辑】菜单中的【删除】命令。

(2) 使用鼠标拖动:拖动选定的文件或文件夹到【回收站】。若拖动中同时按住 Shift 键,则选定内容将被物理删除,而不保存到回收站。

(3) 使用键盘:选定要删除的文件或文件夹,按 Delete 键删除到回收站。同时按下 Shift 和 Delete 键,则选定内容将被物理删除,而不保存到回收站。

5. 发送文件或文件夹

在 Windows 7 中,可以直接把文件或文件夹发送到移动存储介质、【桌面快捷方式】、【传真收件人】、【邮件收件人】等。

发送文件或文件夹的方法是:选定要发送的文件或文件夹,然后用鼠标指向【文件】菜单中的【发送到】,最后选择发送目标,如图 2-31 所示。

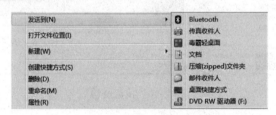

图 2-31 【发送到】选项

6. 创建文件或文件夹

(1) 创建新的文件:选定新文件所在位置;单击【文件】菜单中的【新建】;如图 2-32 所示,选择文件类型,窗口中出现带临时名称的文件;输入新文件的名称,按 Enter 键或鼠标单击其他任何地方。

(2) 创建新的文件夹:选定新文件夹所在的文件夹;指向【文件】菜单中的【新建】,弹出【新建】子菜单;单击【文件夹】,窗口中出现带临时名称的文件夹;输入新文件夹的名称,按 Enter 键或鼠标单击其他任何地方。

7. 更改文件或文件夹名称

(1) 选择需要换名的文件或文件夹。

(2) 在【文件】菜单或快捷菜单中,选择【重命名】命令。

(3) 输入新的名称,然后按 Enter 键。

8. 查看或修改文件或者文件夹的属性

查看文件和文件夹的属性,并且对它们进行修改,可按照以下步骤进行操作:

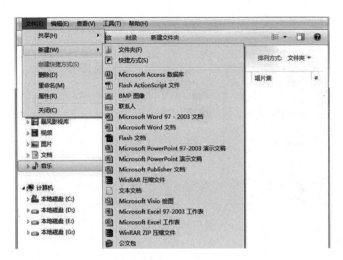

图 2-32　新建文件类型选项

（1）选定要查看或修改属性的文件或文件夹。

（2）在【文件】菜单或右键快捷菜单中选择【属性】命令，弹出对话框。

（3）选择【常规】标签，在【属性】栏中可以看到选定文件、文件夹的属性，并对之进行修改，如图 2-33 所示。

图 2-33　文件属性设定

（4）单击【应用】按钮，操作有效且不关闭对话框。单击【确定】按钮，保留修改并关闭对话框。

9. 恢复被删除的文件或文件夹

恢复被删除的文件或文件夹的操作如下：

（1）在桌面上双击【回收站】图标，被删除的文件或文件夹显示在右窗格中，如图 2-34 所示。

（2）选择要恢复的文件或文件夹。

（3）在菜单栏选择【还原此项目】命令，如图 2-35 所示。

10. 文件和文件夹的搜索

（1）Windows 7 中的搜索功能非常强大，用户在【开始】菜单的【搜索框】中输入搜索关键字，就可以搜索程序或者文件，如图 2-36 所示。

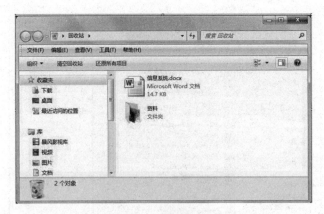

图 2-34　回收站

图 2-35　从回收站中还原项目

输入搜索内容

图 2-36　从【开始】菜单搜索

（2）在一般的文件夹窗口中也能够直接输入关键字进行搜索，如图 2-37 所示。

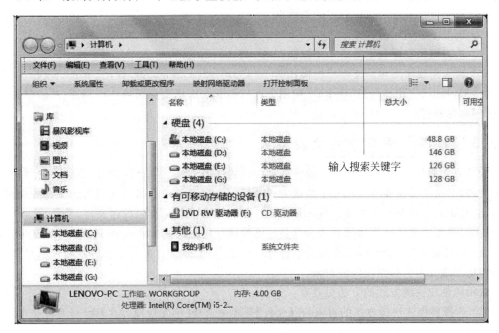

图 2-37　从窗体【搜索栏】搜索

2.5　Windows 7 的程序管理

2.5.1　启动应用程序

Windows 7 中启动应用程序的方法有多种，下面介绍几种常用的方法。

（1）启动桌面上的应用程序。

如果应用程序被放置在桌面上，则直接双击桌面上的应用程序图标。

（2）通过【开始】菜单启动应用程序。

如果想要启动的应用程序放置在【开始】菜单的【所有程序】子菜单的相应项目中，则单击
【开始】按钮，选择【所有程序】项，找到应用程序，单击启动。

（3）创建应用程序的快捷方式。

如果为应用程序创建了快捷方式并将它放到桌面上，则只要双击桌面上的快捷方式图标就
可以启动该应用程序。

（4）使用【开始】菜单的【运行】命令启动应用程序。

选择【开始】菜单的【所有程序】，在【附件】中选择【运行】命令，弹出【运行】对话框，在【打开】
下拉列表框中输入含有路径的应用程序文件名，或者通过【浏览】按钮查找到应用程序，单击【确
定】按钮即可。

2.5.2　退出应用程序

退出应用程序的常用方法主要有：

（1）在应用程序【文件】菜单中选择【关闭】命令。

操作系统基础

（2）单击应用程序窗口中的控制菜单框，在弹出的控制菜单中选择【关闭】命令。

（3）双击应用程序窗口中的控制菜单框。

（4）按下 Alt＋F4 组合键。

（5）单击应用程序右上角的关闭按钮。

（6）当应用程序不再响应用户的操作时，按 Ctrl＋Alt＋Delete 键，弹出【Windows 任务管理器】对话框，打开【应用程序】选项卡，在应用程序列表框中选择要关闭的应用程序，然后单击【结束任务】命令按钮。

2.5.3　创建应用程序的快捷方式

快捷方式能够提供一种简便、快捷的启动应用程序的方法。一个快捷方式就是一个特殊类型的文件，与某个对象相连。每一个快捷方式都用一个左下角带有弧形小箭头的快捷方式图标表示，它是指向连接对象的指针。Windows 7 界面中的每一个对象如程序文件、文档、文件夹和打印机等，都可以建立一个快捷方式。并且能够把该对象的快捷方式放置于 Windows 7 中的任意位置，如【桌面】、【开始】菜单、文件夹中。打开快捷方式，即可打开与快捷方式相连的对象，而删除快捷方式并不会影响相应的对象。

常用的创建快捷方式的方法主要有：

（1）选择要创建快捷方式的对象，在【文件】菜单中选择【创建快捷方式】命令，即可在本地创建快捷方式。

（2）用鼠标拖动文件，然后按住 Ctrl＋Shift 键不放，将文件拖到需要创建快捷方式的地方松开键，快捷方式即可创建。

（3）如图 2-38 所示，选择需要创建快捷方式的文件或文件夹，单击【文件】菜单的【新建】命令中的【快捷方式】项，打开【创建快捷方式】对话框。直接输入需要创建快捷方式的文件名称及路径或者通过【浏览】按钮选择文件。单击【下一步】命令按钮，再输入【快捷方式】名称即可，如图 2-39 所示。

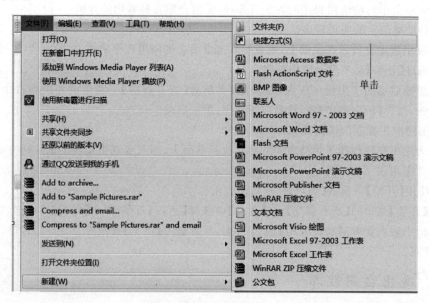

图 2-38　新建快捷方式

图 2-39　快捷方式的位置和名称

2.5.4　任务管理器简介

　　Windows 7 的任务管理器是用户对系统任务进行管理的工具,允许用户监控计算机和当前计算机上运行的程序。在任务管理器中提供了有关计算机性能的信息,并显示了计算机上所运行的程序和进程的详细信息。如果连接到网络,还可以查看网络状态并迅速了解网络是如何进行工作的。如图 2-40 所示,任务管理器的用户界面提供了【文件】、【选项】、【查看】、【窗口】和【帮助】五大菜单项,其下还有【应用程序】、【进程】、【服务】、【性能】、【联网】和【用户】6 个标签。任务管理器窗口的底部则是【状态栏】,可以查看到当前系统的进程数、CPU 使用率和物理内存等数据。默认设置下系统每隔两秒钟对数据进行 1 次自动更新,也可以单击【查看】菜单,选择【更新速度】进行更改。使用 Windows 任务管理器,还可以结束程序或进程,启动程序以及查看计算机性能的动态显示。

图 2-40　任务管理器

1. 任务管理器的启动

　　在 Windows 7 中,可以通过多种方式打开【Windows 任务管理器】窗口。

　　(1) 在 Windows 7 中,可以通过右键单击任务栏中的空白处,然后单击弹出的快捷菜单中的【启动任务管理器】选项,打开【Windows 任务管理器】窗口。

（2）在 Windows 7 中，按下 Ctrl＋Alt＋Delete 组合键单击【启动任务管理器】打开【Windows 任务管理器】窗口。

（3）在 Windows 7 中，可以通过 Ctrl＋Shift＋Esc 组合键调出【Windows 任务管理器】窗口。

2. 任务管理器的监控功能

（1）应用程序监控。

在【Windows 任务管理器】窗口的【应用程序】列表框中，列出了当前正在运行的应用程序，但它只会显示当前已经打开窗口的应用程序，而 QQ、MSN 等，最小化至系统托盘区的应用程序则不会显示出来。

可以选择某个应用程序单击【结束任务】按钮进行关闭，如果需要同时结束多个任务，可以通过 Ctrl 键进行多选。用户可以根据自己的需要，进行结束任务、切换任务，单击【新任务】按钮可以直接打开相应的程序、文件夹、文档或者 Internet 资源，如果不知道程序的名称，可以通过单击【浏览】按钮进行搜索，如图 2-41 所示。

（2）进程监控。

如图 2-42 所示，在【Windows 任务管理器】窗口的【进程】列表框中，显示了所有当前正在运行的进程信息，包括应用程序、后台服务等。隐藏在系统底层深处运行的病毒程序或木马程序都能够在【进程】列表框中找到，当然前提是要知道它们的名称。【进程】列表框中列出了进程的映像名称、启动进程的用户名、CPU 占用百分比以及内存的使用情况，如图 2-42 所示。列表框中的进程不仅包括当前用户的进程，还有 SYSTEM、Administrator 等用户的进程。对于一些已经不再使用的进程，用户可在列表框中选中，单击【结束进程】按钮强行终止，不过这种方式将丢失未保存的数据，而且如果结束的是系统服务，则可能造成系统的某些功能无法正常使用。

图 2-41　新任务创建

图 2-42　进程信息

（3）性能监控。

单击【Windows 任务管理器】窗口的【性能】，可见【性能】界面，在【性能】界面中用图例显示了 CPU 的瞬时使用百分比、CPU 的使用记录曲线，同时显示了内存的使用情况以及物理内存的使用记录等，如图 2-43 所示。

（4）联网监控。

单击【Windows 任务管理器】窗口的【联网】，可见【联网】界面显示了本地计算机所连接的网络通信量,如图 2-44 所示。在【联网】页面中,显示了网络的连接状况,有适配器名称、网络使用率、线路速度、状态等信息。

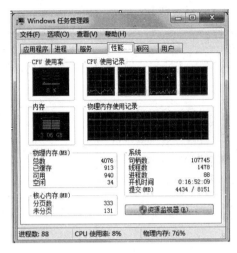

图 2-43　性能监控信息

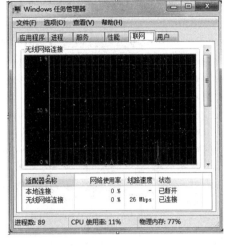

图 2-44　联网信息

(5)用户监控。

单击【Windows 任务管理器】窗口的【用户】,可见【用户】界面显示了当前已登录和连接到本机的用户数、标识、状态、客户端名、会话等信息。可以选择用户执行【注销】或【断开】操作,如图 2-45 所示。

图 2-45　用户信息

2.6　Windows 7 的控制面板

【控制面板】是 Windows 7 图形用户界面的一部分,可以使用【控制面板】更改 Windows 的设置。这些设置几乎控制了有关 Windows 外观和工作方式的所有设置,并允许用户对 Windows 进行设置,使其适合用户的需要。常用的控制面板的启动方式主要有两种:

(1)双击【计算机】图标,在窗口菜单栏下方单击【打开控制面板】按钮。

(2)单击【开始】按钮,选择右侧的【控制面板】选项。

在 Windows 7 中，打开【控制面板】后的默认视图是【类别】方式，该方式是按类别浏览【控制面板】的项目。如图 2-46 所示，包含【系统和安全】、【用户账户和家庭安全】、【网络和 Internet】、【外观】、【硬件和声音】、【时钟、语言和区域】、【程序】、【轻松访问】等项目。

图 2-46　【控制面板】类别视图

在 Windows 7 中，打开【控制面板】后，单击工作区域右上方的【查看方式】可切换不同的查看方式，在【大图标】和【小图标】查看方式下，可以显示更为详细的常用项目。【大图标】查看方式如图 2-47 所示，【小图标】查看方式如图 2-48 所示。

图 2-47　【控制面板】大图标视图

2.6.1　外观设置

单击【控制面板】类别视图中的【外观】项目，如图 2-49 所示，包含【显示】、【桌面小工具】、【任务栏和「开始」菜单】、【轻松访问中心】、【文件夹选项】、【字体】等项目设置。

1. 显示

（1）【更改桌面背景】。

单击【更改桌面背景】，如图 2-50 所示。用户可以选择系统中自带的图片作为桌面背景，也

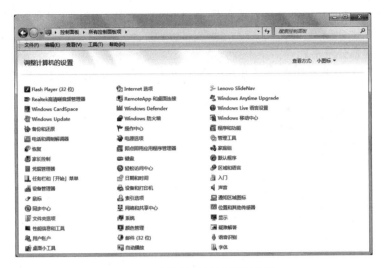

图 2-48 【控制面板】小图标视图

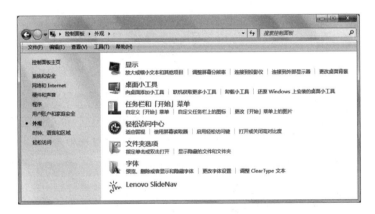

图 2-49 外观设置

图 2-50 桌面背景设置

可以选择计算机中所存储的图片作为桌面背景。【图片位置】模式包含【填充】、【适应】、【拉伸】、【平铺】、【居中】5种。

（2）【调整屏幕分辨率】。

单击【调整屏幕分辨率】可以更改显示的外观，包括【分辨率】和【方向】设置，如图2-51所示。

图2-51　调整分辨率

（3）【放大或缩小文本和其他项目】。

单击【放大或缩小文本和其他项目】可以更改屏幕上的文本大小和其他项，如图2-52所示。在左侧还有【更改屏幕保护程序】、【更改亮度】、【更改配色方案】等选项。

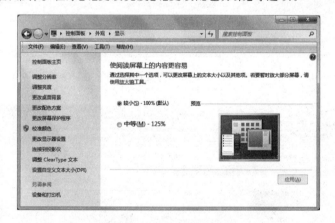

图2-52　放大或缩小文本

单击【更改屏幕保护程序】，弹出【屏幕保护程序设置】对话框，单击对话框中的下拉菜单选择合适的屏幕保护程序，设定切入屏幕保护程序的等待时间，如图2-53所示。

2. 桌面小工具

Windows中包含称为"小工具"的小程序，这些小程序可以提供即时信息以及可轻松访问常用工具的途径。Windows 7中附带了一些非常实用的桌面小工具，包含【CPU仪表盘】、【幻灯片放映】、【货币】、【日历】、【时钟】、【天气】、【图片拼图板】等。向桌面添加小工具，可以选择想要添加的小工具，鼠标右键单击该工具，在快捷菜单中单击【添加】，如图2-54所示。

图 2-53　屏幕保护程序设置

图 2-54　小工具添加

3. 任务栏和「开始」菜单

（1）【自定义开始菜单】。

单击【自定义开始菜单】链接，弹出【任务栏和「开始」菜单属性】对话框，单击【自定义】命令按钮可以自定义【开始】菜单上的链接、图标，以及菜单的外观和行为等，如图 2-55 所示。

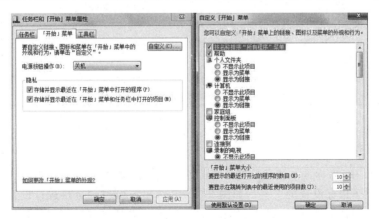

图 2-55　自定义开始菜单

操作系统基础

（2）【自定义任务栏上的图标】。

单击【自定义任务栏上的图标】链接，打开通知区域图标设定窗口，可以选择设定出现在任务栏通知区域的图标和通知，如图 2-56 所示。

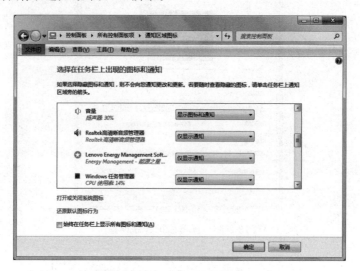

图 2-56　自定义任务栏图标

2.6.2　硬件和声音

【硬件和声音】设置窗口包含【设备和打印机】、【声音】、【电源选项】等项目的设置，如图 2-57 所示。以下选取部分主要项目的操作进行介绍。

图 2-57　硬件和声音

1. 鼠标

在 Windows 中，鼠标是一种极其重要的设备，鼠标性能的好坏直接影响到工作效率。控制面板向用户提供了鼠标设置的工具。如图 2-57 所示，单击【鼠标】链接进行设置，出现【鼠标属性】对话框，在该对话框中可以对鼠标进行设置。如图 2-58 所示，【鼠标属性】对话框中共有【按钮】、【指针】、【指针选项】、【滑轮】、【硬件】、【装置设定值】6 个标签。

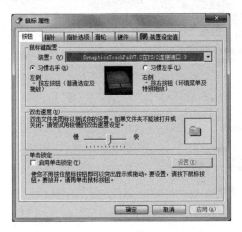

图 2-58　鼠标设置

（1）【按钮】：用于设定左右手习惯、设置鼠标双击速度、启用单击锁定等。选择【启用单击锁定】选项可以不用一直按着鼠标按钮就可以突出显示或拖动。

（2）【指针】：用于启用指针阴影。

（3）【指针选项】：用于设置指针的移动速度、可见性等，如图 2-59 所示。

（4）【滑轮】：用于设定滑轮垂直滚动、水平滚动的参数数值。

图 2-59　指针选项

2. 设备管理器

Windows 中的【设备管理器】是一种管理工具，可用来管理计算机上的设备。可以使用【设备管理器】查看和更改设备属性、更新设备驱动程序、配置设备和卸载设备。如图 2-60 所示，【设备管理器】提供计算机上所安装硬件的图形视图。

2.6.3　卸载应用程序

在 Windows 7 的【控制面板】类别视图中，单击【程序】，在打开的【程序】窗口中单击【程序和功能】选项，在【卸载和更改程序】列表中选择要卸载的应用程序图标，单击上方的【卸载】按钮进行卸载，如图 2-61 所示。

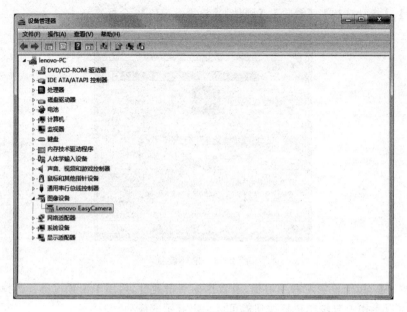

图 2-60　设备管理器

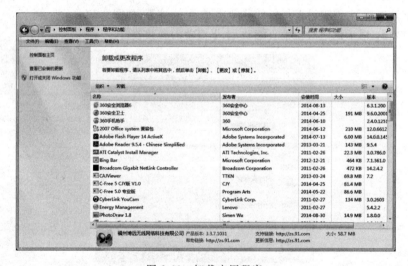

图 2-61　卸载应用程序

2.6.4　用户账户管理

1．创建新账户

单击【控制面板】类别视图中【用户账户和家庭安全】下面的【添加或删除用户账户】，打开【管理账户】窗口，如图 2-62 所示。单击下方的【创建一个新账户】打开【创建新账户】窗口，输入要创建账户的名称，以创建新的账户。账户有两种类型，分别为【标准用户】和【管理员】，标准用户可以使用大多数软件以及更改不影响其他用户或计算机安全的系统配置；管理员有计算机的完全访问权，可以做任何需要的更改。

2．更改账户

在控制面板中，可以针对选定账户进行更改，包含【更改账户名称】、【更改密码】、【删除密

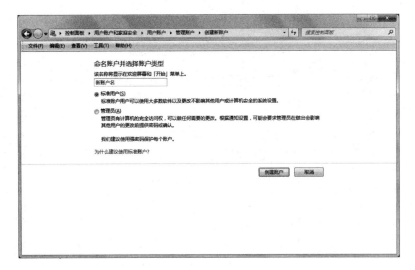

图 2-62　创建新账户

码】、【更改图片】、【更改账户类型】等,如图 2-63 所示。

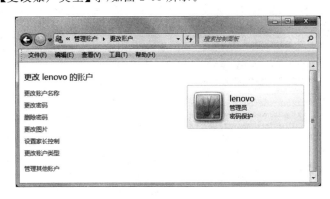

图 2-63　更改账户

2.6.5　系统和安全

单击【控制面板】类别视图中的【系统和安全】选项,打开【系统和安全】窗口,如图 2-64 所示。在该窗口中包含【Windows 防火墙】、Windows Update、【备份和还原】等选项。

1. Windows 防火墙

Windows 防火墙有助于防止黑客或恶意软件通过网络或 Internet 访问计算机。防火墙有助于阻止计算机向其他计算机发送恶意软件。Windows 7 防火墙可以允许用户修改所使用的每种类型的网络位置的防火墙设置,如图 2-65 所示。

如果在图 2-65 的窗口中勾选【Windows 防火墙阻止新程序时通知我】复选框,当 Windows 防火墙阻止新程序时会通知用户,并为用户提供解除阻止此程序的选项。

如果在图 2-65 的窗口中勾选【阻止所有传入连接,包括位于允许程序列表中的程序】复选框,该设置将阻止所有主动连接到用户计算机的尝试。当需要为计算机提供最大程度的保护时,可以使用该设置。使用这样的设置,Windows 防火墙在阻止程序时不会通知用户,并且将会忽略允许的程序列表中的程序。

图 2-64　系统和安全选项

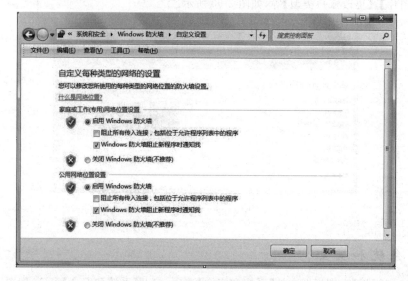

图 2-65　防火墙设置

2. 系统

单击【控制面板】类别视图中的【系统和安全】选项,打开【系统和安全】窗口,单击【系统】选项,打开【系统】窗口,可以查看计算机的基本信息,更改硬件、性能和远程连接的设置,如图 2-66所示。

3. Windows Update

单击【控制面板】类别视图中的【系统和安全】选项,打开【系统和安全】窗口,单击 Windows Update 选项,打开 Windows Update 窗口,可以在该窗口查看有关更新安装的信息,如图 2-67所示。

用户可以选择【更改设置】选项,设置更新安装的更多细节,如图 2-68 所示。

图 2-66　系统信息

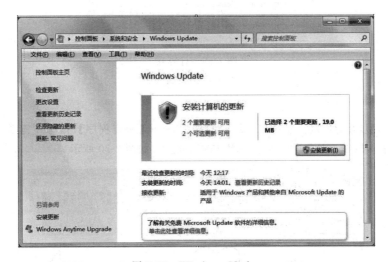

图 2-67　Windows Update

图 2-68　更新设置

操作系统基础

2.7　Windows 7 常用附件

2.7.1　计算器

【计算器】的启动步骤是：鼠标左键单击【开始】按钮，指向【所有程序】，鼠标单击【附件】，然后单击【计算器】。【计算器】有不同类型，可以单击【查看】菜单进行类型选择，如图 2-69 所示。

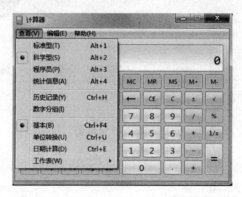

图 2-69　计算器

2.7.2　画图

启动【画图】步骤是：鼠标左键单击【开始】按钮，指向【所有程序】，鼠标左键单击【附件】，然后单击【画图】。使用【画图】可以创建、编辑和查看图片，如图 2-70 所示。

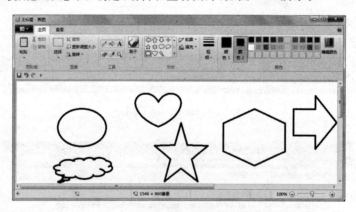

图 2-70　画图

2.7.3　记事本

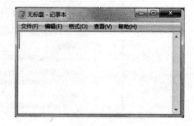

【记事本】的启动步骤是：鼠标左键单击【开始】按钮，指向【全部程序】，指向【附件】，然后单击【记事本】。【记事本】是一个基本的文本编辑程序，如图 2-71 所示。【记事本】最常用于查看或编辑文本文件，文本文件是由.txt 文件扩展名标识的文件类型。

图 2-71　记事本

2.7.4　写字板

【写字板】的启动步骤是：鼠标左键单击【开始】按钮，指向【全部程序】，指向【附件】，然后单击【写字板】。【写字板】是一个可用来创建和编辑文档的文本编辑程序，如图2-72所示。与【记事本】不同，写字板文档可以包括复杂的格式和图形，并且可以在写字板内链接或嵌入对象（如图片或其他文档）。

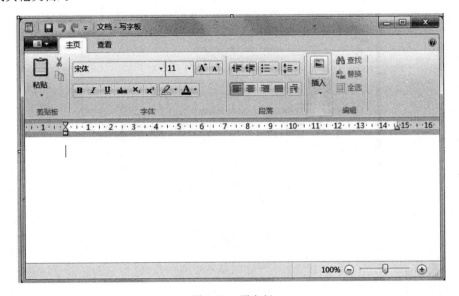

图 2-72　写字板

2.7.5　磁盘清理

【磁盘清理】的启动步骤是：鼠标左键单击【开始】按钮，指向【全部程序】，单击【附件】，单击【系统工具】，然后单击【磁盘清理】。使用【磁盘清理】程序主要用于释放磁盘驱动器空间，如图2-73所示。

图 2-73　磁盘清理

2.7.6　磁盘碎片整理程序

【磁盘碎片整理程序】的启动步骤是：鼠标左键单击【开始】按钮，指向【全部程序】，单击【附件】，单击【系统工具】，然后单击【磁盘碎片整理程序】，如图2-74所示。使用【磁盘碎片整理程序】可以重新整理硬盘上的文件和未使用的空间，提高磁盘的访问速度。

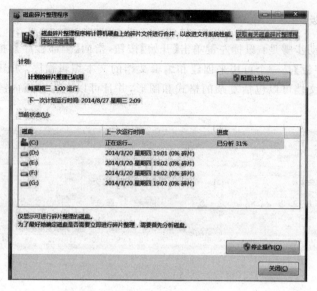

图 2-74　磁盘碎片整理

习　题　2

一、选择题

1. Windows 7 系统的"桌面"是指(　　)。
   A. 整个屏幕　　　　B. 当前窗口　　　　C. 全部窗口　　　　D. 某个窗口
2. 如果删除了桌面上的一个"快捷方式"图标,则与其对应的应用程序(　　)。
   A. 无法执行　　　　　　　　　　B. 一起被删除
   C. 仍能够执行　　　　　　　　　D. 以上说法都不对
3. 如果某个程序窗口被最小化,则程序将(　　)。
   A. 暂停运行　　　　B. 转入后台运行　　　C. 继续前台运行　　　D. 终止运行
4. 在 Windows 7 操作系统中,文件名最多允许输入(　　)个字符。
   A. 无限制　　　　　B. 10　　　　　　　C. 255　　　　　　　D. 50
5. 在资源管理器窗口中,左边有"＋"的文件夹表明(　　)。
   A. 该文件夹下没有子文件夹
   B. 该文件夹下有多个文件
   C. 该文件夹下有子文件夹
   D. 该文件夹下没有任何文件
6. 在 Windows 7 操作系统中,当选取多个文件后,不能进行的操作是(　　)。
   A. 复制　　　　　　B. 移动　　　　　　C. 剪切　　　　　　D. 重命名
7. 在 Windows 7 操作系统中,"资源管理器"窗口分为左右两部分,以下描述正确的是(　　)。
   A. 左右两边均可显示磁盘上的树状目录结构,由用户自行决定
   B. 左边显示磁盘上的树状目录结构,右边显示指定目录内的文件信息

C. 左边显示指定目录内的文件信息,右边显示磁盘上的树状目录结构

D. 左边显示磁盘上的树状目录结构,右边显示指定目录内指定文件的具体内容

8. 在 Windows 7 操作系统中,要想删除已经安装并注册了的应用程序,正确的做法是( )。

    A. 删除【开始】菜单中相应的应用程序快捷方式

    B. 删除相应的应用程序文件夹

    C. 删除 Windows 文件夹

    D. 执行【控制面板】中的【卸载程序】

9. 下面有关"剪贴板"的描述正确的是( )。

    A. "剪贴板"中只保留最近一次做"剪切"操作的内容,做两次以上"粘贴"操作后,"剪贴板"里的内容就会自动消失

    B. "剪贴板"中可以保留多次"剪切"操作的内容,做多次"粘贴"操作,信息仍然全部保留

    C. "剪贴板"只保留最近一次做"剪切"操作的内容,多次"粘贴"操作,信息仍得以保留

    D. "剪贴板"是各个应用程序之间传输信息的缓冲区,多次"粘贴"操作或者退出 Windows XP 操作系统,"剪贴板"里的信息都不会丢失

10. 以下均为删除硬盘文件的操作,其中( )在"回收站"中找不到被删除文件。

    A. 使用 Delete 键删除

    B. 使用右键快捷菜单中的【删除】

    C. 使用"文件"菜单中的【删除】

    D. 使用 Shift+Delete 命令

二、填空题

1. 移动窗口操作时,只需要将鼠标定位到窗口的_____上,拖动到新位置释放即可。

2. 当选定文件或者文件夹后,欲改变其属性设置,可单击鼠标_____键,在弹出的快捷菜单中选择_____命令。

3. 在 Windows 7 中,若要选择连续的多个文件,可先单击要选定的第一个文件,然后按下_____键,再单击最后一个文件,则这个连续区域中的所有文件就全部被选中。

4. 在 Windows 7 中,选取多个不连续的文件,应该按住_____键不放,再依次单击要选中的文件。

5. 在打开的 Windows 窗口中,全部选定文件或者文件夹的快捷键是_____,复制功能的快捷键是_____,粘贴功能的快捷键是_____。

6. 按下_____键,可将整个屏幕复制到【剪贴板】上;按下_____键,可复制当前窗口。

7. 在 Windows 7 的【回收站】窗口中,要想恢复选定的文件或者文件夹,可以使用【文件】菜单中的_____命令。

8. 在 Windows 7 中,不同输入法之间的切换按_____键;中文和英文输入法之间的切换按_____键。

9. 在 Windows 7 中,_____和_____均是管理文件和文件夹的工具。

三、简答题

1. 什么是操作系统?

2. 简述操作系统的功能。

3. 在 Windows 7 中,如何打开资源管理器、设备管理器和任务管理器?

4. 在 Windows 7 中,如何打开控制面板?简述控制面板的功能。

5. Windows 7 中带有哪些常用附件？

6. 为何要进行磁盘清理和碎片整理？

7. 什么是文件？文件命名有何要求？

8. 什么是剪贴板？剪贴板具有什么功能？

9. 在 Windows 7 中如何删除文件或文件夹？试列举两种方法。

10. 在 Windows 7 中如何更改文件或文件夹的属性？

11. 在 Windows 7 中如何显示隐藏的文件、文件夹和驱动器？

第3章　计算机网络基础

计算机网络是计算机技术和通信技术发展而相结合的产物。电子计算机诞生于 20 世纪 40 年代,通信技术则有着古老的历史,早在 19 世纪 30 年代就出现了电报,19 世纪 70 年代出现了电话,利用通信系统将计算机连接起来进行通信,就形成了计算机网络。具体地说,计算机网络是通过某种通信介质,将不同地理位置的多台具有独立功能的计算机连接起来,并借助网络硬件,按照网络通信协议,配以相应的网络操作系统来进行数据通信,实现网络上的资源共享和信息交换的系统。

3.1　计算机网络基本概念

3.1.1　计算机网络的形成和发展

计算机网络出现的历史不长,但发展很快,经历了一个从简单到复杂的演变过程。世界上第一台电子数字计算机 ENIAC 在美国诞生时,计算机和通信并没有什么关系。1954 年终端器诞生后,人们才逐渐把终端与计算机连接起来。几十年来计算机网络的发展经历了三个主要阶段:终端-计算机联机系统,计算机-计算机联机系统及计算机网络互联系统。

1. 初级阶段:终端-计算机联机系统

"主机-终端"系统是计算机网络的雏形。它是由多台终端设备通过通信线路连接到一台中央计算机上构成的。这种网络实际是一种计算机远程分时多终端系统。远程终端可以共享计算机资源,但终端本身没有独立的可供共享的资源。

20 世纪 50 年代末出现的美国半自动防空系统(SAGE),是以旋风计算机为控制中心,把美国各地的防空雷达站连接在一起的实时防御系统。它使用了总长度约 240 万千米的通信线路,连接 1000 多台终端,实现了远程集中控制。20 世纪 60 年代初,美国建成了联机飞机定票系统(SABRE-1),用一台中央计算机(大型机)连接 2000 多个遍布全国的终端。这些都是当时很成功的第一代计算机网络系统的代表。

2. 发展阶段:计算机-计算机联机系统

20 世纪 60 年代中期,出现了具有"计算机-计算机"通信能力的,以多处理中心为特点的真正的计算机网络。这种网络将分布在不同地区的多台计算机用通信线路连接起来,彼此交换数据、传递信息,而每个相连的计算机都是具有独立功能的计算机。这些计算机之间不但可以彼此通信,还可以实现与其他计算机之间的资源共享,这就使系统发生了本质的变化。

成功的典型就是美国国防部高级研究计划管理局(Advanced Research Project Agency)在 1969 年通过连接分散在不同地区的计算机而组建起来的阿帕网(ARPANet)。

它是 Internet 最早的发源地。ARPA 网在网络的概念、结构、实现和设计方面奠定了计算机网络的基础,也标志着计算机网络的发展即将进入成熟阶段。

继 ARPA 网之后,许多发达国家相继组建了规模较大的全国性乃至跨国的网络,这些计算机网络称为广域网。与此同时,由于微型计算机的发展和普及,使计算机网络的主流从广域网转向本地网或局域网。在一栋大楼里或局部地域内,用不多的投资,就可以将本单位的计算机连接在一起,实现微机的相互通信、共用外部设备(如激光打印机、绘图仪等),共享数据信息和应用程序。于是,从 20 世纪 70 年代后期到 80 年代,计算机局域网便如雨后春笋,不仅在发达国家,而且在发展中国家也快速发展起来了。

3. 成熟阶段:计算机网络互联系统

局域网的应用领域非常广泛。目前在各行各业中纷纷开发出的计算机管理信息系统、办公自动化系统,以及计算机集成制造系统等大都建立在局部网络之上。局域网在银行业务处理,交通管理、计算机辅助教学等领域中都起到了基础性的作用。同一个公司或单位,有可能先后组建若干个网络,供分散在不同地域的部门使用。人们自然想到,如果把这些分散的网络连接起来,就可使它们的用户在更大范围内实现资源共享。通常把这种网络之间的连接称做"网络互联"。

随着网络应用的扩大,网络互联出现了"局域网-局域网"互联、"局域网-广域网"互联、"广域网-广域网"互联等多种方式。它们通过路由器等互联设备将不同的网络连接到一起,形成可以相互访问的"网际网",简称"互联网"(InterNetwork)。著名的 Internet 就是目前世界上最大的一个国际互联网。

从网络发展的趋势看,网络系统由局域网向广域网发展,网络的传输介质由有线技术向无线技术发展,网络上传输的信息向多媒体方向发展。因此,网络化的计算机系统将无限地扩展计算机应用平台。

下面列举一些在计算机网络的形成与发展过程中意义深远的事件:

1836 年,电报诞生。Cooke 和 Wheatstone 为这个发明申请了专利。它在人类的远程通信历史上走出了第一步。电报采用了使用一系列点、线在不同人之间传递信息的莫尔斯码,虽然速度还比较慢,但这和当今计算机通信中的二进制比特流已经相差不远了。

1876 年,电话诞生。Alexander Graham Bell 为此申请了专利。因此,Bell 后来还被誉为"电话之父"。电话诞生对计算机网络的意义在于目前的 Internet 网络依然在很大程度上是架构在电话交换系统之上的。

1966 年,研究人员首次使用光纤来传输电话信号。Donald Davies 创造了术语"分组"(Packet)和"分组交换"(Packet Switching)。其中分组交换是采用几个通道来传送数据包的方法。分组交换为实现网络信息传输安全提供了保证。它将数据包分割成一个个小的分组在网络中进行传输,让它们经过不同的路由到达目的地。因为数据被分割成了若干个更小的分组,所以有效地提高了窃听数据的难度;同时由于路由冗余,又增强了数据传输的可靠性。在分组交换中,即使某个路由中断,通信依然可以保持,网络可以经得起大规模的破坏。分组交换技术出现的意义重大,互联网正是基于分组交换来传输信息的。

1969 年,Steve Crocker 编写了第一个请求注释(Request For Comments, RFC)文档——*Host Software*。RFC 中说明了接口通信处理机(Interface Message Processor, IMP)和 Host(主机,指可以通过网络访问的主计算机)之间的接口。RFC 是一类信息文档,由个人或团体编写,旨在拓展对网络的研究。每一篇 RFC 都被分配一个编号,以便于检索。一篇 RFC 在计算机网络领域中被广泛接受后,就可以作为标准来使用。同年,美国国防部高级研究计划管理局开始建立 ARPANet；9 月,ARPANet 在加州大学洛杉矶分校(UCLA)安装了第一个节点(IMP),连接到了 UCLA 的 Sigma-7 计算机上；10 月,在斯坦福研究所(SRI)建成第二个节点,连接到了他们的 SDS 940 计算机上。加州大学圣芭芭拉分校(UC Santa Barbara)在 11 月,犹他大学(University of Utah)在 12 月分别建成了第三个和第四个节点。

1972 年,Ray Tomlinson 发明了 E-mail,它很快就成为 ARPANet 上最流行的软件。同年,在 RFC 318 中,Jon Postel 提出 Telnet 应用协议。

1974 年,Vinton Cerf 和 Bob Kahn 在论文 *A Protocol for Packet Network Interworking* 中提出了传输控制协议(Transmission Control Protocol,TCP),并引入了 Internet 的概念。

1978 年,Internet 协议(Internet Protocol,IP),作为从 TCP 中分离出来承担路由功能的协议,由 Vinton Cerf、Steve Crocker 和 Danny Cohen 提出。TCP 和 IP 成为日后 Internet 通信至关重要的组成部分。

1986 年,美国国家科学基金会(National Science Foundation,NSF)对全美大学中的 5 个超级计算中心进行赞助,使这些计算中心以 56kb/s 的速度连接到了新建成的 NSFNet 上。

1989 年,Tim Berners Lee 发明了万维网(World Wide Web,WWW),超文本(HyperText)技术也被应用到网络上,Web 浏览的方式开启了 Internet 发展的新篇章。

3.1.2 计算机网络的组成

如同计算机系统由硬件系统和软件系统组成一样,计算机网络系统也是由网络硬件系统和网络软件系统组成的。根据不同的需要,计算机网络可能有不同的软硬件部件。但不论是简单的网络还是复杂的网络,主要都是由计算机、网络连接设备、传输介质,以及网络协议和网络软件等组成的。

从计算机网络各组成部件的功能来看,各部件主要完成两种功能,即网络通信和资源共享。通常把计算机网络中实现通信功能的各种连接设备及其软件称为网络的通信子网,而把网络中实现资源共享的主机、终端和软件的集合称为资源子网。

1. 计算机

计算机网络是为了连接计算机而问世的。计算机主要完成数据处理任务,为网络内的其他计算机提供共享资源等。现在的计算机网络不仅能连接计算机,还能连接许多其他类型的设备,包括终端、打印机、大容量存储系统、电话机等。

2. 网络连接设备

网络连接设备主要用于互连计算机并完成计算机之间的数据通信。它负责控制数据的发送、接收或转发,包括信号转换、格式转换、路径选择、差错检测与恢复、通信管理与控制。常用的网络连接设备主要包括网络接口卡(NIC)、集线器(Hub)、集中器(Concentrator)、中继器(Repeater)、网桥(Bridge)、路由器(Router)、交换机(Switch)等。此外为实现通信,网络中还经常使用其他一些连接设备,如调制解调器(Modem)、多路复用器(Multiplexing)等。

3. 传输介质

传输介质构成了网络中两台设备之间的物理通信线路,用于传输数据信号。网络可用的传输介质是多种多样的。

4. 网络协议

网络协议是指通信双方共同遵守的一组语法、语序规则，它是计算机网络工作的基础。一般来说，网络协议一部分由软件实现，另一部分由硬件实现；一部分在主机中实现，另一部分在网络连接设备中实现。

5. 网络软件

计算机是在软件的控制下工作的，同样，网络的工作也需要网络软件的控制。网络软件一方面控制网络的工作，控制、分配、管理网络资源，协调用户对网络的访问；另一方面则帮助用户更容易地使用网络。网络软件要完成网络协议规定的功能。在网络软件中最重要的是网络操作系统，网络操作系统的性能和功能往往决定了一个网络的性能和功能。

3.1.3 计算机网络的分类

计算机网络的分类标准很多，按拓扑结构分类有星型、总线型、环型等；按使用范围分类有公用网和专用网等；按传输技术分类有广播式与点到点式网络等；按交换方式分类有报文交换与分组交换等。事实上这些分类标准都只能给出网络某方面的特征，不能确切地反映网络技术的本质。目前公认的比较能反映网络技术本质的分类方法是按计算机网络的分布距离分类。因为在距离、速度、技术细节三大因素中，距离影响速度，速度影响技术细节。

计算机网络按分布距离可分为局域网（LAN）、城域网（MAN）和广域网（WAN）。

1. 局域网

局域网（Local Area Network，LAN），是指在有限的地理区域内建立的计算机网络。例如，把一个实验室、一座楼、一个大院、一个单位或部门的多台计算机连接成一个计算机网络，就构成一个局域网。局域网通常采用专用电缆连接，有较高的数据传输率。局域网的覆盖范围一般不超过 10km。

2. 城域网

城域网（Metropolitan Area Network，MAN）是介于局域网与广域网之间的一种高速网络。城域网一般覆盖一个地区或一座城市。例如，一所学校有多个分校分布在城市的几个城区，每个分校都有自己的校园网，把这些校园网连接起来就形成一个城域网。

3. 广域网

广域网（Wide Area Network，WAN），它所涉及的地区大、范围广、往往是一个城市，一个国家，甚至全球。为节省建网费用，广域网通常借用传统的公共通信网（如电话网），因此造成数据传输率低，响应时间较长等问题。

3.1.4 计算机网络的拓扑结构

计算机网络的拓扑结构是指网络结点和通信线路组成的几何排列，亦称网络物理结构图。如果不考虑网络的地理位置，把网络中的计算机、外部设备及通信设备看成一个个节点（又称结点），把通信线路看作一根根连线，这就抽象出计算机网络的拓扑结构。网络拓扑结构通常可分为总线型、环型和星型三种基本结构，如图 3-1 所示。

1. 总线型结构

总线型结构中所有节点都连在一条主干电缆（称为总线）上，任何一个节点发出的信号

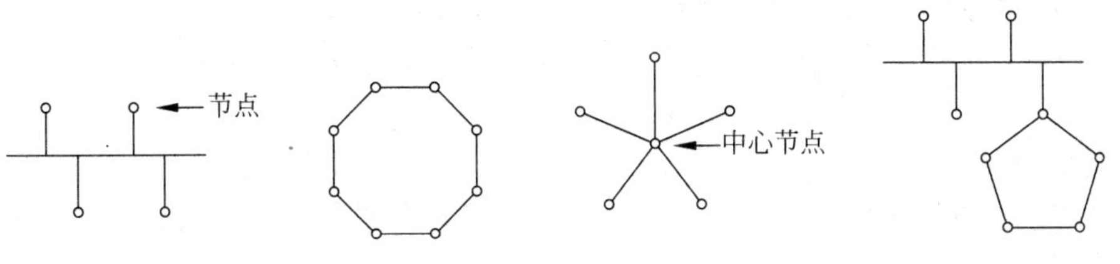

图 3-1   网络拓扑结构

均可被网络上的其他节点所接收。总线成了所有节点的公共通道。总线型网的优点是结构简单灵活,网络扩展性好,节点增删、位置变更方便;当某个工作节点出现故障时不会影响整个网络的工作,可靠性高。其缺点是故障诊断困难,尤其是总线故障可能会导致整个网络不能工作。

在这种结构中,总线的长度有一定的限制,一条总线也只能连接一定数量的节点。

2. 星型结构

星型结构是以中心节点为中心,网络的其他节点都与中心节点直接相连。各节点之间的通信都通过中心节点进行,是一种集中控制方式。中心节点通常为一台主控计算机或网络设备(如集线器或交换机等)。

星型网的优点是外部节点发生故障时对整个网不产生影响,且数据的传输不会在线路上产生碰撞。其缺点是所有节点间的通信需经过中心节点,因此当中心节点发生故障时,会导致整个网络瘫痪。

3. 环型结构

在环型结构中,各节点通过公共传输线形成闭合的环,信号在环中做单向流动,可实现任意两点间的通信。

环型网的优点是网上每个节点地位平等,每个节点可获得平行控制权,易实现高速及长距离传送。其缺点是由于通信线路的自我闭合,扩充不方便,一旦环中某处出了故障,就可能导致整个网络不能工作。

4. 混合型结构

在实际使用中,网络的拓扑结构不一定是单一的形式,往往是几种结构的组合(称为混合型拓扑结构),如总线型与星型的混合连接,总线型与环型的混合连接等。

3.1.5 计算机网络的体系结构

计算机网络是由各种计算机和各类终端通过通信线路连接起来的复合系统。在这个复合系统中,由于硬件不同、连接方式不同及软件不同,网络中各结点间的通信很难顺利进行。如果由一个适当的组织实施一套公共的标准,各厂家都生产符合该标准的产品,就可以便于在不同的计算机上实现网络通信。

1. 网络协议

计算机网络中互相连接的结点要做到有条不紊地交换数据,就必须遵守一些事先约定好的规则,这些规则规定了数据交换的格式及同步问题。这些为进行网络中的数据交换而建立的规则、标准或约定叫做网络协议。网络协议由语法、语意和时序三个部分组成。

(1) 语法：即数据与控制信息的格式。

(2) 语意：即需要发出何种控制信息，完成何种动作及做出何种应答。

(3) 时序：即事件出现顺序的详细说明。

2. 协议分层

根据历史上研制计算机网络的经验，对于复杂的计算机网络采用层次结构较好。一般的分层原则如下：

(1) 各层相对独立，某一层的内部变化不影响另一层。

(2) 层次数量适中，不应过多，也不宜太少。

(3) 每层具有特定的功能，类似功能尽量集中在同一层。

(4) 低层对高层提供的服务与低层如何完成无关。

(5) 相邻层之间的接口应有利于标准化。

3. 网络的体系结构

计算机网络的分层及其协议的集合称为网络的体系结构。世界上著名的网络体系结构有美国国防部的 ARPANet、IBM 公司的 SNA、DEC 公司的 DNA，及国际标准化组织(ISO)的 OSI。

SNA(Systems Network Architecture)为集中式网络，是 IBM 公司 1974 年公布的网络体系结构。以后的版本不断变更，1985 年的版本可支持主机和局域网组成的任意拓扑结构。SNA 比 OSI 模型大约早 10 年，是 OSI 模型的主要基础。SNA 将网络的体系结构分成 7 个层次，即物理层、数据链路控制层、路径控制层、传输控制层、数据流控制层、表示服务层和事务服务层。

DNA(Digital Network Architecture)是美国 DEC 公司 1975 年提出的网络体系结构。目前发展到第五个阶段。DNA 将网络的体系结构分成 8 个层次，即物理链路层、数据链路层、路由层、端通信层、会话层、网络应用层、网络管理层和用户层。

ARPANet(Advanced Research Project Agency Net)是美国国防部高级计划局提出的网络体系结构。ARPANET 参考模型简称为 ARM，其核心内容为 TCP/IP。

OSI 参考模型是国际标准化组织提出的计算机网络体系，下面将详细介绍 OSI 参考模型。

4. OSI 参考模型

1977 年，国际标准化组织 ISO 技术委员会 TC97 充分认识到制定一个计算机网络国际标准的重要性，于是成立了新的专业委员会 S16，专门研究异种计算机网络间的通信标准。在 1983 年形成正式文件，这就是著名的 ISO7498 国际标准，称为开放系统互连参考模型。记为 OSI/RM(Open System Interconnection/Reference Model)，有时也笼统地称之为 OSI。

开放系统互连参考模型中的"开放"是指只要遵循 OSI 标准，一个系统就可以和位于世界上任何地方的也遵循同一标准的其他任何系统通信。这一点很像世界范围内的电话系统。前面提到的 SNA、DNA 都是封闭的系统，而不是开放系统。

OSI 参考模型在逻辑上将整个网络的通信功能划分为 7 个层次，由下至上分别是物理层、数据链路层、网络层、传输层、会话层、表示层和应用层，如图 3-2 所示。

1) 物理层

物理层(Physical Layer)的主要功能是确保二进制数字信号 0 和 1 在物理媒体上的正确传输，物理媒体也叫传输介质。

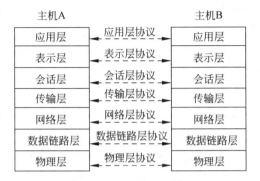

图 3-2　OSI 参考模型

物理层协议由机械特性、电气特性、功能特性和规程特性 4 个部分组成。机械特性规定了所有连接器的形状和尺寸,电气特性规定了多大电压表示 0 或 1,功能特性指各条信号线的用途,规程特性规定事件出现的顺序。

EIA-232-D 是常用的物理层标准,通常人们简称为"232 接口"。这个标准是美国电子工业协会(EIA)制定的,对应的 OSI 标准为 ISO2110。机械特性是宽 47.04mm±0.13mm(螺丝中心间的距离)的 25 针插头/插座,其他尺寸也有严格的说明;电气特性规定低于−3V 的电压表示 1,高于+4V 的电压表示 0;功能特性规定了 25 针各与哪些电路连接及信号线信号的含义;规程特性的协议是基于"行为-应答"的关系对。

2) 数据链路层

数据链路层(Data Link Layer)负责在相邻节点间的链路上无差错地传送信息帧。在传送数据时,若接收点检测到接收的数据有差错,就通知发送方重发这一帧,直到这一帧正确无误地到达接收点为止。每一帧包含数据信息和控制信息。这样,数据链路层就把一条有可能出差错的实际链路,转变为从网络层向下看起来是一条不出差错的链路。

数据链路层的协议主要有面向比特的链路层协议。该协议具有统一的帧格式和统一的标志,控制简单,报文信息和控制信息独立,采用统一的循环冗余校验(CRC)码。在链路上传输信息时直接发送,数据传输透明性好,可靠性高。

面向比特的链路层协议主要以 ISO 的高级数据链路控制规程(High-Level Data Link Control,HDLC)为代表。OSI 的数据链路层协议有 ISO/8802.1～8802.6。

3) 网络层

网络层(Network Layer)也叫通信子网层,负责网络中两台主机之间的数据交换。由于通信的两台计算机间可能要经过许多个节点,也可能经过多个通信子网,故网络层的任务之一是要选择合适的路径将信息送到目的站,这就是所谓的路由选择。网络层的另一个任务是进行流量控制,以防止网络拥塞引起的网络性能下降。

路由选择就是为信息选择建立适当的路径,引导信息沿着这条路径通过网络到达目的地。数据传输时路径的最佳选择是由计算机自动识别的。计算机通过路由算法,确定分组报文传送的最短路径。

流量控制指控制链路上的信息流动,是调整发送信息的速率,使接收节点能够及时处理信息的一个过程。流量控制可以防止因过载而引起的吞吐量下降、延时增加、死锁等情况发生,在相互竞争的各用户间公平地分配资源。

计算机网络基础

网络层传输的信息以报文分组为单位。数据交换是采用报文分组交换方式,将整个报文分成若干个较短的报文分组,每个报文分组都含有控制信息、目的地址和分组编号。各报文分组可在不同的路径传输,最后再重新组装成报文。此种数据交换方式交换延时小、可靠性高、速度快,但技术复杂。

网络层最著名的协议是国际电报电话咨询委员会(CCITT)的 X.25 协议,对应 OSI 的下三层,相当于 ISO8473/8348 标准,提供数据报和虚电路两种类型的接口。

4) 传输层

OSI 参考模型中的低三层是通信子网的功能,提供面向通信的服务,高三层是用户功能,提供面向信息处理的服务。传输层(Transport Layer)以上的各层就不再负责信息的传送问题了,故传输层成为面向通信服务与面向信息服务的桥梁,其主要功能是使主机间经网络透明地传送报文。传输层传输的信息单位是报文。

传输层将源主机与目的主机以端到端的方式简单地连接起来,因此传输层的协议通常叫做端-端协议。

网络服务质量共有 A、B、C 三种类型。A 型网络服务是一个完善的、理想的、可靠的网络服务。目前的 X.25 公用分组交换网仍不可能达到这个水平。B 型网络传输层协议必须提供差错恢复功能,大多数的 X.25 公用分组交换网提供 B 型网络服务。C 型网络服务质量最差,这类网络传送层协议能检测出网络的差错,同时要有差错恢复能力。

ISO8012/8073 定义了 5 种类型的传输层协议。0 类协议 TP0 是最简单的,只定义了网络连接功能,面向 A 型网络服务。1 类协议 TP1 较为简单,在 TP0 的基础上增加了基本差错恢复功能,面向 B 型网络服务。2 类协议 TP2 具有复用功能,面向 A 型网络服务。3 类协议既有差错恢复功能又有复用功能,面向 B 型网络服务。4 类协议 TP4 最复杂,它可以在网络的任务较重时保证高可靠性的数据传输,面向 C 型网络服务。TP4 具有差错控制、差错恢复及复用功能。

5) 会话层

会话层(Session Layer)是用户连接到网络的接口,主要功能是为不同系统中的两个用户进程间建立会话连接,进行会话管理,并将分组按顺序正确组成报文完成数据交换。会话层协议为 ISO8326/8327。

6) 表示层

表示层(Presentation Layer)处理 OSI 系统之间用户信息的表示问题。为数据进行格式转换,如代码转换、文本压缩、加密和解密等。将计算机内部的表示法转换成网络的标准表示法。表示层协议有 ISO/8822/8823、ISO8649/8650、ANS.1 等。

7) 应用层

应用层(Application Layer)直接为用户提供服务,包括面向用户服务的各种软件。应用层提供的协议有:文件传输协议 ISO9040/9041、电子邮件协议 ISO8505/8883、作业传输协议 ISO8649/8650、多媒体协议 ISO8613 等。在 OSI 参考模型中应用层协议最多、最复杂,有的还在制定中。

OSI 协议比较抽象,下面将 OSI 协议各层的主要功能归纳如下:

(1) 应用层——与用户进程之间的接口,即相当于做什么。

(2) 表示层——数据格式的转换,即相当于对方看起来像什么。

（3）会话层——会话的管理与数据传输的同步，即相当于轮到谁讲话和从何处开始讲。

（4）传送层——从端到端经网络透明地传送报文，即相当于对方在何处。

（5）网络层——分组传送、路由选择和流量控制，即相当于走哪条路可以到达该处。

（6）数据链路层——在链路上无差错地传送信息帧，即相当于每一步应该怎样走。

（7）物理层——将比特流送到物理媒体上，即怎样利用物理媒介传输数据信号。

开放系统互连（OSI）参考模型对于人们研究网络有重要的指导意义。OSI 的分层思想将复杂的通信问题分成若干独立的、易解决的子问题，便于人们学习和研究，从而促进了网络的发展和应用。

3.2   网络通信基本概念

在计算机网络中，计算机之间的数据交换，其本质是数据通信的问题。本节将简要地介绍一些数据通信方面的基本概念。

3.2.1   信号和信道

1. 数据与信息

信息的载体可以是数字、文字、语音、图形和图像，人们常称它们为数据。数据是对客观事实进行描述与记载的物理符号。

信息是数据的集合、含义与解释。

2. 信号和信道

信号是数据在传输过程中的电磁波表示形式，分为数字信号和模拟信号。数字信号是一种离散的脉冲序列，常用一个脉冲表示一位二进制数。模拟信号是一种连续变化的信号。声音就是一种典型的模拟信号。目前，计算机内部处理的信号都是数字信号。

在数据通信系统中，产生信息的一端叫信源，接收信息的一端叫信宿。信源和信宿间的通信线路叫做信道。信道是信号传输的通道，一般由传输线路和传输设备组成。传输模拟信号的信道是模拟信道，传输数字信号的信道是数字信道。

在模拟信道上传输模拟信号时，可以直接进行传输。当传输的是数字信号时，在发送端，将数字信号通过调制解调器转换成能在模拟信道上传输的模拟信号，此过程称为调制；在接收端，再将模拟信号转换还原成数字信号，这个反过程称为解调。

在数字信道上传输数字信号时，可以直接进行传输。当传输的是模拟信号时，在发送端，将模拟信号通过编码解码器转换成能在数字信道上传输的数字信号，此过程称为编码；在接收端，再将数字信号转换还原成模拟信号，这个反过程称为解码。

3.2.2   数据通信中的基本概念

1. 带宽

带宽是指物理信道的频带宽度（即信道上可通过的频率范围）。在模拟信道中，以带宽表示信道传输信息的能力。它用传送信息信号的高频率与低频率之差表示，以 Hz、kHz、MHz 和 GHz 为单位。

2. 数据传输速率

数据传输速率是指单位时间内信道上传输的比特数，也称为比特率。在数字信道中，用数据传输速率来表示信道传输信息的能力,即每秒钟传输的二进制位数(比特),单位为 b/s,kb/s,Mb/s 和 Gb/s 等。

3. 信道容量

信道容量是指物理信道上能够传输数据的最大能力。当信道上传输的数据速率大于信道所允许的最大数据速率时,信道就不能用来传输数据了。基于上述原因,在实际应用中,高传输速率的通信设备经常被通信介质的信道容量所限制,例如,56kb/s 的调制解调器在较差的电话线路上只能达到 33.6kb/s 甚至 28.8kb/s 的传输速率。

4. 误码率

误码率是指二进制码元在数据传输中被传错的概率,也称为出错率。误码率是通信系统的可靠性指标,在计算机网络系统中,一般要求误码率低于 0.000 001(百万分之一)。

3.2.3 数据交换技术

在两个远距离终端间建立专用的点到点的通信线路时对传输线路的利用率不高,特别是当终端数目增加时,要在所有终端之间建立固定的点到点的通信线路则更是不切合实际的。因此,在计算机广域网中,计算机通常使用公用通信信道进行数据交换。在公用通信信道上,网络节点都是部分连接的,终端间的通信必须通过中转节点的转换才能实现。这种由中转节点参与的通信就称为交换,它是网络实现数据传输的一种手段。

在传统广域网的通信子网中使用的数据交换技术可分为两大类:电路交换技术和存储转发交换技术,而存储转发交换技术又可分为报文交换技术和分组交换技术。

1. 电路交换

电路交换(Circuit Switching)是一种直接的交换方式。它为一对需要进行通信的节点之间提供一条临时的专用通道,这条通道是由多个节点和多条节点间的传输路径组成的链路。公用电话交换网使用的就是电路交换。电路交换过程包括三个阶段,即电路建立、数据传输和电路拆除。

电路交换的优点是数据可以直接传输、传输延迟短,以及数据能够按照顺序传输;其缺点是线路利用率低,即使线路中没有数据传输,通道传输能力在连接期间也是专用的。

2. 报文交换

报文交换(Message Switching)的过程是发送方将用户的数据及目的地址等信息以一定格式的报文发往中间节点;中间节点收到报文后,先将其存储到存储器中,等到输出线路空闲时,再将其转发到下一节点,直至到达目的节点。一个报文可能要通过多个中间结点(交换分局)存储转发后才能达到目的站。

报文交换属于存储转发交换方式,不要求交换网为通信双方预先建立一条专用数据通路,也就不存在建立电路和拆除电路的过程。

报文交换的优点是不需要事先建立电路,且在中间节点可以进行差错校验和代码转换;缺点是中间节点需要有大容量的存储器,且当报文很大时,会明显增加延时。

3. 分组交换

分组交换(Packet Switching)是将用户发来的整个报文分切成若干长度一定的数据块(即分组,又称为包),让这些分组以"存储—转发"的方式在网上传输。使用分组交换,减少了网络传输中的延时,大幅提高了线路利用率。分组交换包括两种,即数据报分组交换和虚电路分组交换。

1）数据报分组交换

交换网把进网的任一个分组都当作单独的"小报文"来处理，而不管它是属于哪个报文的分组，就像在报文交换方式中把一份报文进行单独处理一样。这种单独处理和传输单元的"分组"，即称为数据报。这种分组交换方式称为数据报传输分组交换方式。

2）虚电路分组交换

虚电路分组交换类似前面的电路交换方式。报文的源发站在发送报文之前，通过类似于呼叫的过程使交换网建立一条通往目的站的逻辑通路。然后，一个报文的所有分组都沿着这条通路进行存储转发，不允许结点对任一个分组做单独的处理和另选路径。

3.2.4　网络传输介质

传输介质是网络中传输信息的物理通道。它的性能对网络的通信、速度、距离、价格以及网络中的节点数和可靠性都有很大的影响。因此，应当根据网络的具体要求，选择适当的传输介质。

常见的网络传输介质有很多种，可分为两大类，一类是有线传输介质，如双绞线、同轴电缆、光纤等；另一类是无线传输介质，如微波和卫星通信等。

1. 同轴电缆

同轴电缆也是局域网中被广泛使用的一种传输介质，如图 3-3 所示。同轴电缆由内部导体和外部导体组成。内部导体可以是单股的实心导线，也可以是多股的绞合线；外部导体可以是单股线，也可以是网状线。内部导体用固体绝缘材料固定，外部导体用一个屏蔽层覆盖。同轴电缆可以用于长距离的电话网络、有线电视信号的传输信道以及计算机局域网络。

图 3-3　同轴电缆

2. 双绞线

双绞线是局域网中最常用的一种传输介质，由一对具有绝缘保护层的铜导线拧在一起组成。把这一对铜导线互相拧在一起的原因是可以降低信号干扰的程度。一根双绞线电缆中可包含多对双绞线，连接计算机终端的双绞线电缆通常包含 2 对或 4 对双绞线。

双绞线可分为非屏蔽双绞线和屏蔽双绞线两种，如图 3-4 所示。屏蔽双绞线的内部信号线外面包裹着一层金属网，在屏蔽层外面是绝缘外皮；屏蔽层能够有效地隔离外界电磁信号的干扰。和非屏蔽双绞线相比，屏蔽双绞线具有较低的辐射，且其传输速率较高。

3. 光纤

现在的大型网络系统几乎都采用光纤来作为网络传输介质，如图 3-5 所示。相对于其他传输介质，光纤具有高带宽、低损耗、抗电磁干扰性强等优点。在网络传输介质中，光纤是发展最为迅速的，也是最有前途的一种网络传输介质。

图 3-4　非屏蔽双绞线与屏蔽双绞线　　　　　　图 3-5　光纤

光纤可以分为单模光纤和多模光纤两种。单模光纤提供单条光通路,采用注入式激光二极管来作为光源,具有定向性好、价格昂贵等特点;多模光纤可以由多条入射角度不同的光线同时传播,采用发光二极管作为光源。

4. 无线传输介质

无线传输介质主要包括红外线、激光、微波或其他无线电波等无形介质。无线传输技术特别适用于连接难以布线的场合或远程通信。

在计算机网络中使用较多无线传输介质的主要是微波和卫星。

3.2.5 网络连接设备

网络连接设备是实现网络之间物理连接的中间设备,是网络中最基础的组成部分。常见的网络连接设备有网卡、调制解调器、集线器、交换机、网桥、路由器等。

1. 网卡

网卡又称为网络适配器,是局域网中最基本的连接设备,用于将计算机和通信电缆连接起来,如图 3-6 所示。通常网卡都插在计算机的扩展槽内,或被集成在主板上;计算机通过网卡接入网络。网卡的作用一方面是接收网络传来的数据,另一方面是将本机的数据打包后通过网络发送出去。

网卡从不同的角度可以分出不同的类别。按总线类型分类,网卡可分为 PCI、PCMCIA 等总线的网卡;按接口类型分类,网卡可分为 RJ-45、光纤等接口的网卡。

2. 调制解调器

调制解调器又称为 Modem,是同时具有调制和解调两种功能的设备,如图 3-7 所示。如果用户的计算机需要通过模拟信道(比如电话线路)来访问网络,那么就需要用到调制解调器。在计算机网络的通信系统中,计算机发出的是数字信号,而在电话线上传输的是模拟信号,因此必须将数字信号转换成模拟信号才能实现其传输,这种操作就称为调制;反之,电话线上的模拟信号要想传输到信宿的计算机,也需要将其变换成数字信号,即解调。

图 3-6 网卡　　　　　　　　　　图 3-7 调制解调器

调制解调器分外置和内置两种。内置调制解调器是一块电路板,插在计算机或终端内部;外置调制解调器是在计算机机箱之外使用的,一端用电缆连在计算机上,另一端与电话插口连接。

3. 集线器

集线器也称为 Hub,用于连接双绞线介质或光纤介质的以太网系统,如图 3-8 所示。集线器在 OSI 七层模型中处于物理层,其实质是一个中继器。它的主要功能是对接收到的信号进行再生放大,以扩大网络的传输距离。正是因为集线器只是一个信号放大和中转的设备,所以它不具备交换功能。

4. 交换机

交换机基于 OSI 参考模型的第二层,即数据链路层,它是一种存储转发设备,是目前局域网中使用最多的一种网络设备,如图 3-9 所示。

图 3-8　集线器

图 3-9　交换机

传统的以太网采用总线型拓扑结构,共享传输介质,即多个工作站共享一条传输介质。随着网络上设备数量的增加,网络的性能就会迅速下降。为此,在 20 世纪 80 年代初,人们提出采用网桥来分割网段,以提高网络带宽,后来又使用路由器来实现网络分段,以减少每个网段中的设备数量。这样确实可以解决一些网络瓶颈问题,但解决得并不彻底,后来人们又开始采用一种称为以太网交换机的设备来取代网桥和路由器来对网络实施网段分割。采用交换机作为中央连接设备的以太网络称为交换式以太网。交换式以太网采用星型拓扑结构,具有高通信流量、低延时等优点。

5. 路由器

路由器工作在 OSI 模型中的第三层,即网络层。路由器利用网络层定义的 IP 地址来区别不同的网络,实现网络的互联和隔离,保持各个网络的独立性。路由器主要运行在存在多种网络协议的大型网络中,具有很强的异种网互联能力,如图 3-10 所示。

图 3-10　路由器

路由器最主要的功能就是路径选择,即保证将一个进行网络寻址的报文正确地传送到目的网络中,完成这项功能需要路由协议的支持。路由协议正是为在网络系统中提供路由服务而开发设计的。每个路由器通过收集其他路由器的信息来建立自己的路由表,以决定如何把它所控制的本地系统的通信表传送到网络中的其他位置。

6. 网关

网关(Gateway)实现的网络互联发生在网络层以上,它是网络层以上的互联设备的总称。网关通常由软件来实现,网关软件运行在服务器或一台计算机上。

3.3　Internet 基础知识

Internet 音译为“因特网”,也称“国际互联网”,是指通过路由器将世界不同地区、规模大小不一、类型不同的网络互相连接起来的全球性计算机互联网络。它的前身就是ARPANet。

3.3.1　Internet 的起源与发展

1. Internet 的起源

1969 年 12 月,由美国国防部高级研究计划署资助建成的阿帕网(ARPANet)是世界上最早的计算机网。该网络最初只连接了美国西部四所大学的计算机系统,它就是 Internet 的雏形。

1983 年,美国国防部宣布 ARPANet 采用了 TCP/IP。此时,它已连接了子网数十个、主机 500 余台。从此 Internet 正式诞生,逐渐承担起了主干网的角色。

1986 年,面对网上信息流量的迅速增加,美国国家科学基金会提供巨资,开始组建基于 TCP/IP 的国家科学基金网(NSFNet),计划将美国 5 个超级计算中心连接到一起,供 100 余所美国大学共享资源。1988 年 9 月,NSFNet 正式投入运行。1990 年,ARPANet 退役, NSFNet 正式成为美国的 Internet 主干网。

2. Internet 的发展

如果说 ARPANet 和 NSFNet 在 20 世纪 80 年代先后推动了 Internet 的发展,那么发生在 1991 年的以下两件大事,对 Internet 在 20 世纪 90 年代的崛起尤其具有深远的意义:美国国会于 1991 年通过了"信息高速公路法案";1993 年,美国政府又制定了国家信息基础设施(National Information Infrastructure,NII)计划,宣布该计划的实施"将永久地改变美国人的生活、工作和相互的沟通方式"。这些法案和计划不仅提高了美国乃至全世界人民对计算机网络的认识,也大大激发了世界各国建设与使用 Internet 的热情。

从 2001 年起,Internet 进入到了第三个 10 年。除了网络用户数量继续增加、宽带网技术取得新的突破外,以下两个方面尤其值得注意。

(1) 将 Internet 与嵌入式系统相结合。

嵌入式系统是单片机或微型控制机的统称。在电冰箱、微波炉、空调等许多家电产品中早已留下了它们的身影。但是,传统的家电产品都是独立工作的,嵌入其中的芯片一般只有较小的存储器和运算速度。有些国内外的科学家预言,未来 10 年将会产生针头般大小,具有超过 1 亿次的运算能力,并能支持 TCP/IP 等 Internet 协议的嵌入式片上系统,它们将成为嵌入式 Internet 的"数字基因",相当于给地球披上了一层"电子皮肤"。目前国内外都已开发出了这类芯片的相关产品,但成本还比较高。当它们的成本降低到每片数美元的时候,就可在家庭环境自动控制、智能小区管理等领域获得广泛的应用。

(2) 将 Internet 与移动通信相结合。

通过手机实现 Internet 的无线接入是移动通信应用中的一个创举。按照"移动通信+ Internet=手机上网"的思路,一些著名的移动通信公司,如诺基亚、摩托罗拉等纷纷在 20 世纪 90 年代后期推出了符合"无线应用协议"(Wireless Application Protocol)的 WAP 手机,使用户可通过这类手机的屏幕直接访问 Internet,从而实现诺基亚提出的口号"把 Internet 装进口袋"。

在 20 世纪末出现的"蓝牙"(Bluetooth)技术,是适用于近距离无线连接的又一新技术。把一块蓝牙芯片嵌入一个数字设备后,就可以在一定距离内(通常为 0.1~10m)与另一蓝牙设备按照共同的通信协议进行无线通信。例如,由一部蓝牙手机和一台蓝牙笔记本电脑构成的无线网络,只要把笔记本电脑接入 Internet,就可用手机来遥控笔记本电脑收发电子邮件。如果在网内再配置冰箱、空调等蓝牙设备,也可进一步用手机来控制它们的运行。

3. Internet 的未来

今天的互联网上活跃着黑客攻击、多媒体音视频下载应用,以及移动应用等多种元素。为了解决这些新元素给互联网带来的问题,美国的计算机科学家们已经开始考虑修改互联网的整体结构,这些措施涉及了 IP 地址、路由表技术以及互联网安全等诸多方面的内容。

尽管如何修改互联网结构尚无定论,但在业界还是存在一些普遍公认的互联网发展趋势。

1）互联网的用户数量将进一步增加

目前全球互联网用户总量已经达到 17 亿左右。显然,2020 年以前会有更多的人投身到互联网中。据美国国家科学基金会(National Science Foundation)预测,2020 年前全球互联网用户将增加到 50 亿。这样,互联网规模的进一步扩大便将成为人们构建下一代互联网架构的主要考量因素之一。

2）互联网在全球的分布状况将日趋分散

在接下来的 10 年里,互联网发展最快的地区将会是发展中国家。据互联网世界(Internet World)的统计数据:目前互联网普及率最低的是非洲地区,其次是亚洲和中东地区;相比之下,北美地区的普及率则远远高于其他地区。这表明未来互联网将在地球上的更多地区发展壮大,而且所支持的语种也将更为丰富。

3）电子计算机将不再是互联网的中心设备

未来的互联网将摆脱目前以计算机为中心的形象,越来越多的城市基础设施等设备将被连接到互联网上。据 CIA 公布的 2009 年版世界统计年鉴显示（CIA World Factbook 2009）,目前连接在互联网上的计算机主机大概有 5.75 亿台。但据美国国家科学基金会预计,未来会有数十亿个安装在楼宇建筑、桥梁等设施内部的传感器被连接到互联网上。人们将使用这些传感器来监控电力运行和安保状况等。到 2020 年以前,预计被连接到互联网上的这些传感器的数量将远远超过用户的数量。

4）互联网的数据传输量将增加到 EB,乃至 ZB 级别

由于高清视频和图片的日益流行,互联网上传输的数据量近年出现了飞速增长。据思科公司估计,在 2012 年以前,全球互联网的数据流量将增加到每月 10 亿 GB,比目前的流量增加一倍有余,而且不少在线视频网站的流行程度还会进一步增加。为此,研究人员已经开始考虑将互联网应用转为以多媒体内容传输为中心,而不再仅仅是一个简单的数据传输网络。

5）互联网将最终走向无线化

目前移动宽带网的用户已经呈现出爆发式增长的迹象。这表明 3G、WiMax 等高速无线网络的普及率已经达到了相当的水平。目前,亚洲地区是无线宽带网用户最多的地区,不过用户增长率最强劲的地区则是在拉丁美洲地区。按 Informa 预计,全球无线宽带网的用户数量将会继续呈现出爆炸性增长的态势。

6）互联网将出现更多基于云技术的服务项目

互联网专家们均认为未来的计算服务将更多地通过云计算的形式提供。国家科学基金会也在鼓励科学家们研制出更多有利于实现云计算服务的互联网技术,他们同时还在鼓励科学家们开发出如何缩短云计算服务的延迟,并提高云计算服务的计算性能的技术。

7）互联网将更为节能环保

目前的互联网技术在能量消耗方面并不理想,未来的互联网技术必须在能效性方面有所突破。据 Lawrence Berkeley 国家实验室统计,互联网的能耗在 2000—2006 年增长了一倍。据专家预计,随着能源价格的攀升,互联网的能效性和环保性将进一步增加,以减少成本支出。

8）互联网的网络管理将更加自动化

除了安全方面的漏洞之外,目前的互联网技术最大的不足便是缺乏一套内建的网络管

理技术。美国国家科学基金会希望科学家们能够开发出可以自动管理互联网的技术,比如自诊断协议、自动重启系统技术、更精细的网络数据采集,以及网络事件跟踪技术等。

9) 互联网技术对网络信号质量的要求将降低

随着越来越多无线网用户和偏远地区用户的加入,互联网的基础架构也将发生变化,将不再采取用户必须随时与网络保持连接状态的设定。相反,许多研究者已经开始研究允许网络延迟较大或可以利用其他用户将数据传输到某位用户那里的互联网技术。这种技术对移动互联网的意义尤其重大。部分研究者甚至已经开始研究可用于在行星之间互传网络信号的技术,而高延迟互联网技术则正好可以发挥其威力。

10) 互联网将吸引更多的黑客

2020 年,由于接入互联网的设备种类增多,心怀不轨的黑客数量也将大为增加。据 Symantec 公司的数据表明,2008 年出现了 160 万种新的恶意代码,比过去几年来出现的恶意代码总量 60 万种还多了好几倍。专家们认为未来的黑客技术将向高端化、复杂化、普遍化的趋势发展。

3.3.2 中国互联网络的发展

随着全球信息高速公路的建设,中国政府也开始推进中国信息基础设施的建设。回顾中国互联网络的发展,大体可以将其分为两个阶段:

1. 与 Internet 电子邮件的连通

1986 年,北京市计算机应用技术研究所实施的国际联网项目——中国学术网(Chinese Academic Network,CANET)启动,其合作伙伴是德国卡尔斯鲁厄大学(University of Karlsruhe)。

1987 年 9 月,CANET 在北京计算机应用技术研究所内正式建成中国第一个国际互联网电子邮件节点,并于 9 月 20 日向全世界发出了第一封来自中国的电子邮件:Across the Great Wall, we can reach every corner in the world(越过长城,走向世界),揭开了中国人使用互联网的序幕,标志着我国开始进入 Internet。

1990 年 11 月 28 日,钱天白教授代表中国正式在 SRI-NIC(Stanford Research Institute's Network Information Center)注册登记了中国的顶级域名 CN,并且从此开通了使用中国顶级域名 CN 的国际电子邮件服务,从此中国的网络有了自己的身份标识。由于当时中国尚未实现与国际互联网的全功能连接,中国 CN 顶级域名服务器暂时建在了德国卡尔斯鲁厄大学。

2. 与 Internet 实现全功能的 TCP/IP 连接

1989 年,原中国国家计划委员会和世界银行开始支持一个称为"中国国家计算与网络设施"(NCFC)的项目。该项目由中国科学院主持,联合北京大学、清华大学共同实施。NCFC 工程建设于 1990 年,1993 年年底三个院校网络分别建成,1994 年 3 月正式开通了与 Internet 的专线连接(64kb/s),标志着我国正式加入 Internet。

从此时开始,我国开始大规模地进行公众使用的互联网络的建设,并且很快取得了明显的成果。1995 年 2 月,中国教育和科研计算机网(CERNET)网络一期工程提前一年完成,并通过了国家计委组织的验收。1996 年 1 月,中国公用计算机互联网(CHINANET)全国骨干网建成并正式开通,全国范围的公用计算机互联网络开始提供服务。

到 1996 年,在我国投入使用的互联网络有 4 个,即所谓的四大互联网络:

（1）中国科技网（CSTNET）；

（2）中国教育科研网（CERNET）；

（3）中国公用计算机互联网（CHINANET）；

（4）中国金桥信息网（CHINAGBN）。

到 2000 年底，投入运行的主要网络又增加了 3 个：

（1）中国联通互联网（UNINET）；

（2）中国网通公用互联网（CNCNET）；

（3）中国移动互联网（CMNET）。

3. 中国下一代互联网诞生

2004 年 1 月 15 日，包括美国 Internet2、欧盟 GEANT 和中国 CERNET 在内的全球最大的学术互联网，在位于比利时首都布鲁塞尔的欧盟总部向全世界宣布，同时开通全球 IPv6 下一代互联网服务。

2004 年 3 月 19 日，在中国国际教育科技博览会开幕式上，中国第一个下一代互联网主干网——CERNET2 试验网在北京正式开通并提供服务。这标志着中国下一代互联网建设的全面启动，也标志着中国在世界下一代互联网研究与建设上占了一席之地。

第二代中国教育和科研计算机网 CERNET2 是中国下一代互联网示范工程 CNGI 中最大的核心网和唯一的学术网，是目前所知世界上规模最大的采用纯 IPv6 技术的下一代互联网主干网。CERNET2 主干网将充分使用 CERNET 的全国高速传输网，以 2.5～10Gb/s 的传输速率连接北京、上海、广州等 20 个主要城市的 CERNET2 核心节点，实现全国 200 余所高校下一代互联网 IPv6 的高速接入，同时为全国其他科研院所和研发机构提供下一代互联网 IPv6 高速接入服务。通过中国下一代互联网交换中心，CERNET2 将高速连接国内外下一代互联网。

CERNET2 主干网采用纯 IPv6 协议，为基于 IPv6 的下一代互联网技术提供了广阔的试验环境。CERNET2 还将部分采用我国自主研制具有自主知识产权的、世界上先进的 IPv6 核心路由器，将成为我国研究下一代互联网技术、开发基于下一代互联网的重大应用、推动下一代互联网产业发展的关键性基础设施。

下一代互联网与现代互联网的区别在于更快、更大、更安全。下一代互联网将是现在的网络传输速度的 1000～10 000 倍，并将逐渐放弃 IPv4，启用 IPv6 地址协议，几乎可以给家庭中的每一个可能的东西分配一个自己的 IP 地址，让数字化生活变成现实。在目前的 IPv4 协议下，现有地址中的 70% 已分配光，明显制约着互联网的发展。目前的计算机网络因为种种原因，存在大量安全隐患，互联网正在经历着有史以来最为严重的病毒侵害。下一代互联网将在建设之初就充分考虑安全问题，可以有效控制、解决网络安全问题。

CERNET2 将重点研究和试验下一代互联网的核心网络技术，并支持开发网格计算、高清晰度电视、点到点视频语音综合通信、转播视频会议、大规模虚拟现实环境、智能交通、环境地震监测、远程医疗和远程教育等重大应用。

3.3.3 Internet 的接入方式

为了使用 Internet 上的资源，用户的计算机必须与 Internet 进行连接。所谓与 Internet 连接，实际上是与已连接在 Internet 上的某台主机或网络进行连接。用户入网前都要先联系一家 Internet 服务提供商（ISP），如校园网网络中心或电信局等，然后办理上网手续，包括填写注册表格和支付费用等；ISP 则向用户提供 Internet 入网连接的有关信息，包括上网电话号码（拨号入网）或 IP 地址（通过局域网入网）、电子邮件地址和邮件服务器地址、用户登录名（又称用户名或账号）、登录密码（简称密码）等。

目前用户连入 Internet 有以下几种常用方法。

1. 局域网入网

采用这种方式时，用户计算机通过网卡，利用数据通信专线（如电缆或光纤）连到某个已与 Internet 相连的局域网（如校园网等）上。用户要向 ISP 申请一个 Internet 账号，并取得用户计算机的主机名和 IP 地址。

通过局域网入网方式的特点是线路可靠，误码率低，数据传输速度快，适用于大业务量的用户使用。

2. 拨号入网

一般家庭使用的计算机都采用电话拨号入网的方式。采用这种入网方式，用户计算机必须装上一个调制解调器（Modem），并通过电话线拨号与 ISP 的主机连接。调制解调器可以是插入计算机的内置式的，也可以是放在计算机外面的外置式的。其数据传输率可达 $33.6kb/s$ 或 $56kb/s$。

这种上网方式，通过运行 SLIP（串行线路互联协议）或 PPP（点对点协议）软件，使用户计算机成为 Internet 上的一个独立节点，并具有自己的主机名和 IP 地址。这个 IP 地址分为静态和动态两种。由于 IP 地址数量有限，ISP 通常只给那些确实需要的用户分配一个固定的 IP 地址，这就是所谓的静态 IP 地址。而对于大多数个人用户，则是采用共用某些 IP 地址的方法，如 10 个 IP 地址供 20 个用户轮流使用。因此用户每次使用的 IP 地址都有可能不一样。目前还有一种分配动态 IP 地址的方法，是多个用户永久地使用一个 IP 地址。

通过这种方式入网，用户可以得到 Internet 提供的各种服务。其特点是经济方便，费用低，具备通过局域网入网方式的全部功能，但传输速度比通过局域网入网方式慢。它适用于业务量较小的用户使用。

3. ISDN 方式入网

ISDN（综合业务数字网）是一种先进的网络技术。它使用普通的电话线，但线路上采用数字方式传输。与普通电话不同，ISDN 能在电话线上提供语音、数据和图像等多种通信业务服务，故俗称"一线通"。例如，用户可以通过一条电话线在上网的同时拨打电话。ISDN 方式入网的上网速率可以达到 $128kb/s$。通过 ISDN 上网需要安装 ISDN 卡。

4. 宽带 ADSL 方式入网

ADSL（非对称数字用户环路）是利用现有的电话线实现高速宽带上网的一种方法。所谓"非对称"是指与 Internet 的连接具有不同的上行和下行速度。上行是指用户向网络发送信息，而下行是指 Internet 向用户发送信息。目前 ADSL 上行可达 $1Mb/s$，下行最高可达 $8Mb/s$。在一般 Internet 应用中，通常是下行信息量要比上行信息量大得多。因此，采用非对称的传输方式，不但可以单向传送宽带多媒体信号，又可满足进行交互的需要，还可以节省线路的开销。

采用 ADSL 接入，需要在用户端安装 ADSL Modem 和网卡。

5. 利用有线电视网入网

中国有线电视网（CATV）非常普及，其用户已达到几千万户。通过 CATV 网接入 Internet，速率可达 $10Mb/s$。实际上这种入网方式也可以是不对称的，下行的速度可以高于上行。CATV接入Internet采用总线型拓扑结构,多个用户共享给定的带宽,所以当共享信道的用户数增加时,传输的性能会下降。

采用CATV接入需要安装Cable Modem(电缆调制解调器)。

6. 无线方式接入

无线接入是指从用户终端到网络交换站点采用或部分采用无线手段的接入技术。无线接入Internet的技术分成两类:一类是基于移动通信的无线接入,另一类是基于无线局域网的技术。进入21世纪后,无线接入Internet已经逐渐成为接入方式的一个热点。采用IEEE 802.11协议标准和无线Modem的无线局域网已经得到了广泛的应用。

3.3.4 IP地址和域名系统

为了识别连接到Internet上的不同主机,必须为上网的主机各分配一个独一无二的地址。Internet上使用的地址叫IP地址。为了基于IP地址的计算机在通信时便于相互识别,Internet还采用了域名系统(DNS)。加入Internet的计算机还可以申请一个域名,IP地址与域名地址之间有着对应关系。

1. IP地址

在Internet上,每一台连网的主机都必须有一个唯一的网络地址,称为IP地址。在Internet上进行信息交换离不开IP地址,就像日常生活中朋友间通信必须知道对方的通信地址一样。

IP地址在表示上写成用"."隔开的4个十进制整数,每个数字取值为0～255,例如202.115.32.36,202.115.32.39等。采用这种编码方式的IP地址具有4个字节。由于每个字节由8个二进制位构成,所以IP地址是一个32位的地址。IP地址是一种具有层次结构的地址,它由网络号和主机号两部分组成。网络号用来区分Internet上互联的网络,主机号用来区分同一网络上的不同计算机(即主机)。通常,IP地址分为A,B,C三类,如图3-11所示。

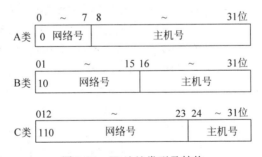

图3-11 IP地址类型及结构

各类网络号及主机号的长度(位数)各不相同。A类IP地址最前面为0(也称地址类型码),接着的7位用来标识网络号,后24位标识主机号;B类和C类IP地址的编码含义以此类推。例如,IP地址28.0.0.254,其第一字节为28,高位为0,因此该IP地址为A类地址;而IP地址198.10.100.1,其第一字节为198,高位为110,故该IP地址为C类地址。A类主要用于大型网络的管理,B类适用于中等规模的网络(如各地区的网管中心),C类适用于校园网等小规模网络。

采用这种地址编码,可以容纳200多万个网络和36亿台以上的主机。但由于采用层次结构,故大大减少了有效地址的实际数量。目前有些地区已出现IP地址不够用的现象。1995

年12月颁布的新的IP协议IPv6(现用的IP协议称为IPv4),将IP地址长度增加到16个字节(128位),可提供更多的IP地址。IPv4目前仍可继续使用,但今后将逐步转向IPv6。

所有IP地址都由Internet网络信息中心(NIC)管理,并由各级网络中心分级进行管理和分配。我国高等院校校园网的网络地址一律由CERnet网络中心管理,由它申请并分配给有关院校。我国申请IP地址都通过APNIC(负责亚太地区的网络信息中心)。APNIC的总部设在日本东京大学。

2. 子网和子网掩码

从上面可以看到,IP地址中已划出一定位数来表示网络号,因此每一网络均有唯一的网络号。但这种方式所表示的网络数量是有限的,在实际使用中有时会遇到网络数不够的问题。解决的方法是采用子网寻址技术,将主机号部分划出一定的位数用作本网的各个子网,剩余的主机号作为相应子网的主机号。划出多少位给子网,主要视用户实际需要多少个子网而定。这样IP地址就划分为"网络-子网-主机"三部分。在每一个网络中,主机号并不是全部可供用户使用的,其中有2个保留值。主机号全0是该网络的网络地址,用于标识该网络的ID;主机号全1是该网络的广播地址,用于同时向该网络中的所有工作站发送信息。划分子网时,随着子网地址借用主机位数的增多,子网的数目随之增加,而每个子网中的可用主机数逐渐减少。

【例1】 请指出C类网络192.168.1.0中主机地址的可用范围,以及该网络中最多可容纳的主机数量。

在构成一个C类网络IP地址的4个字节中,最后1个字节用于表示主机,即有8个二进制位可用于标识主机号。所以主机号的范围是:00000000～11111111(即0～255)。由于主机号为全0和全1的地址分别保留用于表示网络地址和广播地址,因此在该网络中主机实际可用的IP地址范围是:192.168.1.1(00000001)～192.168.1.254(11111110);该网络最多可容纳254台主机。

【例2】 为避免IP地址的浪费,提高IP地址的利用率,请将一个C类网络(192.168.1.0)划分为8个子网,并指出每一个子网的网络地址和可用的主机地址范围。

要在1个C类网络中划分出更多的子网,只能占用主机号位来实现。因为要求划分出8个子网,而$2^3=8$,即3个二进制位就可以表示出8个子网(000、001、010、011、100、101、110、111),所以需要借用主机号的高3位来表示子网。加上C类地址原本用于表示网络的24位(前3个字节),则划分为8个子网后,用于表示网络的位数(加上子网所占位数)从24位增加到27位,而用于表示主机的位数则从8位减少到5位,如图3-12所示。

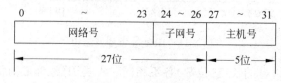

图3-12 子网划分示意图

第1个子网的网络地址是192.168.1.0(000 00000),主机地址的可用范围是192.168.1.1(000 00001)～192.168.1.30(000 11110);

第2个子网的网络地址是192.168.1.32(001 00000),主机地址的可用范围是192.168.1.33(001 00001)～192.168.1.62(001 11110);

第3个子网的网络地址是192.168.1.64(010 00000),主机地址的可用范围是192.168.1.65(010 00001)～192.168.1.94(010 11110);

第 4 个子网的网络地址是 192.168.1.96(011 00000)，主机地址的可用范围是192.168.1.97 (011 00001)～192.168.1.126(011 11110)；

第 5 个子网的网络地址是 192.168.1.128(100 00000)，主机地址的可用范围是 192.168.1.129(100 00001)～192.168.1.158(100 11110)；

第 6 个子网的网络地址是 192.168.1.160(101 00000)，主机地址的可用范围是 192.168.1.161(101 00001)～192.168.1.190(101 11110)；

第 7 个子网的网络地址是 192.168.1.192(110 00000)，主机地址的可用范围是 192.168.1.193(110 00001)～192.168.1.222(110 11110)；

第 8 个子网的网络地址是 192.168.1.224(111 00000)，主机地址的可用范围是 192.168.1.225(111 00001)～192.168.1.254(111 11110)。

假定例 2 中讨论的网络所连接的路由器需要转发数据到目标主机 192.168.1.107，那么如何判别该目标主机在哪一个子网之中呢？这就需要子网掩码。子网掩码(Subnet Mask)是一个具有 32 位地址，用于屏蔽 IP 地址的一部分以区别网络标识和主机标识，并说明该 IP 地址是在局域网上，还是在远程网上的一种技术。子网掩码不能单独存在，它必须结合 IP 地址一起使用。子网掩码能够将一个大的 IP 网络划分为若干小的子网络，并能够分离出 IP 地址中的网络部分和主机部分。

子网掩码的设定必须遵循一定的规则。与二进制 IP 地址相同，子网掩码由 1 和 0 组成，且 1 和 0 分别连续。子网掩码的长度也是 32 位，左边是网络位，用二进制数字 1 表示，1 的数目等于网络位的长度；右边是主机位，用二进制数字 0 表示，0 的数目等于主机位的长度。

【例 3】　请为一个未划分子网的 B 类网络 168.195.0.0 设定掩码。

根据前面的知识，可以知道 B 类网络的网络号和主机号位各有 16 位，因此根据掩码的设定规则，把对应的网络号位用二进制数 1 表示，对应的主机号位用二进制数 0 表示，则可以得到该网络的掩码是：11111111 11111111 00000000 00000000，用十进制表示为255.255.0.0，如图 3-13 所示。

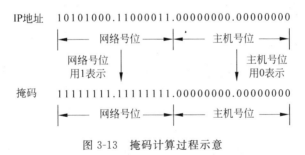

图 3-13　掩码计算过程示意

未划分子网的 A、B、C 三类网络的网络号位和主机号位都是固定的，因此这三类网络的子网掩码也都是确定的。这三类网络的子网掩码被称做缺省子网掩码。

A 类网络缺省子网掩码：255.0.0.0；

B 类网络缺省子网掩码：255.255.0.0；

C 类网络缺省子网掩码：255.255.255.0。

【例 4】　请为例 2 中的子网设定子网掩码。

对于例 2 中的 8 个子网，它们的网络号位均为高 27 位，主机号位均为低 5 位，因此它们的子网掩码是相同的，即 11111111 11111111 11111111 11100000，用十进制表示为255.255.255.224。

子网掩码能够分离出 IP 地址中的网络部分和主机部分，从而计算出目标 IP 地址所在的子网。具体的方法是将用二进制表示的 IP 地址和子网掩码逐位做"逻辑与"运算，所得结果即为该 IP 地址所在的子网。

【例 5】 例 2 中讨论的网络所连接的路由器需要转发数据到目标主机 192.168.1.107,请确定该目标主机所在的子网。

计算过程如图 3-14 所示:

```
              11000000 10101000 00000001 01101011      目标IP
逻辑与  ∧
              11111111.11111111.11111111.11100000      子网掩码
              ─────────────────────────────────────
              11000000.10101000.00000001.01100000      子网地址
```

图 3-14　根据子网掩码计算目标 IP 所在的网络地址

计算出的结果是 11000000 10101000 00000001 01100000,用十进制表示为 192.168.1.96。根据例 2 讨论的结果,可知该目标主机在第 4 个子网之中。

3. 域名地址

IP 地址是对 Internet 网络和主机的一种数字型标识。这对于计算机网络来说自然是有效的,但对于用户来说,要记住成千上万的主机 IP 地址则是一件十分困难的事情。为了便于使用和记忆,也为了便于网络地址的分层管理和分配,Internet 在 1984 年采用了域名服务系统(Domain Name System,DNS)。

(1) 域名服务系统的主要功能是定义一套为机器设定域名的规则,把域名高效率地转换成 IP 地址。域名服务系统是一个分布式的数据库系统,由域名空间、域名服务器和地址转换请求程序三部分组成。

(2) 域名采用分层次方法命名,每一层都有一个子域名,子域名之间用点号分隔,具体格式如下:

主机名. 网络名. 机构名. 最高层域名

例如:public . tpt . tj . cn

含义:主机名.数据局.天津.中国 0

(3) 凡域名空间中有定义的域名都可以有效地转换成 IP 地址,同样 IP 地址也可以转换成域名。因此,用户可以等价地使用域名或 IP 地址。但需要注意的是,域名的每一部分与 IP 地址的每一部分并不是一一对应的,而是完全没有关系,就像人的名字和他的电话号码之间没有必然的联系是一样的道理。

(4) 最常见的最高层域名和机构名如表 3-1 所示。

表 3-1　顶级国际域名类型

序号	域名	应　　用	序号	域名	应　　用
1	net	网络服务机构	9	biz	商业
2	com	商业机构	10	info	网络信息服务组织
3	edu	教育机构	11	name	用于个人
4	mil	军事机构	12	pro	用于会计、律师和医生
5	mobi	用于移动通信领域	13	areo	航空机构
6	gov	政府机构	14	post	邮政机构
7	org	非营利性组织	15	museum	博物馆及文化遗产组织
8	tel	电信行业	16	travel	旅游组织

3.3.5　Internet 的基本服务

Internet 提供了丰富的服务,主要包括以下几项:

万维网(WWW)交互式信息浏览:WWW 是因特网的多媒体信息查询工具,是因特网上发展最快和使用最广的服务。它使用超文本和链接技术,将位于全世界 Internet 网上不同地点的相关数据信息有机地编织在一起,从而使得用户能够简单地浏览或查阅各自所需的信息。

信息搜索:Internet 上提供了成千上万个信息源和各种各样的信息服务,而且信息源及服务的种类和数量还在不断地快速增长。对众多的信息源和服务,用户不可能逐一浏览;使用有效的搜索方法可缩小查找范围,提高检索信息的效率。

电子邮件(E-mail):电子邮件是指 Internet 上或常规计算机网络上的各个用户之间通过电子信件的形式进行通信的一种现代邮政通信方式。它是因特网的一个基本服务,是因特网上使用最频繁的一种功能。

文件传输(FTP):为因特网用户提供在网上传输各种类型文件的功能。FTP 服务分普通FTP 服务和匿名 FTP 服务两种。

远程登录(Telnet):远程登录是互联网中一台主机的用户使用另一台主机的登录账号和口令与该主机实现连接,作为它的一个远程终端使用该主机的资源的服务。

3.4　Internet 应用

3.4.1　WWW

万维网(WWW)是 Internet 的第三代信息查询工具,也是最受用户欢迎的 Internet 服务之一。它最初是由欧洲粒子物理研究中心研制的,以客户机/服务器的方式运行。

WWW 自 20 世纪 90 年代初问世以来,随即获得了迅猛的发展,现在 Internet 上运行的WWW 服务器的数量,已远远超过了其他各类服务的服务器数量。许多人以为 Internet 在 20 世纪 90 年代的飞跃在很大程度上应该归功于 WWW。正是由于 WWW 的成功,使 Internet 实现了全球范围的多媒体信息浏览服务。

要浏览 WWW 网站的网页必须使用浏览器软件,目前流行的浏览器软件有微软公司开发的Internet Explorer(IE),Google 公司开发的 Chrome,Apple 公司开发的 Safari 以及 Mozilla 基金会开发的 Firefox 等。

由于 Windows 内含有 IE 浏览器,并且使用 IE 的用户比较普遍,所以在本书中只介绍 IE 浏览器的使用,包括 IE 浏览器的启动与退出、打开网页、浏览网页、保存网页信息和收藏网页等。

1. IE 浏览器的启动与退出

IE 浏览器的启动与退出是 IE 浏览器的两种最基本操作。IE 浏览器必须启动后才能浏览网页、保存网页信息、收藏网址等,工作完毕后,应退出 IE 浏览器,以释放占用的系统资源。

1) 启动 IE 浏览器

启动 IE 浏览器有以下几种常用方法:

(1) 单击快速启动栏上的 IE 浏览器图标 ，如图 3-15 所示。

(2) 选择【开始】| Internet 命令。

图 3-15　快速启动栏

（3）选择【开始】|【所有程序】| Internet Explorer 命令。

启动 IE 浏览器时，以下情况应特别注意：

（1）如果还没有拨号上网，IE 浏览器会自动启动拨号上网程序。

（2）IE 浏览器启动后，自动显示默认主页的内容。默认主页通常情况下是微软网站（http://www. microsoft. com/isapi/redir. dll？ prd＝ie&pver＝6&ar＝msnhome）的主页，如图 3-16 所示。

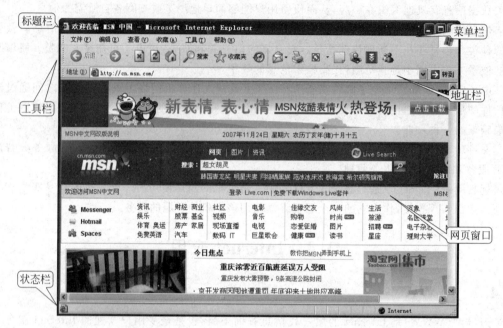

图 3-16　Internet Explorer 窗口

（3）有些网站会自动更改浏览器的默认主页，使默认主页显示为该网站的主页。

（4）用户可以更改 IE 浏览器的默认主页，使其启动后就显示自己喜欢的主页。

2）IE 浏览器窗口的组成

Internet Explorer 窗口包括标题栏、菜单栏、工具栏、地址栏、网页窗口和状态栏，它们的作用如下。

（1）标题栏：位于窗口顶部，由三部分组成；最左边是窗口控制菜单按钮，最右边是三个窗口控制按钮，中间是网页标题和应用程序名。

（2）菜单栏：位于标题栏的下方，有【文件】、【编辑】、【查看】、【收藏】、【工具】和【帮助】6 个菜单，提供了 IE 浏览器的所有功能。

（3）工具栏：位于菜单栏的下方，由若干最常用的命令按钮组成，这些命令都能从菜单中找到。

（4）地址栏：位于工具栏的下方，指示当前网页的 URL 地址，也可在地址栏内输入或从下拉列表框中选择一个 URL 地址，浏览相应网页的内容。图 3-16 中地址栏中的 URL 地址是http://cn. msn. com/。

（5）网页窗口：占据窗口的大部分空间，用于显示网页的内容。如果网页在窗口中容纳不下，会出现水平或垂直滚动条。

（6）状态栏：位于窗口的底部，显示系统的状态信息。当下载网页时，状态栏中显示下载任务以及下载进度指示,同时可看到窗口右上方的窗口图标在飘动。网页下载完后,状态为"完毕"。当鼠标移动到一个超链接时,状态栏中显示该链接的 URL 地址。

3) 退出 IE 浏览器

在 IE 浏览器中打开某个链接时,有时会打开一个新的 IE 窗口,所以在用 IE 浏览器浏览网页的过程中,往往会出现许多 IE 窗口。只有将所有 IE 窗口关闭后才能退出 IE 浏览器。关闭一个 IE 窗口有以下几种常用方法:

(1) 单击标题栏上的关闭窗口按钮 ✕ 。

(2) 双击窗口控制菜单按钮 。

(3) 按 Alt+F4 键。

(4) 选择【文件】|【关闭】命令。

2. 打开网页

在 IE 浏览器中,可用以下方法打开网页:

(1) 在窗口的地址栏中输入网页的 URL 地址(例如:http//www.163.com)并按 Enter 键。

(2) 如果该网页以前访问过,可从地址栏的下拉列表框中选择相应的 URL 地址。

(3) 如果该网页被保存到收藏夹中,可打开【收藏】菜单,从子菜单中选择相应的网页标题。

(4) 如果想查看最近几天访问过的网页,单击 按钮或选择【查看】|【浏览器栏】|【历史记录】命令,在浏览器左边会出现【历史记录】窗格。【历史记录】窗格中记录了最近几天的网页。单击某一个,即可访问该网页。

3. 浏览网页

打开一个网页后,就可以浏览这个网页。最常用的浏览器操作有:打开链接、返回前页、转入后页、刷新网页、中断下载。

(1) 打开链接:网页中的某些文字或图形可作为超级链接。当移动到某个超级链接时,鼠标指针变成 状。此时,单击鼠标可打开此链接,进入相应的网页。有的链接可能在当前窗口中打开,有的链接可能在新窗口中打开。

(2) 返回前页:如果在同一个 IE 窗口中打开链接,要返回前一个网页,单击 后退 按钮即可。

(3) 转入后页:返回前页后,想再回到先前的页,单击 按钮即可。

(4) 刷新网页:如果希望重新下载网页信息,需要刷新网页,单击 按钮即可。

(5) 中断下载:如果想中断网页的下载,单击 按钮即可。

(6) 返回主页:如果想返回 IE 浏览器启动时的主页,单击 按钮即可。

4. 保存网页信息

浏览 Web 页上的网页时,会发现很多有用的信息;可以保存这些信息,以便在以后使用。在保存时,既可以保存网页的全部信息,也可以保存网页中的图片信息,还可以只保存网页中的文本信息。

1) 保存全部信息

在 IE 浏览器中,选择【文件】|【另存为】命令,弹出【保存网页】对话框(以"网易首页"为例),如图 3-17 所示。

在【保存网页】对话框中,可进行以下操作:

(1) 单击位置栏(在对话框左边)中的图标,打开此位置,作为网页保存的位置。

(2) 在【保存在】下拉列表框中,选择网页要保存到的文件夹(默认的文件夹是"我的文档")。

图 3-17 【保存网页】对话框

（3）双击内容栏（对话框中部的区域）中的文件夹图标，打开此文件夹，作为网页保存的位置。

（4）在【文件名】下拉列表框中，输入或选择要保存的文件名。

（5）在【保存类型】下拉列表框中，选择要保存文件的类型，有 4 种类型供选择：【网页，全部】、【Web 档案，单一文件】、【网页，仅 HTML】、【文本文件】。默认类型是【网页，全部】，保存Web 页中的 HTML 文件、图片文件、脚本文件等。

（6）在【编码】下拉列表框中选择编码类型，默认的类型为【简体中文（GB2312）】。

（7）单击 保存(S) 按钮，按以上设置保存网页，同时关闭对话框。

（8）单击 取消 按钮，取消保存网页操作，同时关闭对话框。

网页保存后，会在指定文件夹下产生一个文件（本例中为"网易首页.htm"），如果按【网页，全部】类型保存，除了产生这个文件外，还产生一个文件夹（本例中为"网易首页.files"），这个文件夹中保存了网页中所有的图片文件、脚本文件等。

2）保存图片信息

如果仅想保存网页中的图片信息，可将鼠标移动到图片上，单击鼠标右键，在弹出的快捷菜单中选择【图片另存为】命令，弹出如图 3-18 所示的【保存图片】对话框。

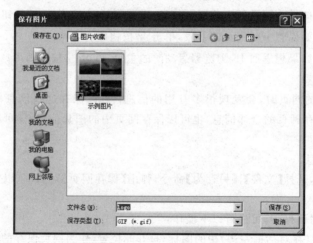

图 3-18 【保存图片】对话框

在【保存图片】对话框中,可进行以下操作:

(1) 单击【位置】栏(在对话框左边)中的图标,打开此位置,作为图片保存的位置。

(2) 在【保存在】下拉列表框中,选择图片要保存到的文件夹(默认的文件夹是"图片收藏")。

(3) 双击内容栏(对话框中部的区域)中的文件夹图标,打开此文件夹,作为图片保存的位置。

(4) 在【文件名】下拉列表框中,输入或选择要保存的文件名。

(5) 在【保存类型】下拉列表框中,选择要保存文件的类型,有两种类型供选择:图片原类型(jpg 或 gif)、位图(bmp)。

(6) 单击 保存(S) 按钮,按以上设置保存图片,同时关闭对话框。

(7) 单击 取消 按钮,取消保存图片操作,同时关闭对话框。

除了将这些图片保存到文件中外,还可以将图片复制到剪贴板上。这样,其他应用程序就可以通过剪贴板来使用这些图片信息。将图片复制到剪贴板有以下几种方法:

(1) 右击图片,在弹出的快捷菜单中选择【复制】命令。

(2) 选定图片,选择【编辑】|【复制】命令。

(3) 选定图片,按 Ctrl+C 键。

3) 保存文本信息

如果仅想保存网页中的文本信息,在保存网页时,选择保存类型为【文本文件】,即在如图 3-17 所示的【保存网页】对话框的【保存类型】下拉列表框中选择【文本文件】,这样仅保存网页中的文本信息。

除了将文本保存到文件外,还可以将文本复制到剪贴板,其他应用程序可通过剪贴板来使用这些文本信息,具体方法与将图片复制到剪贴板的方法类似,不再重复。

5. 收藏网页

如果认为某个网页或网址很重要,可将其保存起来,下一次浏览时可直接从收藏夹中取出,不需要每次都在浏览器的地址栏中输入网页的 URL 地址。

收藏网页的方法是,选择【收藏】|【添加到收藏夹】命令,弹出如图 3-19 所示的【添加到收藏夹】对话框(以"网易首页"为例)。

图 3-19　【添加到收藏夹】对话框

在【添加到收藏夹】对话框中,可进行以下操作:

(1) 如果选择【允许脱机使用】复选框,保存网页全部内容,即使不链接到 Internet 也能浏览该网页,否则只保存网页的 URL 地址。

(2) 在【名称】文本框中输入网页保存的名称。

(3) 单击 创建到(C) >> 按钮,【添加到收藏夹】对话框被展开(如图 3-20 所示),可选择一个文件夹,作为网页保存的位置,或者单击 新建文件夹(W)... 按钮,建立一个新文件夹,作为网页保存的位置。

(4) 单击 确定 按钮,按以上设置收藏网页,同时关闭对话框。

图 3-20 展开后的【添加到收藏夹】对话框

（5）单击 [取消] 按钮，取消收藏网页操作，同时关闭对话框。

收藏网页后，选择【收藏】命令，在其下拉菜单或子菜单中会出现网页保存的名称，只要选择这个名称，即可浏览该网页。如果收藏的网页很多，需要分门别类进行整理，可选择【收藏】|【整理收藏夹】命令，弹出如图 3-21 所示的【整理收藏夹】对话框。

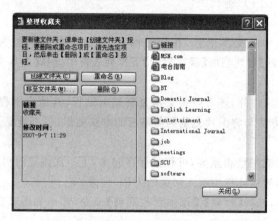

图 3-21 【整理收藏夹】对话框

在【整理收藏夹】对话框中可进行以下操作：

（1）选定一个文件夹，单击 [创建文件夹(C)] 按钮，在此文件夹下创建一个新文件夹。

（2）选定一个文件夹或网页，单击 [重命名(R)] 按钮，重命名该文件夹或网页。

（3）选定一个文件夹或网页，单击 [移至文件夹(M)...] 按钮，移动该文件夹或网页。

（4）选定一个文件夹或网页，单击 [删除(D)] 按钮，删除该文件夹或网页。

（5）单击 [关闭(L)] 按钮，关闭对话框。

3.4.2 搜索引擎

WWW 的流行，导致网络中的信息出现爆炸性的增长。网络中的信息浩瀚万千，而且毫无秩序。人们在如此庞大的信息海洋里难以找到他们所需要的准确信息，正如大海里蕴藏了丰富的资源，但人们却因为没有先进的工具而无法获得、利用这些资源。Internet 作为一个信息的海洋，人们用浏览器以逐个网页寻找的方式将很难找到准确的信息，而只能是浪费大量的时间和网络资源。搜索引擎正是一种用于帮助 Internet 用户查询信息的搜索工具，它以一定的策略在

Internet 中搜集、发现信息,对信息进行理解、提取、组织和处理,并为用户提供检索服务,从而起到信息导航的作用。

搜索引擎一般具有按网站的 Web 页、目录或关键词进行搜索等多种检索方式。一个好的搜索引擎一般应该具有速度快、信息全、结果准、结果新等特点,即搜索响应速度快,能够迅速返回结果;收录网页数量足够,能覆盖到足够多的网页内容;搜索结果相关性好;新发布的网页能够在较短的时间内被用户搜索到。

在搜索引擎发展的早期,多是作为技术提供商为其他网站提供搜索服务,网站付钱给搜索引擎提供商。后来,随着 2001 年互联网泡沫的破灭,大多转向竞价排名方式。目前搜索引擎的主流商务模式(百度的竞价排名、Google 的 AdWords)都是在搜索结果页面放置广告,通过用户的单击向广告主收费。这种模式最早是由比尔·格罗斯(Bill Gross)提出的。这种模式有两个特点,一是单击付费(Pay Per Click),用户不单击则广告主不用付费;二是竞价排序,根据广告主的付费多少排列结果。

搜索引擎是网站建设中针对"用户使用网站的便利性"所提供的必要功能,同时也是"研究网站用户行为的一个有效工具"。高效的站内检索可以让用户快速准确地找到目标信息,从而更有效地促进产品及服务的推广和销售,而且通过对网站访问者搜索行为的深度分析,对于进一步制定更为有效的网络营销策略也具有重要价值。

常用的搜索引擎有 Google、百度、微软公司的 Bing 等。

3.4.3　电子邮件

电子邮件是 Internet 中应用最早的服务功能之一,而且至今仍在广泛应用。与传统的邮件相比,它不仅速度快(传递时间以秒计算),收费也相对低廉,因而为人们提供了一种良好的人际通信手段。事实上在 Internet 之前,大多数分时系统及计算机局域网已具备电子邮件功能,可以在各自的范围内使用。但大多数用户还是从 Internet 上开始认识电子邮件的,也是从电子邮件开始使用 Internet 的。

电子邮件是指用电子手段传送信件、单据、资料等信息的通信方法。电子邮件综合了电话通信和邮政信件的特点,它传送信息的速度和电话一样快,又能像信件一样使收信者在接收端收到文字记录。电子邮件系统又称基于计算机的邮件报文系统。它参与了从邮件进入系统到邮件到达目的地为止的全部处理过程。

电子邮件可以是文字、图像、声音等多种形式。同时,用户可以得到大量免费的新闻、专题邮件,并实现轻松的信息搜索。电子邮件的存在极大地方便了人与人之间的沟通与交流,促进了社会的发展。

电子邮件地址的格式由三部分组成,即"用户标识符@域名"。第一部分"用户标识符"代表用户信箱的账号,对于同一个邮件接收服务器来说,这个账号必须是唯一的;第二部分@是分隔符;第三部分是用户信箱的邮件接收服务器域名,用以标识其所在的位置。

电子邮件的工作过程遵循"客户端-服务器"模式。每份电子邮件的发送都要涉及发送方与接收方。发送方构成客户端,而接收方构成服务器。发送方通过邮件客户程序,将编辑好的电子邮件向邮局服务器(SMTP 服务器)发送;邮局服务器识别接收者的地址,并向管理该地址的邮件服务器(POP3 服务器)发送消息;邮件服务器将消息存放在接收者的电子信箱内,并告知接收者有新邮件到来;接收者通过邮件客户程序连接到服务器后,就会看到服务器的通知,进而打开自己的电子信箱来查收邮件。这个过程可以很形象地用日常生活中邮寄包裹来形容:当要寄一个包裹时,首先要找到任何一个有这项业务的邮局;填写完收件人姓名、地址等信息之后,包裹就寄出而到了收件人所在地的邮局；那么对方取包裹的时候就必须去这个邮局才能取出。

常见的电子邮件协议有以下几种：SMTP（简单邮件传输协议）、POP3（邮局协议）和 IMAP（Internet 邮件访问协议）。这几种协议都是由 TCP/IP 协议簇定义的。

SMTP(Simple Mail Transfer Protocol)：SMTP 主要负责底层的邮件系统如何将邮件从一台机器传至另外一台机器。

POP(Post Office Protocol)：版本为 POP3，POP3 是把邮件从电子邮箱中传输到本地计算机的协议。

IMAP(Internet Message Access Protocol)：版本为 IMAP4，是 POP3 的一种替代协议，提供了邮件检索和邮件处理的新功能，这样用户完全不必下载邮件正文就可以看到邮件的标题摘要，从邮件客户端软件就可以对服务器上的邮件和文件夹目录等进行操作。IMAP 增强了电子邮件的灵活性，同时也减少了垃圾邮件对本地系统的直接危害，同时相对节省了用户查看电子邮件的时间。除此之外，IMAP 还可以记忆用户在脱机状态下对邮件的操作（例如移动邮件，删除邮件等），并在下一次打开网络连接的时候自动执行这些操作。

收发电子邮件有两种方式：

Webmail 收发：大多数的邮箱都支持基于 Web 的方式收发信件，并且都提供了一个友好的管理界面，只要在提供免费邮箱的网站登录界面，输入自己的用户名和口令，就可以收发信件并进行邮件的管理。

客户端收发：通常指使用 IMAP/POP3/SMTP 等协议收发电子邮件的软件。用户不需要登入邮箱就可以收发邮件。这样的软件有 Outlook、Foxmail 等。

下面以 Windows 自带的客户端电子邮件收发软件 Outlook 为例来介绍收发电子邮件的方法：

1. Outlook Express 的使用

在收发 E-mail 时需要利用 E-mail 的收发工具，比较常用的收发工具是 Outlook Express。Outlook Express 是 Microsoft 公司开发的一种 E-mail 收发工具，如图 3-22 所示。

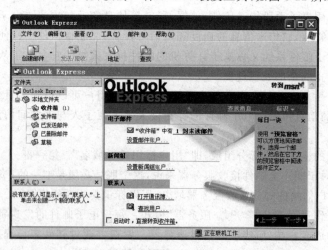

图 3-22　Outlook Express 使用界面

当使用 Outlook Express 收发 E-mail 时，必须首先添加邮件账户，操作步骤如下：

（1）在 Outlook Express 主窗口中单击菜单【工具】|【账户】命令，打开【Internet 账户】对话框，如图 3-23 所示。

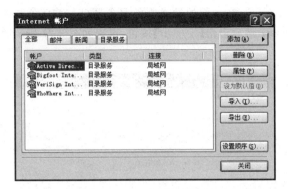

图 3-23 【Internet 账号】对话框

(2) 单击【添加】按钮,选择【邮件】,出现如图 3-24 的对话框。在【显示姓名】文本框中输入姓名后,单击【下一步】按钮,这时就出现如图 3-25 所示的输入电子邮件地址对话框。

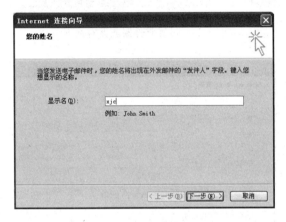

图 3-24 添加姓名

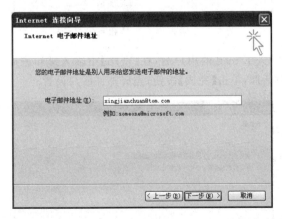

图 3-25 输入电子邮件地址对话框

(3) 在这里选择输入一个已有的地址,然后单击【下一步】按钮,出现如图 3-26 所示的设置邮件服务器对话框。

(4) 在【接收邮件(POP3,IMAP 或 HTTP)服务器】文本框中输入 E-mail 信箱地址所在的收

计算机网络基础

件箱服务器名称，如 tom.com；在下面的发送邮件服务器（SMTP）文本框中输入发件箱服务器的名称，如 smtp.tom.com；然后单击【下一步】按钮，出现如图 3-27 所示的输入邮件账号和密码对话框。

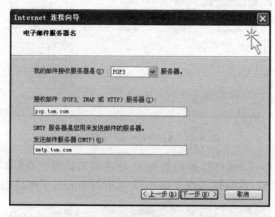

图 3-26　设置邮件服务器对话框

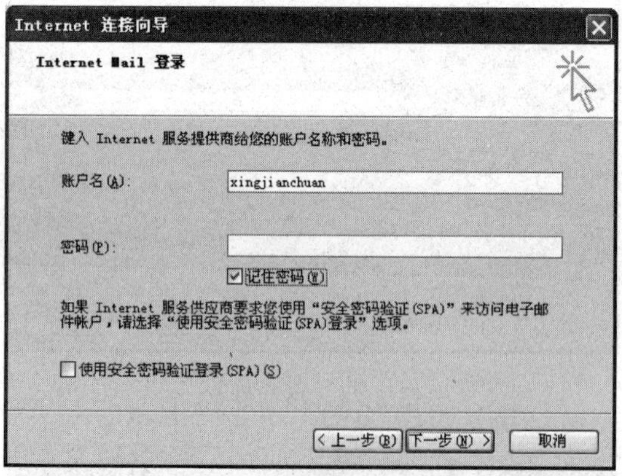

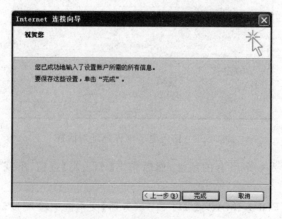

图 3-27　输入用户账号和密码对话框

（5）在【账户名】中输入 E-mail 的用户名，在【密码】中输入邮箱密码。单击【下一步】按钮，出现如图 3-28 所示的对话框，单击【完成】按钮，完成邮件账户设置。

图 3-28　设置完成对话框

2. 收发电子邮件

1）编辑并发送邮件

当要向别人发送邮件时，在 Outlook Express 窗口中单击工具栏上的【创建邮件】按钮，出现如图 3-29 所示的窗口。

图 3-29　撰写新邮件窗口

在【收件人】文本框中输入收件人的电子邮件地址，如 xingjianchuan@sina.com。如果还要将该邮件发送给其他人，就将其电子邮件地址输入【抄送】文本框中；接下来在【主题】文本框中输入该邮件的主题，其作用是方便收件人阅读；最后就是写邮件的正文，正文写在下面的工作区中；邮件编辑完成后，单击左上角的【发送】按钮，该邮件就发送出去了。

2）接收并阅读邮件

当有了邮件账户以后，就可以通过 Outlook Express 进行电子邮件的接收了。在 Outlook Express 的窗口中的工具栏上单击【发送/接收】按钮，出现如图 3-30 所示的对话框。

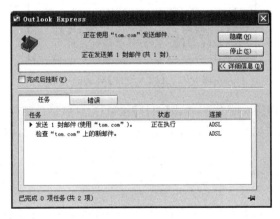

图 3-30　接收邮件对话框

接收完后回到 Outlook Express 的窗口，在左边的【收件箱】后的数字显示的是未读邮件数。单击【收件箱】，在窗口的右边显示收件箱中所有邮件的详细信息，如图 3-31 所示。

3）附件的使用

有时邮件在其他的编辑器已经写好，如已经在 Word 中写好，那么就可以将其作为一个附件

计算机网络基础

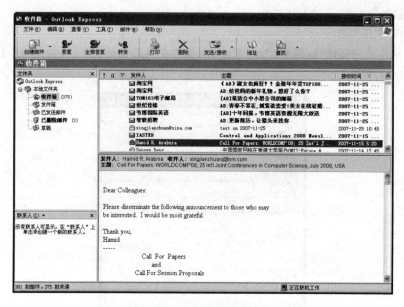

图 3-31　阅读邮件

在 Outlook Express 中发送，没有必要再输入一遍。附件的插入方法如下：

（1）在如图 3-29 所示的界面中打开【插入】菜单，单击【文件附件】，出现如图 3-32 所示的对话框。

图 3-32　【插入附件】对话框

（2）选择要作为附件插入的文件，单击【附件】按钮，附件就插入邮件中。

（3）当邮件书写完毕以后，就可以单击工具栏上的【发送】按钮，将带有附件的邮件发送出去。

3.4.4　文件传输

文件传输协议（FTP）的功能是用来在两台计算机之间互相传送文件。FTP 采用"客户机/服务器"模式，在客户机和服务器之间使用 TCP 建立面向连接的可靠传输服务。FTP 协议要用到两个 TCP 连接，一个是命令链路，用来在 FTP 客户端与服务器之间传递命令；另一个是数据链路，用来从客户端向服务器上传文件，或从服务器下载文件到客户计算机。

FTP 操作首先需要登录到远程计算机上，并输入相应的用户名和口令，即可进行本地计算机与远程计算机之间的文件传输。Internet 还提供一种匿名 FTP 服务（Anonymous FTP），提供这种服务的匿名服务器允许网上的用户以 anonymous 作为用户名,以本地的电子邮件地址作为口令。

早期的 FTP 应用都是基于字符模式的,在 DOS 环境下应用。初学者使用起来十分不便。现在,在因特网上提供文件传输的不止 FTP,还有电子邮件服务和 HTTP 应用等。利用电子邮件协议,可以通过"附件"的功能传送各种类型的文件。使用 HTTP 则可通过基于网页的图形界面操作,非常简便地完成文件的上传和下载功能,直接将网上的图片、音乐、影视以及软件下载到自己的计算机中。

但如果涉及大量数据的传送还是建议使用专用的 FTP 应用软件。因为其不仅操作方便、传输效率高,而且有些 FTP 应用程序还有断点续传等非常有用的功能。现在这种应用程序很多,如迅雷、网际快车等,使用非常方便。

3.4.5　远程登录

Telnet 被称为仿真终端协议或远程登录协议。Telnet 通过软件程序可使用户通过 TCP 连接注册(即登录)到远地的另一个主机上(使用主机名或 IP 地址)。Telnet 能将用户的键盘操作传到远地主机,同时也能将远地主机的输出通过 TCP 连接返回到用户屏幕。这种服务是透明的,双方都感觉到好像键盘和显示器是直接连在远地主机上的。

因此,它可以将用户的计算机模拟成远程某台提供 Telnet 服务的主机的终端,通过因特网直接进入该主机,完成对该主机各种授权的操作。使用 Telnet 协议时,首先要通过 IP 地址或域名连接远程主机,然后再输入用户号 ID 和口令并核实无误后,Telnet 便允许用户以该主机终端用户的身份进入系统。这个过程称为远程登录。

Telnet 也使用客户机/服务器模式。在本地系统运行 Telnet 的客户机进程,而在远地主机则运行 Telnet 的服务器进程。和 FTP 的情况相似,服务器中的主进程等待新的请求,并产生从属进程来处理每一个连接。远程登录后,用户的计算机就像该主机的真正终端一样,所以也被称为网络虚拟终端(NVT)。

虽然 Telnet 并不复杂,但它却应用得很广。用户通过 Telnet 不仅可以共享主机上的文件资源,也可以运行主机上的各种程序,实现对主机的远程管理,就像使用本地计算机一样。

虽然 Telnet 有广泛的应用,但网站在为用户提供 Telnet 服务时要格外当心,因为 Telnet 具有很强的交互性,并且向用户提供了在远程主机上执行命令的功能。因此 Telnet 上的任何漏洞都可能会对网站的安全造成致命的威胁。在这一点上,Telnet 可能比 FTP 和 HTTP 的安全隐患更危险。Telnet 可以被用于进行各种各样的入侵活动,或者用来剔除远程主机发送来的信息。到目前为止,许多黑客的攻击都是基于 Telnet 技术的。

3.5　网络安全技术

计算机网络的应用越来越广泛。人们的日常生活、工作、学习等各个方面几乎都会应用到计算机网络。尤其是计算机网络应用到电子商务、电子政务以及企事业单位的管理等领域,对计算机网络的安全要求也越来越高。一些恶意者也利用各种手段对计算机网络的安全造成各种威胁。因此计算机网络的安全越来越受到人们的关注,成为一个研究的新课题。

3.5.1　危害网络安全的因素

计算机网络面临多种安全威胁,国际标准化组织(ISO)对开放系统互联(OSI)环境定义了以下几种威胁:

（1）伪装。威胁源成功地假扮成另一个实体,随后滥用这个实体的权利。

（2）非法连接。威胁源以非法的手段形成合法的身份,在网络实体与网络资源之间建立非法连接。

（3）非授权访问。威胁源成功地破坏访问控制服务,如修改访问控制文件的内容,实现了越权访问。

（4）拒绝服务。阻止合法的网络用户或其他合法权限的执行者使用某项服务。

（5）抵赖。网络用户虚假地否认递交过信息或接收到信息。

（6）信息泄露。未经授权的实体获取到传输中或存放着的信息,造成泄密。

（7）通信量分析。威胁源观察通信协议中的控制信息,或对传输过程中信息的长度、频率、源及目的进行分析。

（8）无效的信息流。对正确的通信信息序列进行非法修改、删除或重复,使之变成无效信息。

（9）篡改或破坏数据。对传输的信息或存放的数据进行有意的非法修改或删除。

（10）推断或演绎信息。由于统计数据信息中包含原始的信息踪迹,非法用户利用公布的统计数据,推导出信息源的来源。

（11）非法篡改程序。威胁源破坏操作系统、通信软件或应用程序等。

以上所描述的种种威胁大多由人为造成,威胁源可以是用户,也可以是程序。除此之外,还有其他一些潜在的威胁,如电磁辐射引起的信息失密、无效的网络管理等。研究网络安全的目的就是尽可能地消除这些威胁。

3.5.2 安全措施

ISO 提供了以下 5 种可供选择的安全服务。

1. 身份认证

身份认证是访问控制的基础,是针对主动攻击的重要防御措施。身份认证必须做到准确无误地将对方辨别出来,同时还应该提供双向认证,即互相证明自己的身份。网络环境下的身份认证更加复杂,因为验证身份一般通过网络进行而非直接交互。常规验证身份的方式(如指纹)在网络上已不适用;再有,大量黑客随时随地都可能尝试向网络渗透,截获合法用户口令,并冒名顶替以合法身份入网,所以需要采用高强度的密码技术来进行身份认证。

2. 访问控制

访问控制的目的是控制不同用户对信息资源的访问权限,是针对越权使用资源的防御措施。

3. 数据保密

数据保密是针对信息泄露的防御措施。数据加密是常用的保证通信安全的手段,但由于计算机技术的发展,使得传统的加密算法不断地被破译;因而不得不研究出更高强度的加密算法,如目前的 DES 算法、公开密钥算法等。

4. 数据完整性

数据完整性是针对非法篡改信息、文件及业务流而设置的防范措施。也就是说网上所传输的数据应防止被修改、删除、插入、替换或重发,从而保护合法用户接收和使用该数据的真实性。

5. 防止否认

接收方要求发送方保证不能否认接收方收到的信息是发送方发出的信息,而非他人冒名篡改过的信息;发送方也要求接收方不能否认已经收到的信息。防止否认是针对对方进行否认的防范措施,用来证实已经发生过的操作。

3.5.3 网络防火墙

随着因特网的广泛应用以及企业内部网的发展,防火墙(Firewall)成了人们讨论的热门话题。虽然网络安全可以在网络模型的多个层次上实现(如物理层、数据链路层、网络层、应用层),但防火墙技术以其独特的魅力在实现网络安全方面独占鳌头。

1. 防火墙的概念

防火墙是加强因特网与内联网(Intranet)或内联网与外联网之间安全防范的一个或一组系统。具体来说是指设置在不同网络(如可信任的企业内部网和不可信的公共网)或网络安全域之间的一系列部件的组合。它可通过监测、限制、更改跨越防火墙的数据流,尽可能地对外部屏蔽网络内部的信息、结构和运行状况,以此来实现网络的安全保护。

在逻辑上,防火墙是一个分离器,一个限制器,也是一个分析器,有效地监控了它所隔离的网络之间的任何活动,保证了所保护的网络的安全。

防火墙是在两个网络之间执行控制策略的系统,可以是软件,也可以是硬件,或两者的结合。

2. 防火墙的功能

1) 网络安全的屏障

防火墙在内部网络和外部网络间建立起了一个检查点,就像是一道屏障。这种实现要求所有的流量都要通过这个检查点。一旦这些检查点清楚地建立,防火墙设备就可以监视、过滤和检查所有进来和出去的流量。这样一个检查点,在网络安全行业中称之为"阻塞点"。通过强制所有进出流量都通过这个检查点,网络管理员可以集中在较少的地方来实现安全目的。如果没有这样一个供监视和控制信息的点,系统或安全管理员则要在大量的地方进行监测。

2) 强化网络安全策略

通过以防火墙为中心的安全方案配置,能将所有安全软件(如口令、加密、身份认证等)配置在防火墙上。与将网络安全问题分散到各个主机上相比,防火墙的集中安全管理更经济。各种安全措施的有机结合,更能有效地对网络安全性能起到加强作用。

3) 有效地审计和记录内部、外部网络上的活动

防火墙可以对内部、外部网络存取和访问进行监控审计。如果所有的访问都经过防火墙,那么防火墙就能记录下这些访问并进行日志记录,同时也能提供网络使用情况的统计数据。当发生可疑动作时,防火墙能进行适当的报警,并提供网络是否受到监测和攻击的详细信息。这为网络管理人员提供了非常重要的安全管理信息,可以使管理员清楚防火墙是否能够抵挡攻击者的探测和攻击,并且清楚防火墙的控制是否充足。

4) 防止内部信息的外泄

通过利用防火墙对内部网络的划分,可实现内部网络中重点网段的隔离,限制内部网络中不同部门之间互相访问,从而保障了网络内部敏感数据的安全。另外,隐私是内部网络非常关心的问题。一个内部网络中不引人注意的细节,可能包含了有关安全的线索而引起外部攻击者的兴趣,甚至由此而暴露了内部网络的某些安全漏洞。使用防火墙就可以隐藏那些透露内部细节的服务。

3. 防火墙安全控制模型

根据防火墙作用的不同,可将防火墙的安全控制模型分为以下两种。

(1) 禁止没有被列为允许的访问。在防火墙看来,允许访问的站点是安全的,开放这些服务并封锁没有被列入的服务。这种模型安全性较高,但较保守,即提供的能穿越防火墙的服务数量和类型均受到很大限制。

（2）允许没有被列为禁止的访问。在防火墙看来，只有被列为禁止的站点才是不安全的，其他站点均可以安全地访问。这种模型比较灵活，但风险较大，特别是网络规模扩大时，监控比较困难。

4．防火墙的分类

从不同的角度对防火墙可以有不同的分类，按照防火墙技术可根据防范的方式和侧重点的不同分为包过滤、应用级网关和代理服务器等几大类型；按照防火墙的体系结构可分为屏蔽路由器、双穴主机网关、被屏蔽主机网关和被屏蔽子网等，并可以有不同的组合。

在实际构造防火墙时.需要考虑已有网络技术、投资资金代价、网络安全级别等各种因素，确定符合实际情况的防火墙方案。

3.5.4 安全策略

防火墙不仅仅是路由器、堡垒主机，或任何提供网络安全的设备的组合，更是安全策略的一个部分。仅设立防火墙系统，而没有全面的安全策略，那么防火墙就形同虚设。

安全策略是指建立全方位的防御体系，甚至包括：告诉用户应有的责任，单位规定的网络访问、服务访问、本地和远程的用户认证、磁盘和数据加密、病毒防护措施，以及雇员培训等。所有可能受到攻击的地方都必须以同样的安全级别加以保护。

网络安全策略一般包括物理安全策略、访问控制策略、信息加密策略和网络安全管理策略等。

1．物理安全策略

物理安全策略的目的是保护计算机系统和网络服务器等硬件实体和通信链路免受自然灾害、人为破坏和搭线攻击；验证用户的身份和使用权限、防止用户越权操作；确保计算机系统有一个良好的电磁兼容工作环境；建立完备的安全管理制度，防止非法进入计算机控制室和各种偷窃、破坏活动的发生。

2．访问控制策略

访问控制是网络安全防范和保护的主要策略，其任务是保证网络资源不被非法使用和非常访问。它也是维护网络系统安全、保护网络资源的重要手段。各种安全策略必须相互配合才能真正起到保护作用，但访问控制可以说是保证网络安全最重要的核心策略之一。访问控制策略包含入网访问控制、网络权限控制、目录级安全控制、属性安全控制、网络服务器安全控制、网络监测和锁定控制、网络端口和节点的安全控制，以及防火墙控制等策略。

3．信息加密策略

信息加密的目的是保护网内的数据、文件、口令和控制信息，以及网上传输的数据的安全。网络加密常用的方法有链路加密、端点加密和节点加密三种。

4．网络安全管理策略

在网络安全中，除了采用上述技术措施之外，加强网络的安全管理，制定有关规章制度，对于确保网络安全可靠地运行，同样具有十分重要的作用。

网络的安全管理策略包括：确定安全管理等级和安全管理范围、制定有关网络操作使用规程和人员出入机房管理制度，以及制定网络系统的维护制度和应急措施等。

网络安全技术只是实现网络安全的工具，网络安全同时也是一个安全管理问题。要真正实现网络安全，就必须综合考虑各种安全因素，制定出合理的目标、技术方案和相关的配套法规，构建一个综合的网络安全解决方案。

习 题 3

一、选择题

1. 计算机网络是计算机技术与( )技术高度发展和密切结合的产物。
   A. 信息　　　　　 B. 多媒体　　　　　 C. 通信　　　　　 D. 自动控制

2. 关于计算机网络资源共享的描述准确的是( )。
   A. 共享线路　　　　　　　　　　　 B. 共享硬件
   B. 共享数据和软件　　　　　　　　 D. 共享硬件和共享数据、软件

3. 下列关于网络协议说法正确的是( )。
   A. 网络使用者之间的口头协定
   B. 通信协议是通信双方共同遵守的规则或约定
   C. 所有网络都采用相同的通信协议
   D. 两台计算机如果不使用同一种语言,则它们之间就不能通信

4. 下列网络属于局域网的是( )。
   A. Internet　　　　　　　　　　　 B. 综合业务数字网(ISDN)
   C. 校园网　　　　　　　　　　　　 D. 中国公用数字数据网(CHINA DDN)

5. 在 ISO/OSI 参考模型中,最底层和最高层分别是( )。
   A. 传输层和会话层　　　　　　　　 B. 网络层和应用层
   C. 物理层和应用层　　　　　　　　 D. 链路层和表示层

6. 局域网的拓扑结构最主要的有星型、( )、总线型和树状。
   A. 链型　　　　　 B. 网状　　　　　 C. 环型　　　　　 D. 层次型

7. ( )和( )的集合称为网络体系结构。
   A. 数据处理设备、数据通信设备　　 B. 通信子网、资源子网
   C. 层、协议　　　　　　　　　　　 D. 通信线路、通信控制处理机

8. 常用的通信有线介质包括双绞线、同轴电缆和( )。
   A. 微波　　　　　 B. 红外线　　　　　 C. 光纤　　　　　 D. 激光

9. 一台微型计算机要与局域网连接,必需安装的硬件是( )。
   A. 集线器　　　　 B. 网关　　　　　 C. 网卡　　　　　 D. 路由器

10. 调制解调器(Modem)的功能是实现( )。
    A. 模拟信号与数字信号的转换　　　 B. 数字信号的编码
    C. 模拟信号的放大　　　　　　　　 D. 数字信号的整形

11. 计算机网络中,表征数据传输有效性的指标是( )。
    A. 信道容量　　　 B. 传输率　　　　 C. 误码率　　　　 D. 频带利用率

12. 能唯一标识 Internet 网络中每一台主机的是( )。
    A. 用户名　　　　 B. IP 地址　　　　 C. 用户密码　　　 D. 使用权限

13. 根据域名代码规定,域名为.edu 表示的网站类别应是( )。
    A. 教育机构　　　 B. 军事部门　　　 C. 商业组织　　　 D. 国际组织

14. URL 是( )。
    A. 统一的资源定位器　　　　　　　 B. 联合的资源定位器
    C. 通信协议定位器　　　　　　　　 D. 资源共享定位器

15. 超文本标记语言的英文简称( )。

A. HMTL　　　　　B. ISDN　　　　　C. HTML　　　　　D. PSTN

16. Internet 采用的协议是(　　)。

A. X. 25　　　　　B. TCP/IP　　　　　C. IPX/SPX　　　　D. IEEE802

17. 有一种 WWW 环境中的信息检索系统,它是搜索信息不可缺少的工具,这就是有 Internet 导航站之称的(　　)。

A. 邮件传输　　　　B. 搜索引擎　　　　C. 电子邮件　　　　D. 远程登录

18. 下列关于因特网上收/发电子邮件优点的描述中,错误的是(　　)。

A. 不受时间和地域的限制,只要能接入因特网,就能收发电子邮件

B. 加入因特网的每个用户通过申请都可以得到"电子信箱"

C. 一个人可以申请多个电子信箱

D. 收件人必须在原电子邮箱申请地接收电子邮件

19. 欲通过因特网远程登录到另一台主机,需采用(　　)。

A. Telnet　　　　　B. FTP　　　　　C. E-mail　　　　　D. BBS

20. TCP/IP 的含义是(　　)。

A. 局域网传输协议　　　　　　　　B. 拨号入网传输协议

C. 传输控制协议和网际协议　　　　D. OSI 协议集

二、填空题

1. 1969 年 12 月,由美国国防部高级研究计划署资助建成的_____,是世界上最早的计算机网,该网络最初只连接了美国西部 4 所大学的计算机系统,它就是 Internet 的雏形。

2. 任何一个基本的计算机网络,均可以看成由资源子网和_____子网两部分组成。

3. 按地理范围分类,计算机网络可分为:局域网、城域网和_____。

4. 计算机网络中的存储转发交换技术可分为_____技术和_____技术。

5. IP 地址是由_____和_____两部分组成。

6. 128. 11. 3. 31 是一个_____类地址。

7. 根据域名代码规定,表示商业机构网站的域名是_____。

8. 在 ISO 网络参考模型中,负责多节点传送数据时的路由选择,进行网际互联的层次是_____层。

9. FTP 服务又叫做_____服务,它是 Internet 中最早提供的服务之一,目前仍然在广泛使用。

10. _____是超文本传输协议的简称,是浏览器和 WWW 服务器之间的通信协议。

三、简答题

1. 什么是计算机网络?

2. 计算机网络由哪些部分组成? 各部分的作用是什么?

3. 计算机网络中常用的拓扑结构有哪些? 各有何特点?

4. OSI 参考模型将整个网络的通信功能划分为哪些层次? 各层的基本作用是什么?

5. 什么是带宽? 什么是数据传输速率?

6. 常用的网络传输介质有哪些?

7. 常用的网络连接设备有哪些? 各有何作用?

8. IP 地址和域名的作用是什么?

9. 什么是子网? 为什么需要子网?

10. Internet 提供的基本服务包括哪些?

11. ISO 提供了哪 5 种网络安全服务?

第4章 Word 2010

4.1　Word 2010 基础操作

　　Word 2010 是一种文字处理软件,是 Microsoft 公司开发的 Office 2010 办公组件之一。Word 2010 旨在向用户提供最上乘的文档格式设置工具,利用它可更轻松、高效地组织和编写文档,其增强后的功能可帮助用户创建具有专业水准的文档。丰富的审阅、批注和比较功能有助于块速收集和管理反馈信息,改进的导航窗格会提供文档的直观大纲,以便于用户对所需的内容进行快速浏览、排序和查找。

　　通过本章的学习,读者可以掌握目前社会上比较常用的 Word 2010 字处理软件的使用方法,掌握文档编辑,页面设置、版面设计、表格制作、图文混排、长文档排版等的基本操作方法。

4.1.1　Word 2010 的工作窗口介绍

　　Word 2010 相对于 Word 2007,文件扩展名仍然是. docx,两者的工作窗口界面比较相似,但在选项卡及选项组的部分细节设置上有不同之处,下面就来认识 Word 2010 工作窗口的组成及其各部分功能。

　　如图 4-1 所示,Word 2010 的操作界面将不同的命令集成在不同的选项卡中,而相关

图 4-1　Word 2010 工作窗口

联的功能按钮又分别归类于不同的组中,从而减少了用户查找命令的时间,使操作变得更方便、快捷。工作界面最上方是标题栏,下面是功能区,然后是文档编辑区,最下方是状态栏。

1. 标题栏

标题栏位于工作窗口的最上方,由软件标识、快速访问工具栏、文档和软件名称、窗口控制按钮组成,如图 4-2 所示。通过标题栏可以调整窗口大小,以及查看当前所编辑的文档名称。

图 4-2　标题栏

1) 软件标识

Word 2010 的软件标识█位于标题栏最左端,单击此按钮或右击标题栏,即可弹出一个窗口控制菜单,如图 4-3 所示。选择该控制菜单中的各操作后,其功能如表 4-1 所示。

表 4-1　窗口控制菜单

名称	图标	功　　能
最大化	▢	将当前窗口调到最大,除任务栏以外,整个屏幕都覆盖
最小化	▭	将当前窗口缩小到任务栏中
还原	▣	将最大化或最小化操作后的窗口还原到之前的状态
移动		用户可以通过键盘上的方向键来移动窗口在屏幕中的显示位置
大小		用户可以通过键盘上的方向键来改变当前窗口的大小
关闭	✕	关闭当前 Word 窗口

2) 快速访问工具栏

快速访问工具栏在默认情况下位于工作界面顶部的左侧,主要放置一些常用的命令按钮,从左到右的命令按钮依次是【保存】█、【撤销】█和【恢复】█,最右侧是下三角按钮█,单击此按钮,在弹出的下拉菜单中可添加或删除快速访问工具栏中的命令按钮,如图 4-4 所示。用户还可以将快速访问工具栏放于功能区的下方。

图 4-3　窗口控制菜单

图 4-4　自定义快递访问工具栏

3）文档和软件名称

文档和软件名称位于标题栏的中间，前面显示文档名称及文档格式，后面显示软件名称，如将文档命名为"计算机"，当前文档和软件名称将以"计算机.docx-Microsoft Word"的格式进行显示。

4）窗口控制按钮

窗口控制按钮位于标题栏的最右侧，主要由【最小化】、【最大化】、【关闭】这三个按钮组成，各按钮的功能如表 4-1 所示。

2. 功能区

Word 2010 的功能区位于标题栏的下方，以选项卡和选项组的方式组织各种命令，几乎包含了 Word 2010 所有的编辑功能，如图 4-5 所示。

图 4-5　功能区

1）选项卡

【文件】选项卡位于功能区的左上角，主要用于对文档进行设置管理。在此选项卡中可以打开【文件】面板，里面包含了【保存】、【打开】、【关闭】、【信息】、【最近所用文件】、【新建】、【打印】、【保存并发送】、【帮助】、【选项】、【退出】命令，如图 4-6 所示，用户可根据需要选择相关的命令进行设置。

图 4-6　【文件】面板

除【文件】选项卡以外的其他选项卡都可以实现对文档的编辑操作，各选项卡的功能如表 4-2 所示，其包含的选项组中的各具体命令将在后面的文档编辑操作中逐步介绍。

表 4-2　选项卡与选项组

选 项 卡	选 项 组
开始	包括【剪贴板】、【字体】、【段落】、【样式】、【编辑】选项组
插入	包括【页】、【表格】、【插图】、【链接】、【页眉和页脚】、【文本】、【符号】选项组

续表

选 项 卡	选 项 组
页面布局	包括【主题】、【页面设置】、【稿纸】、【页面背景】、【段落】、【排列】选项组
引用	包括【目录】、【脚注】、【引文与书目】、【题注】、【索引】、【引文目录】选项组
邮件	包括【创建】、【开始邮件合并】、【编写和插入域】、【预览结果】、【完成】选项组
审阅	包括【校对】、【语言】、【中文简繁转换】、【批注】、【修订】、【更改】、【比较】、【保护】选项组
视图	包括【文档视图】、【显示】、【显示比例】、【窗口】、【宏】选项组
加载项	默认情况下只包括【菜单命令】选项组,可通过【文件】选项卡的【选项】命令打开【Word 选项】对话框,在其中的【加载项】选项组中进行设置

2) 访问键

Word 2010 与 Word 2007 一样,也为用户提供了访问键功能。在当前文档中按 Alt 键,即可显示选项卡的访问键,通过键盘按选项卡的访问键进入选项卡之后,该选项卡中所有的命令都将显示访问键,如图 4-7 所示。再按 Alt 键或者用鼠标单击任意位置,都可以取消访问键。

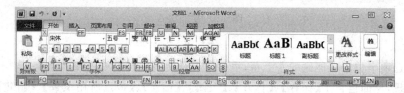

图 4-7　访问键

3. 编辑区

Word 2010 的编辑区位于工作窗口的中间,主要由文档编辑区、标尺、制表符、滚动条以及选择浏览对象这 5 部分组成,如图 4-8 所示。通过编辑区可对文档进行输入文本、设置文本格式、插入图片与表格等对象、对文档进行修改、移动、删除等编辑操作。

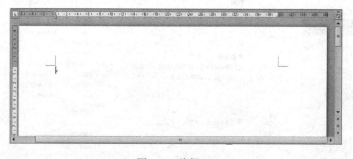

图 4-8　编辑区

1) 文档编辑区

文档编辑区位于编辑区的中央位置,主要用来输入和编辑文档内容,如输入文本、插入图片与表格、设置文本、图片、表格的格式等。在文档编辑区中有一条闪烁的黑色短竖线,它是光标,也是编辑区的"插入点",用来控制文本输入或对象插入的位置。光标的位置可以通过鼠标左键或键盘的方向键控制。

2) 标尺

标尺位于编辑区的上方与左侧,上侧的称为水平标尺,左侧的称为垂直标尺。在编辑区的右上角有个【标尺】命令 ▦,单击此命令可以显示和隐藏标尺。标尺上面都标有刻度,用于估算对象的编辑尺寸,查看或设置段落缩进、制表位、页面边界与栏宽等信息。标尺中间白色部分表示文档编辑区的实际宽度,两端浅蓝色部分表示文档编辑区与页面四周的空白宽度。

3) 制表符

制表符位于编辑区的左上角,主要用于设置文本或数据的位置与垂直方向的对齐方式,默认的【制表符】命令为左对齐式 L,单击此命令可以转换制表符格式。Word 2010 主要包括左对齐式、居中式、右对齐式、小数点对齐式、竖线对齐式、首行缩进、悬挂缩进这 7 种制表符格式,具体功能如表 4-3 所示。制表符在水平标尺上的位置称为制表位,制表位通常用于在不使用表格的情况下,在垂直方向按列对齐文本或数据,用户可根据需要设置制表位。

表 4-3　制表符功能

图　　标	名　　称	功　　能
L	左对齐式制表符	按 Tab 键后,输入的文本以制表符处为起始位置
⊥	居中式制表符	按 Tab 键后,输入的文本以制表符处为中间位置
⌐	右对齐式制表符	按 Tab 键后,输入的文本以制表符处为右端位置
⊥	小数点对齐式制表符	按 Tab 键后,键入的数据以制表符处为小数点所在位置
Ⅰ	竖线对齐式制表符	文本不以此制表位对齐,只在制表位的位置插入一条竖线
▽	首行缩进	设置段落首行文本的起始位置
⌐	悬挂缩进	设置段落第二行及后续行文本的起始位置

设置制表位有两种方法:

① 用鼠标设置。

步骤一:用鼠标左键单击【制表符】命令,切换到需要的制表符上。

步骤二:将鼠标移到水平标尺上需要插入制表符的位置,单击左键,即可插入一个制表符,生产制表位。

② 用功能区命令设置。

步骤一:单击【开始】选项卡【段落】选项组中的【显示"段落"对话框】命令 ⌐,打开【段落】对话框,如图 4-9 所示。

步骤二:在对话框中单击左下角的【制表位】按钮,打开【制表位】对话框,如图 4-10 所示。

步骤三:在【制表位】对话框的【制表符位置】输入框中输入制表位的位置数值(单位为字符),通过【设置】命令可同时插入多个值,在【对齐方式】区域中选择制表符的类型,在【前导符】区域选择前导符样式(前导符是填充按下 Tab 键后所产生的空位的符号),设置完毕后单击【确定】按钮即可。

4) 滚动条

滚动条位于编辑区的右侧与下方,右侧的称为垂直滚动条,下方的称为滚动条。当屏幕所显示的页面区域不能完全显示出当前文档时,滚动条将自动显示出来,供用户拖动以查看文档的全部内容。在编辑区中,可以用鼠标拖动滚动条或单击滚动条两端的【上】▲、【下】▼、【左】◀、【右】▶ 三角按钮来查看文档内容。另外,也可以单击垂直滚动条下方的【前一页】⌕、【下一页】⌕ 按钮来查看前页和后页的文档内容。

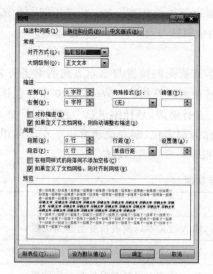

图 4-9 【段落】对话框

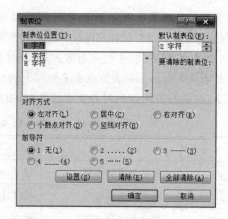

图 4-10 【制表位】对话框

5）选择浏览对象

【选择浏览对象】按钮 ○ 位于【前一页】与【下一页】按钮之间，单击此按钮打开【选择浏览对象】菜单，如图 4-11 所示。单击菜单中的图标命令，可以选择按页、按节、按批注、按脚注、按尾注、按域、按表格、按图形等浏览方式查看文档，但要注意单击图标后【前一页】与【下一页】按钮发生的变化。用户可根据需要选择适当的浏览方式，具体的浏览方式及功能如表 4-4 所示。

图 4-11 【选择浏览对象】菜单

表 4-4 浏览方式功能

图 标	名 称	功 能
	按页浏览	默认设置，实现逐页浏览文档内容。单击此图标后，再单击【前一页】与【下一页】按钮将执行"前一页"和"下一页"的动作
	按节浏览	实现按小节浏览文档内容，单击此图标后，【前一页】与【下一页】按钮变成蓝色，且分别变为【前一节】和【下一节】按钮
	按批注浏览	实现浏览文档中的批注，单击此图标后，【前一页】与【下一页】按钮变成蓝色，且分别变为【前一处批注】和【下一处批注】按钮
	按脚注浏览	实现浏览文档中的脚注，单击此图标后，【前一页】与【下一页】按钮变成蓝色，且分别变为【前一处脚注】和【下一处脚注】按钮
	按尾注浏览	实现浏览文档中的尾注，单击此图标后，【前一页】与【下一页】按钮变成蓝色，且分别变为【前一处尾注】和【下一处尾注】按钮
{a}	按域浏览	实现按域浏览文档内容，单击此图标后，【前一页】与【下一页】按钮变成蓝色，且分别变为【前一域】和【下一域】按钮
	按表格浏览	实现浏览文档中的表格，单击此图标后，【前一页】与【下一页】按钮变成蓝色，且分别变为【前一张表格】和【下一张表格】按钮
	按图形浏览	实现浏览文档中的图形，单击此图标后，【前一页】与【下一页】按钮变成蓝色，且分别变为【前一张图形】和【下一张图形】按钮

图 标	名 称	功 能
	按标题浏览	实现按标题浏览文档内容,单击此图标后,【前一页】与【下一页】按钮变成蓝色,且分别变为【前一条标题】和【下一条标题】按钮
	按编辑位置浏览	实现浏览文档中的编辑位置,单击此图标后,【前一页】与【下一页】按钮变成蓝色,且分别变为【前一处编辑位置】和【下一处编辑位置】按钮
	查找	单击此图标后,弹出【查找和替换】对话框,可根据需要查找和替换文本
	定位	单击此图标后,弹出【查找和替换】对话框,可在【定位】选项卡【定位目标】列表中选择定位目标的类型

4. 状态栏

状态栏位于工作窗口的最下方,主要用于显示文档的页数、字数、校对信息、语言、输入状态、视图方式与显示比例,如图 4-12 所示。

图 4-12　状态栏

1) 页面

页面位于状态栏的最左侧,主要显示文档的当前页数与总页数,如"页面:5/12"表示文档当前页数为第 5 页,总共有 12 页。单击【页面】区域,将弹出【查找和替换】对话框,如图 4-13 所示,可以按目标对文档进行定位。

图 4-13　【查找和替换】对话框

2) 字数

字数位于页面的右侧,用于显示当前文档的总字数,单击【字数】区域,将弹出【字数统计】对话框,如图 4-14 所示,可以查看文档的页数、字数、字符数、段落数等数据情况。

3) 校对信息

校对信息位于字数右侧,用于显示当前文档是否出现校对问题。当输入正确的文本时,校对状态显示为【无校对错误】图标　；当输入的文本出现错误或不符合规定时,校对状态显示为【发现校对错误,单击可更正】图标　。

4) 语言

语言位于校对信息右侧,用于查看语言的相关信息。单击【语言】区域,将弹出【语言】对话框,如图 4-15 所示。

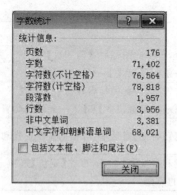

图 4-14 【字数统计】对话框   图 4-15 【语言】对话框

5）输入状态

输入状态位于语言右侧，有【插入】和【改写】两种状态，默认的输入状态为【插入】。【插入】用于将输入的文字插到插入点处，而【改写】用于用输入的文字去覆盖现有内容。单击此区域即可在【插入】与【改写】两种状态之间进行切换。

6）视图方式

视图方式位于显示比例的左侧，是屏幕上显示文档的方式，用来切换文档当前视图。Word 2010 提供了页面视图、阅读版式视图、Web 版式视图、大纲视图与草稿视图 5 种视图。用户可以在状态栏的【视图方式】区域单击视图按钮选择需要的视图模式，也可以在【视图】选项卡的【文档视图】选项组中选择需要的视图。

① 页面视图。

页面视图是 Word 2010 的默认视图，常用于编辑文本、段落、图形对象，或对版面及文档的外观进行修改。页面视图还可以显示出水平标尺和垂直标尺，用鼠标移动图形、表格等在页面上的位置，并对页眉、页脚进行编辑。它按照文档的打印效果显示文档，如图 4-16 所示。

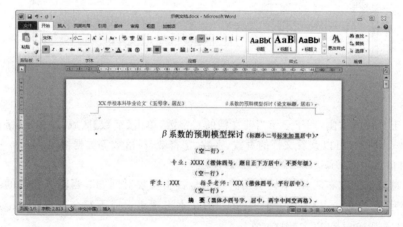

图 4-16 页面视图

在页面视图方式下，可以直接看到文档的外观，如分栏显示、页边距，以及文字、图形、表格、页眉、页脚、脚注、尾注等在页面上的精确位置。而且在页面视图上显示的效果就是文档打印在纸上的效果。

② 阅读版式视图。

阅读版式视图模拟图书的分页样式,将相连的两页显示在一个版面上,标题栏、功能区等窗口元素被隐藏起来,文档内容显得紧凑,便于用户进行阅读,如图 4-17 所示。进入阅读版式视图后,单击右上角的【关闭】按钮可返回之前的视图。

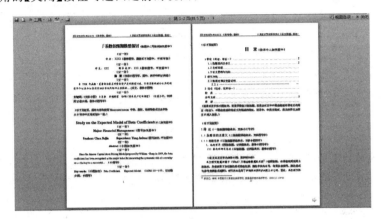

图 4-17 阅读版式视图

③ Web 版式视图。

Web 版式视图以网页的形式来显示 Word 2010 文档中的内容,文档内容是一个整体的 Web 页面。在 Web 版式下得到的效果就像在浏览器中显示的一样,适用于将文档发送电子邮件或发布到网站,如图 4-18 所示。

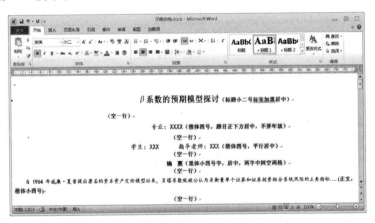

图 4-18 Web 版式视图

④ 大纲视图。

大纲视图用于显示、修改或创建标题的层级结构,它将所有标题分级显示出来,层次清晰,可以通过单击【大纲】选项卡【大纲工具】选项组中的【折叠】 ━ 和【展开】 ✚ 按钮,方便地折叠和展开各种层级的文档,还可以通过拖动标题来移动、重新组织文本,适合较多层次的文档,如图 4-19 所示。除了之前介绍过的视图切换方法,还可以通过单击【大纲】选项组【关闭】选项卡中的【关闭大纲视图】命令退出大纲视图。

⑤ 草稿视图。

草稿视图取消了页边距、分栏、页眉页脚、背景和图形对象等元素,仅显示标题、正文以及字

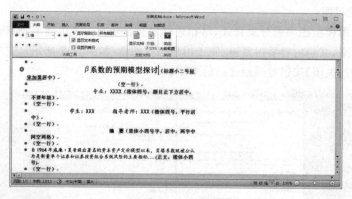

图 4-19　大纲视图

体、字号、段落等最基本的格式，是最节省计算机系统硬件资源的视图方式。在草稿视图中，页与页之间用单虚线间隔开，节与节之间用双虚线间隔开，如图 4-20 所示。

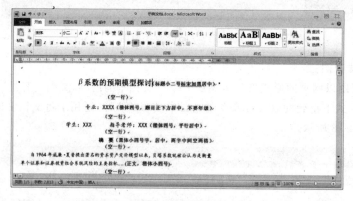

图 4-20　草稿视图

⑥ 导航窗格视图。

Word 2010 新增了导航窗格的功能，默认显示文档的标题列表，方便用户对文档结构进行快速浏览，通过单击标题，可以自动定位到该标题，并将其显示在窗口顶部，同时在导航窗格中突出显示该标题。可通过拖动标题，调整此标题下所有内容在文档中的位置。选中【视图】选项卡【显示】选项组中【导航窗格】前的复选框，即可打开导航窗格，如图 4-21 所示。

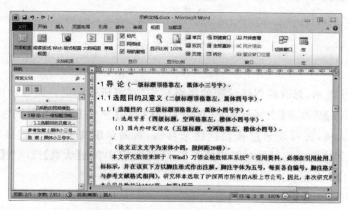

图 4-21　导航窗格视图

导航窗格有标题导航、页面导航、搜索结果导航这三种导航方式,通过单击导航窗格上方的命令按钮即可选择自己需要的导航方式。如果选择搜索导航,则需在搜索框中输入你想搜索的内容,让你轻松查找、定位到想查阅的段落或特定的对象。

7) 显示比例

显示比例位于状态栏的最右侧,用于在 Word 2010 软件窗口中调整文档窗口的显示比例,比例的调整范围为 10%～500%。显示比例的调整并不是文字或图片本身放大或缩小,仅仅调整文档窗口的视觉显示效果,不会影响实际打印效果。默认的显示比例为 100%,调整显示比例有两种方法:

① 通过对话框设置。

步骤一:单击状态栏上 100%区域,或者单击【视图】选项卡【显示比例】选项组中的【显示比例】命令,打开【显示比例】对话框,如图 4-22 所示。

图 4-22 【显示比例】对话框

步骤二:在对话框的【显示比例】选项区中选择需要的比例选项,或者在【百分比】数值框中输入或调整百分比数值,最后单击【确定】按钮即可。

② 调节【显示比例】滑块。

步骤一:用鼠标左键按住状态栏中的【显示比例】滑块不放,左右拖动即可调整显示比例。

步骤二:如果想以 10%的差值进行缩小或放大,则可通过单击滑块左右两侧的【缩小】和【放大】按钮进行调整。

4.1.2 文档基本操作

了解完 Word 2010 的工作窗口后,就可以对文档进行简单的操作了,本节将介绍新建文档、保存和保护文档、打开文档、关闭文档等基本操作。

1. 创建文档

要使用 Word 2010,首先要创建文档,可以创建空白文档或模板文档。Word 2010 内置了多种文档模板,如博客文章、书法字帖模板等。另外,Office 网站还提供了证书、奖状、名片、日历等特定功能模板。创建文档后即可在其中输入文本内容,并对其进行各种编辑操作。

1) 创建空白文档

当用户启动 Word 2010 应用程序后,系统会自动创建一个名为"文档 1-Microsoft Word"的新文档,用户可以直接在该文档中输入并编辑内容,如图 4-1 所示。如果用户已经打开了一个或

第 4 章

Word 2010

多个 Word 文档,需要再创建一个新的文档,可以采用以下两种方法:

① 通过【文件】选项卡

步骤一:单击【文件】选项卡中的【新建】命令,打开右侧的【新建】选项区。

步骤二:在【新建】选项区中单击【空白文档】按钮,然后再单击右下方的【新建】按钮即可,如图 4-23 所示。

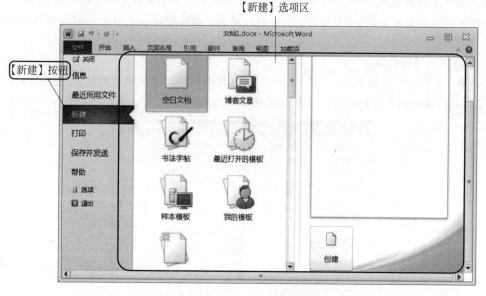

图 4-23 【文件】选项卡【新建】选项区

② 通过快速访问工具栏。

步骤一:单击【快速访问工具栏】右侧的下三角按钮,在弹出下拉列表中选择【新建】命令,如图 4-24 所示。

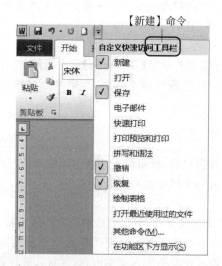

图 4-24 添加【新建】命令到【快速访问工具栏】

步骤二:此时【新建】命令被添加到快速访问工具栏,再单击【新建】命令即可创建一个空白文档。

提示：通过 Ctrl＋N 组合键，也可以创建一个空白文档。

2）创建模板文档

模板是指 Microsoft Word 中内置的包含固定格式设置和版式设置的模板文件，用于帮助用户快速生成特定类型的 Word 文档。借助这些模板，用户可以创建比较专业的 Word 2010 文档。创建模板文档需要先启动 Word 2010，然后在已有的文档窗口中通过命令再建，其方法如下：

步骤一：启动 Word 2010，在打开的文档窗口中，单击【文件】选项卡中的【新建】命令，打开右侧的【新建】选项区。

步骤二：在【新建】选项区中用户可以单击【博客文章】、【书法字帖】等 Word 2010 自带的模板创建文档，还可以单击 Office.com 提供的【名片】、【日历】等在线模板。例如单击【样本模板】选项，如图 4-25 所示。

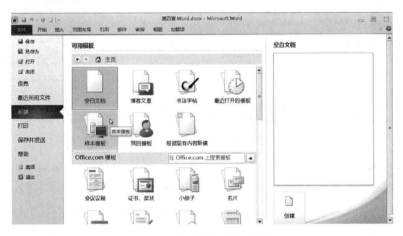

图 4-25　单击【样本模板】按钮

步骤三：打开【样本模板】列表页，单击合适的模板后，可在【新建】选项区右侧的预览区查看预览效果，决定后在预览区下方选中【文档】或【模板】单选框（本例选中【文档】选项），然后单击【创建】按钮即可，如图 4-26 所示。

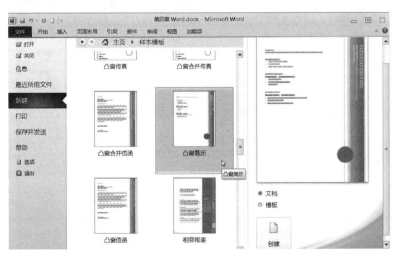

图 4-26　【样本模板】列表

步骤四：打开创建的模板文档，用户就可以在该文档中进行编辑了，如图 4-27 所示。

图 4-27　新创建的"凸窗简历"模板

提示：除了使用 Word 2010 已安装的模板，用户还可以使用自己创建的模板和 Office .com 提供的模板。在使用 Office.com 提供的模板时，【新建】选项区右下方的【创建】按钮会变为【下载】按钮，单击可下载模板。但 Word 2010 会进行正版验证，非正版的 Word 2010 版本无法下载 Office Online 提供的模板。

另外，可选择【根据现有内容新建】，此类模型主要根据本地计算机磁盘中的文档来创建一个新的文档。选择此按钮，将弹出【根据现有文档新建】对话框，选择某文档，单击【新建】按钮即可，如图 4-28 所示。

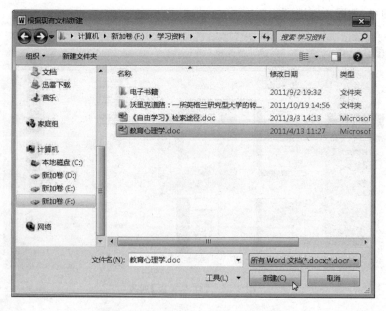

图 4-28　【根据现有文档新建】对话框

2. 保存和保护文档

保存文档是将编辑处理好的文档作为文件存储在计算机磁盘上。文档在编辑时是在内存中进行的，如果计算机系统发生故障或停电，内存中的信息就会丢失。因此，为避免编辑好的信息因意外丢失，用户在操作时应注意及时保存文档，也可以设置文档保护，限制他人访问。

1) 保存文档

① 对于新建文档。

步骤一：单击【文件】选项卡中的【保存】命令或者单击【快速访问工具栏】中的【保存】按钮，都将打开【另存为】对话框，如图 4-29 所示。

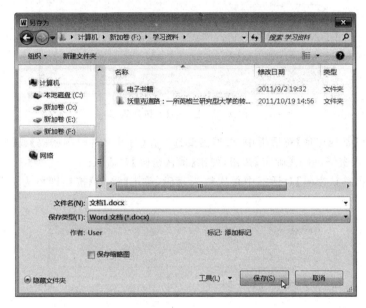

图 4-29 【另存为】对话框

步骤二：在对话框中选择保存的位置和类型，在【文件名】文本框中输入文件名字，单击【保存】按钮即可。

② 对于已经保存过的文档。

方法一：单击【文件】选项卡中的【保存】命令、单击【快速访问工具栏】中的【保存】按钮或者按 Ctrl＋S 组合键，都可以将修改后的内容保存下来，并将原文档内容覆盖。

方法二：单击【文件】选项卡中的【另存为】命令，打开【另存为】对话框，在对话框中选择保存的位置和类型，在【文件名】文本框中输入文件名字，单击【保存】按钮即可。如果另存为的位置、类型和文件名都没有改变，则会覆盖原文档；如果其中某一项改变了，则会将文档保存为副本，而原来的那个文档仍然没有改变。

2) 保护文档

保护文档可以避免用户信息泄露或被随意修改，保护文档可以为文档设置密码、以只读方式打开或者通过【保护文档】命令中的方法来对文档进行保护。

① 为文档设置密码。

步骤一：单击【文件】选项卡中的【另存为】命令，打开【另存为】对话框，如图 4-29 所示。

步骤二：单击对话框下方【工具】右侧的下三角按钮，在下拉列表中选择【常规选项】命令，如图 4-30 所示。

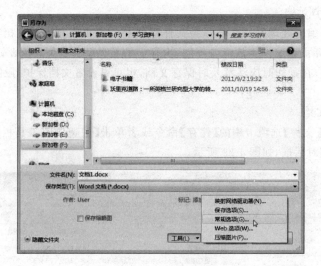

图 4-30　【工具】下拉列表

步骤三：在【常规选项】对话框中，根据需要选择在【打开文件时的密码】或【修改文件时的密码】文本框中输入密码，单击【确定】按钮，弹出【确认密码】对话框。

步骤四：在【确认密码】对话框中再次输入密码，单击【确定】按钮即可为文档添加密码，如图 4-31 所示。

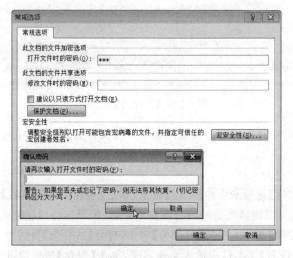

图 4-31　在【常规选项】对话框中添加密码

如果在【常规选项】对话框中，选择位于中间的【建议以只读方式打开文档】复选框，则可以让文档以只读方式打开。

② 通过【保护文档】命令。

步骤一：单击【文件】选项卡中的【信息】命令，在【信息】选项区单击【保护文档】按钮，打开【保护文档】下拉列表，如图 4-32 所示。

步骤二：在【保护文档】下拉列表中选择需要设置的保护类型，单击命令后再对弹出的各种设置框进行设置即可，在这里就不再一一赘述。

图 4-32　【保护文档】下拉列表

3. 打开文档

打开文档是将已保存的文档调入内存，并在文档编辑区显示出来，这里介绍的打开文档是指打开本地计算机磁盘中的文档，Word 2010 有多种打开文档的方法：

① 鼠标双击文件。

在计算机磁盘中找到需要打开的 Word 文件，然后双击该文件图标即可打开此文档。

② 使用【文件】选项卡中的命令。

步骤一：启动 Word 2010 应用程序，在工作窗口中选择【文件】选项卡中的【打开】命令，将弹出【打开】对话框。

步骤二：在【打开】对话框左侧选择文件存放的磁盘和文件夹，找到文件夹后，在右侧选择要打开的文件，双击该文档或者单击【打开】按钮即可，如图 4-33 所示。

图 4-33　【打开】对话框

提示：按 Ctrl＋O 组合键，也可以打开【打开】对话框。

4. 关闭文档

用户完成完编辑工作后，就可以将已保存过的文档关闭，关闭文档有以下几种方法：

① 单击标题栏最右侧的【关闭】按钮。

② 单击【Word 软件标识】或右击标题栏，在弹出的下拉列表中选择【关闭】命令。

③ 按 Alt＋F4 组合键。

④ 如有多个文档需要同时关闭，则可以单击【文件】选项卡中的【退出】命令。

4.1.3 文档编辑

文档编辑是制作文档时最基础、最重要的操作，因此掌握好文档的基本编辑方法是很有必要的。下面将介绍对文本的输入、选取、复制、移动、删除以及查找和替换等常用操作。

1. 输入文本

Word 2010 的输入功能比较简单，创建文档后，便可以根据用户需要在文档中输入文字、键盘符号、项目符号等文本。另外，也可以通过【插入】选项卡，在文档中插入公式和特殊符号。

1）输入文字

在文档编辑区光标处，选择好输入法便可通过键盘直接在文档中输入中文、英文、数字和基本的键盘符号等文本。文本满一行会自动换到下一行，如果没有满也可以通过按 Enter 键切换到下一行，按空格键可以空出一个或多个字符。

提示：按 Ctrl＋Shift 组合键可以在各种输入法之间快速切换，按 Ctrl＋空格组合键可以在中英文输入状态之间切换。在输入英文时，如果需要大写字母则可以按下 Caps Lock 键。

2）输入项目符号或编号

项目符号或编号是放在文本前以添加强调效果的符号或编号，即在各项目前所标注的符号或编号，使用项目符号或编号可使文档更具有层次性。在文档中可建立或取消项目符号及编号，建立项目符号与建立编号的方法类似，在这里介绍建立项目符号的方法如下：

步骤一：打开 Word 2010 文档窗口，选中需要添加项目符号或编号的段落，单击【开始】选项卡【段落】选项组中【项目符号】命令右侧的下三角按钮。

步骤二：在【项目符号】下拉列表【项目符号库】选项区中选择合适的项目符号即可，如图 4-34 所示。

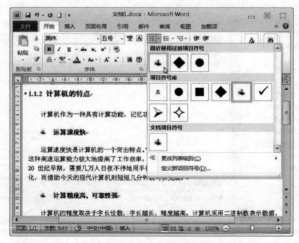

图 4-34 【项目符号】下拉列表

步骤三：如果【项目符号库】选项区中没有合适的项目符号，则可单击【定义新项目符号】命令，弹出【定义新项目符号】对话框，如图 4-35 所示。

步骤四：在【定义新项目符号】对话框中单击【符号】或【图片】按钮，可分别弹出【符号】对话框或【图片项目符号】对话框，如图 4-36 和 4-37 所示，然后选择相应的项目符号，单击【确定】按钮即可。另外，在【图片项目符号】对话框还可以导入自己下载的图片或符号作为项目符号。

提示：在当前项目符号所在行输入内容，当按下 Enter 键时系统会自动根据插入点的位置产生另一个项目符号。如果连续按两次 Enter 键将取消项目符号输入状态，恢复到 Word 常规输入状态。

图 4-35 【定义新项目符号】对话框

3）输入公式

在制作一些特殊文档时，需要输入数学公式加以说明和论证。Word 2010 为用户提供了二次公式、勾股定理、圆的面积等 9 种内置公式。另外，用户也可以自己插入新公式，或在 Office.com 中找到其他公式。插入公式方法如下。

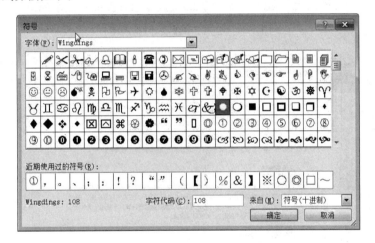

图 4-36 【符号】对话框

步骤一：单击【插入】选项卡【符号】选项组中【公式】命令右侧的下三角按钮，弹出下拉列表，如图 4-38 所示。

步骤二：在内置列表或 Office.com 中选择需要的公式，或者自己插入公式即可。

插入公式后，在功能区会增加公式工具的【设计】选项卡，如图 4-39 所示，用户可利用此选项卡里面的命令来对公式进行编辑。

4）输入特殊符号

Word 2010 除了能输入键盘上的基本符号外，还可以插入自带的特殊符号，如几何符号、数学运算符等。但是 2010 版本与 2003 和 2007 版本不同，没有单独的【插入特殊符号】对话框，而是将此对话框中的特殊符号都整合到【符号】命令里面了，其输入方法如下。

步骤一：单击【插入】选项卡【符号】选项组【符号】命令右侧的下三角按钮，如图 4-40 所示。

第 4 章

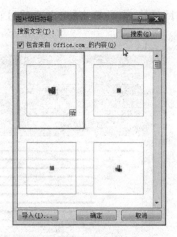

图 4-37 【图片项目符号】对话框

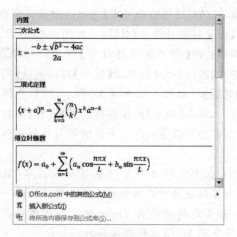

图 4-38 【公式】下拉列表

图 4-39 公式工具【设计】选项卡

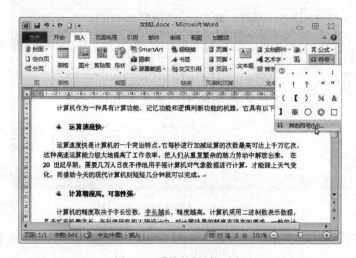

图 4-40 【符号】下拉列表

步骤二：在下拉列表中选择已有的特殊符号，或者单击【其他符号】命令，打开【符号】对话框，如图 4-41 所示。

步骤三：在【符号】对话框【符号】选项卡的【字体】下拉列表里面可以选择需要的符号集。

步骤四：在右侧的【子集】下拉列表中选择合适的子集，如【带括号的字母数字】，然后在符号区选择需要的符号，单击【插入】按钮即可。

2. 选取文本

在编辑文档时，首先要利用键盘或鼠标来确定编辑区中光标（即插入点）的位置，或者选取出需要进行操作的文本，然后才能在光标处输入、插入文本，或者对选取的文本进行复制、移动、

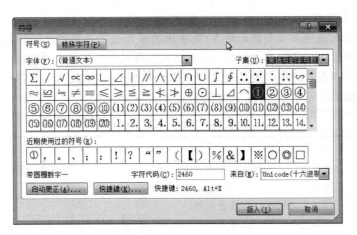

图 4-41 【符号】对话框

删除等操作。

1）用键盘选取文本

利用键盘移动光标或选取文本，主要是使用方向键与快捷键，操作的起始位置都是当前光标所在处，具体操作方法如表 4-5 所示。

表 4-5　键盘移动光标或选取文本的操作方法

键或组合键	功能（移动光标）	键或组合键	功能（选取文本）
←	左移一个字符或汉字	Shift＋→	选取下一个字符或汉字
→	右移一个字符或汉字	Shift＋←	选取上一个字符或汉字
↑	上移一行	Shift＋↑	选取到上一行同一位置之间的所有字符或汉字
↓	下移一行	Shift＋↓	选取到下一行同一位置之间的所有字符或汉字
Ctrl＋←	左移一个词	Ctrl＋Shift＋→	选取下一个词
Ctrl＋→	右移一个词	Ctrl＋Shift＋←	选取上一个词
Ctrl＋↑	上移一段	Shift＋PageUp	选取上一屏
Ctrl＋↓	下移一段	Shift＋PageDown	选取下一屏
PageUp	上移一屏	Shift＋Home	选取到当前行的开头
PageDown	下移一屏	Shift＋End	选取到当前行的末尾
Ctrl＋PageUp	移到上页的顶端	Ctrl＋Shift＋Home	选取到本文档的开头
Ctrl＋PageDown	移到下页的顶端	Ctrl＋Shift＋End	选取到本文档的末尾
Home	移到当前行的开头	Ctrl＋A	选取整个文档
End	移到当前行的末尾		
Ctrl＋Home	移到文档的开头		
Ctrl＋End	移到文档的末尾		

提示：除了用键盘组合键选取文本外，还可按 F8 键切换到扩展选取模式，当处于该模式时，可直接用键盘上移动光标的功能键来选取文本。光标当前位置为选择的起始端，操作后光标的位置是选择的终止端，两端之间的文本都是被选定的文本，按 Esc 键可关闭扩展选取模式。

154

2）用鼠标选取文本

用鼠标移动光标或选取文本是最基本、最常用的操作方法。移动光标很简单，将鼠标移动到需要编辑或插入文本的位置单击即可。而选取文本则需要通过单击或拖动鼠标，有些操作还需要鼠标和键盘按键配合使用完成，如选取整篇文档或矩形区域等。用鼠标选取文本的具体操作方法如表 4-6 所示。

表 4-6　鼠标选取文本的操作方法

选 取 区 域	鼠 标 操 作
选取任意文本	将鼠标移动到要选定文本区的开始处，按住左键并拖动到最后一个字符后，放开按键
选取单词	用鼠标双击单词的任意位置
选取一行或多行	将鼠标移动到行的最左侧，当光标变成 ⁄ 时单击即可选取一行。若继续拖动鼠标，则可选多行
选取段落	将鼠标移动到段落的最左侧，当光标变成 ⁄ 时双击。或者将鼠标移动到段落中的任意位置，连击 3 下
选取整篇文档	将鼠标移到文档任意部分的最左侧，当光标变成 ⁄ 时，按住 Ctrl 键单击或者连击 3 下。也可以单击【开始】选项卡【编辑】选项组中的【选择】命令，在下拉列表中选择【全选】选项
选 取 矩 形 区 域 文本	将鼠标移动到要选定文本区的左上角，按住 Alt 键，拖动鼠标至区域的右下角，放开按键

3. 复制文本

复制文本是将该文本以副本的方式移动到其他位置。当要在文档中不同地方输入相同的内容时，可以不必重复输入，直接使用复制功能来实现。复制文本有多种方法，各种方法的具体操作如下：

① 使用剪贴板。

步骤一：在文档中选择要复制的文本，单击【开始】选项卡【剪贴板】选项组中的【复制】命令 📋。

步骤二：选择要放置文本的目标位置，单击【剪贴板】选项组中的【粘贴】命令 📋。

② 使用鼠标右键

步骤一：在文档中选择要复制的文本，右击鼠标，在弹出的快捷菜单中单击【复制】命令。

步骤二：选择要放置文本的目标位置，右击鼠标，在弹出的快捷菜单中单击【粘贴】命令。

③ 使用快捷键

步骤一：在文档中选择要复制的文本，按键盘上的 Ctrl＋C 组合键来复制文本。

步骤二：选择要放置文本的目标位置，按键盘上的 Ctrl＋V 组合键来粘贴文本。

4. 移动文本

移动文本是将文本从一个位置移到另一个位置，与复制操作类似，只是移动后原位置的文本就不存在了，相当于剪切操作。移动文本的方法如下：

① 使用剪贴板。

步骤一：在文档中选择要移动的文本，单击【开始】选项卡【剪贴板】选项组中的【剪切】命令 ✂。

步骤二：选择要放置文本的目标位置，单击【剪贴板】选项组中的【粘贴】命令 📋。

② 使用鼠标右键。

步骤一：在文档中选择要移动的文本，右击鼠标，在弹出的快捷菜单中单击剪切命令。

步骤二：选择要放置文本的目标位置，右击鼠标，在弹出的快捷菜单中单击粘贴命令。

③ 使用快捷键。

步骤一：在文档中选择要移动的文本，按键盘上的 Ctrl＋X 组合键来剪切文本。

步骤二：选择要放置文本的目标位置，按键盘上的 Ctrl＋V 组合键来粘贴文本。

提示：用户还可以通过鼠标拖动来移动文本。选择要移动的文本，按住鼠标左键不放，将文本拖动至目标位置松开即可。

5．删除文本

删除文本就是将不需要的文本去掉，方法如下：

① 选择要删除的文本，按 Backspace 键或者 Delete 键即可。

② 将光标定位在要删除文本的后面，按 Backspace 键即可。

③ 将光标定位在要删除文本的前面，按 Delete 键即可。

6．撤销与恢复文本

当用户在编辑文档时出现误操作，则可使用撤销与恢复功能将当前文档恢复到之前的操作状态。撤销功能可以保留最近执行的操作记录，用户可以按照从后到前的顺序撤销若干步操作，但不能有选择地撤销不连续的操作。恢复功能可以恢复已撤销的操作。撤销与恢复的操作方法如下：

（1）撤销。

① 单击【快速访问工具栏】中的【撤销】按钮 ，或【撤销】按钮右侧的下三角按钮，选择撤销多步操作。

② 按 Ctrl＋Z 组合键。

（2）恢复。

① 单击【快速访问工具栏】中的【撤销】按钮 。

② 按 Ctrl＋Y 组合键。

7．查找和替换

如果一篇文档中有多处相同的文本，而编辑时又需要对这些文本进行修改，如将文档中所有的"计算机"都改为"数码相机"，这时如果只靠眼睛逐字逐行地查找，不仅费时费力，而且很容易有遗漏的地方。为解决这个问题，Word 2010 提供了查找和替换功能，可以帮助用户查找和替换文本、格式等项目。但需要注意的是，Word 2010 中的【查找】功能与之前的版本有区别，它是在导航窗格中进行搜索的。

（1）查找文本及其他对象。

① 使用【查找】命令。

步骤一：单击【开始】选项卡【编辑】选项组中的【查找】命令，如图 4-42 所示，打开导航窗格。

步骤二：在导航窗格的搜索框中输入要查找的文本，如"计算机"，此时系统将自动在文档中进行查找，并将找到的文本突出显示，如图 4-43 所示。

在导航窗格中除了能查找文本外，还可以搜索图形、表格、公式、脚注/尾注、批注等对象。单击搜索框右侧的下三角按钮，在弹出的下拉列表中选择要查找的对象即可，如图 4-44 所示。如果搜索到，则会在文档中显示从光标处开始的第一个对象，并且导航窗格中包含此对象的标题突出显示；如果没有搜索到，则会在导航窗格中显示"无匹配项"。

② 使用【查找和替换】对话框。

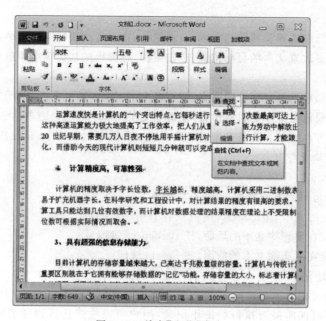

图 4-42　单击【查找】命令

图 4-43　在导航窗格中搜索文本

步骤一：单击【开始】选项卡【编辑】选项组中的【替换】命令，弹出【查找和替换】对话框，如图 4-45 所示。

步骤二：在【查找和替换】对话框打开【查找】选项卡，并在【查找内容】文本框中输入要查找的文本，单击【查找下一处】按钮即可。也可以单击【阅读突出显示】按钮下拉列表中的【全部突出显示】选项，使查找的文本全部突出显示出来。

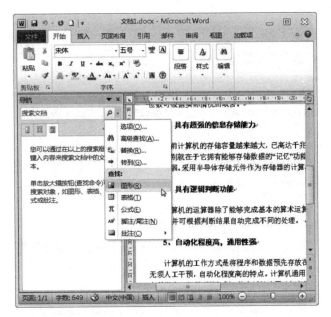

图 4-44 在导航窗格中搜索其他对象

图 4-45 【查找和替换】对话框

另外,在查找前还可以单击【更多】按钮,在展开的【搜索选项】选项区内选择需要的查找条件复选框后,再开始查找,如 4-46 所示。如果单击最下方【查找】选项区中的【格式】或【特殊格式】按钮,还可以对文档中的格式进行查找。

(2) 替换文本及格式。

① 替换文本。

步骤一:单击【开始】选项卡【编辑】选项组中的【替换】命令,弹出【查找和替换】对话框。

步骤二:在【查找和替换】对话框打开【替换】选项卡,并在【查找内容】文本框中输入要查找的文本,在【替换为】文本框中输入要替换的文本,单击【替换】或【全部替换】按钮即可,如图 4-47 所示。

② 替换格式。

以替换字体格式为例,具体操作方法如下:

步骤一:单击【开始】选项卡【编辑】选项组中的【替换】命令,弹出【查找和替换】对话框。

步骤二:先单击【查找内容】文本框,单击【更多】按钮,在展开区域内单击最下方【替换】选项区中的【格式】按钮,并在下拉列表中选择【字体】命令,如图 4-48 所示。

步骤三:在弹出的【查找字体】对话框中设置要查找的字体格式,如图 4-49 所示。

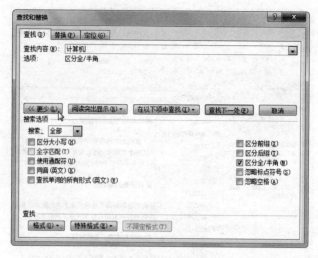

图 4-46 【搜索选项】选项区

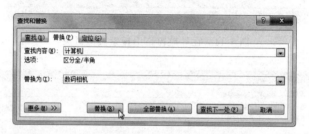

图 4-47 替换文本

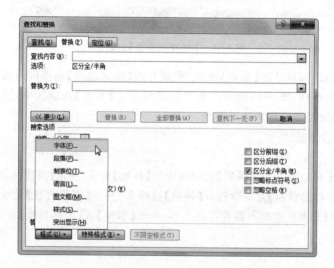

图 4-48 选择字体格式

步骤四：单击【替换为】文本框,单击最下方【替换】选项区中的【格式】按钮,并在下拉列表中选择【字体】命令。

步骤五：在弹出的【替换字体】对话框(与【查找字体】对话框内容一样)中设置要替换的字体格式。

图 4-49 【查找字体】对话框

步骤六：设置完的结果如图 4-50 所示，单击【替换】或【全部替换】按钮即可完成。

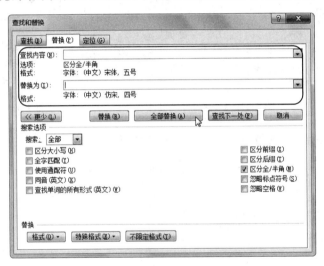

图 4-50 设置完后的查找和替换格式

提示：打开【查找和替换】对话框还有两种方法：单击编辑区【选择浏览对象】菜单中的【查找】或【定位】命令(前面 4.4.1 节已介绍)，以及使用 Ctrl＋H 组合键。

4.1.4 设置文本格式

输入完文本后，为了使文档更具美观性，便于抓住重点，需要对文本格式进行设置，如设置字体、字号、字形、颜色、间距等效果。

1. 设置字体格式

Word 2010 默认的文本输入格式为：中文字体"宋体"、英文字体 Times New Roman、字号"五号"、颜色"黑色"等。但用户可以对这些字体格式进行更改设置，首先要选择要设置字体格式的文本，然后通过以下方法设置：

① 单击【开始】选项卡【字体】选项组中的各种命令进行设置,如图 4-51 所示。

注意:如果用户不知道各命令的功能,只需将鼠标放到相应命令上,便可显示该命令的功能。

② 单击【开始】选项卡【字体】选项组中的【显示"字体"对话框】按钮 ,或者在快捷菜单中选择【字体】命令,如图 4-52 所示,打开【字体】对话框,然后在对话框中进行设置,如图 4-53 所示。另外,在【所有文字】与【效果】选项区中还可以设置字体的效果。

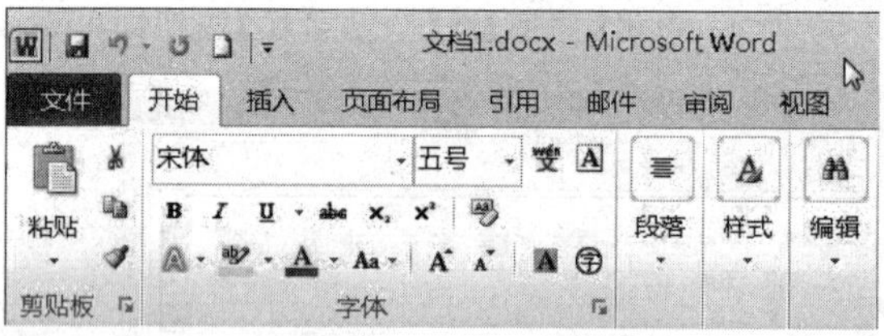

图 4-51　【字体】选项组　　　　　　　　　　　图 4-52　右键菜单

③ 右击鼠标,在弹出的【微型工具栏】中进行设置,如图 4-54 所示。

图 4-53　【字体】对话框的【字体】选项卡

图 4-54　微型工具栏

提示:Word 2010 中的【字号】设置有两种量度单位,分别为"号"与"磅"。"号"单位的数值越大,"磅"单位的数值就越小,反之亦然。例如:"八号"相当于磅值 5,"一号"相当于磅值 26。

2. 设置字符间距

Word 2010 默认的字符及字符间距都是以标准格式显示的,但有时为了达到视觉上更醒目的特殊效果,需要对字符进行缩放、调整字符之间的距离及位置等。这些设置操作需要在【字体】对话框的【高级】选项卡中进行,如图 4-55 所示。

(1) 缩放。

主要用于设置字符的缩放比例,其缩放范围为33%~200%,当缩放的比例大于100%时,文字会横向扩大,而当缩放的比例小于100%时文字变得更加紧凑。设置方法有两种:

① 在【字符间距】选项区的【缩放】文本框中输入缩放比例。

② 单击【缩放】文本框右侧的下三角按钮,在下拉列表中选择合适的比例即可。

例如:设置"胖瘦"二字,其中"胖"的比例为 200%,"瘦"的比例为 70%,设置后的效果如图 4-56 所示。

图 4-55　【高级】选项卡　　　　　　　图 4-56　【缩放】设置效果

(2) 间距。

主要用于调整字符之间距离的远近,可以设置【加宽】和【紧缩】的值,值的单位为"磅",设置方法如下。

步骤一:单击【字符间距】选项区【间距】右侧的下三角按钮,选择【加宽】或【紧缩】。

步骤二:在右侧的【磅值】微调框中直接输入间距值,或者通过【微调】按钮  来设置间距值即可。

例如:将"大学计算机基础"分别【加宽】6 磅和【紧缩】3 磅的效果如图 4-57 所示。

(3) 位置。

主要用于调整字符在同一行文本中的高低位置,可以设置【提升】和【降低】的值,值的单位为"磅",设置方法如下:

步骤一:单击【字符间距】选项区【位置】右侧的下三角按钮,选择【提升】或【降低】。

步骤二:在右侧的【磅值】微调框中直接输入调整值,或者通过【微调】按钮 来设置调整值即可。

例如:将"大学计算机基础"中的"计算机"分别【提升】10 磅和【降低】10 磅的效果如图 4-58 所示。

图 4-57 【间距】设置效果

图 4-58 【位置】设置效果

提示：在文档中设置完文本格式后，如果对这些格式不满意，可以将格式清除掉，使其恢复到 Word 2010 的默认格式。选择要清除格式的文本，单击【开始】选项卡【字体】选项组中的【清除格式】命令 即可。

4.1.5 设置段落格式

设置完文本格式后，为使整篇文档更具整齐性与条理性，便于阅读，还需要设置文本的段落格式，如设置段落的对齐方式、缩进、段间距与行间距等效果。

1. 设置对齐方式

段落对齐方式决定段落中各行相对于左右页边距的显示情况，Word 2010 为用户提供了左对齐、居中、右对齐、两端对齐和分散对齐五种段落对齐方式，默认对齐方式为两端对齐。设置对齐方式有两种方法：

① 选择要设置的段落，单击【开始】选项卡【段落】选项组中的各种对齐命令即可。5 种对齐方式命令的功能如表 4-7 所示，用户在使用时将鼠标放到相应命令上，也可以显示该命令的功能。

表 4-7 对齐方式功能

图标	名称	快捷键	功能及补充说明
≣	左对齐	Ctrl+L	将文字左对齐 （即各行文本在左页边距处对齐）
≣	居中	Ctrl+E	将文字居中对齐 （即各行文本放在页面中间）
≣	右对齐	Ctrl+R	将文字右对齐 （即各行文本在右页边距处对齐）
≣	两端对齐	Ctrl+J	使文字左右两端同时对齐，并根据需要增加字间距 （即自动调整文字水平间距，使行的两端分别在左右页边距处对齐。这种对齐方式只有在满行的段落中才容易表现出来，而且在英文文档中效果更明显）
≣	分散对齐	Ctrl+Shift+J	使段落两端同时对齐，并根据需要增加字符间距 （即自动调整字符间距，使行中文字均匀分布于此行，即使文字不满一行，也会调整后使其铺满一行）

② 通过【段落】对话框。

步骤一：选择要设置的段落，单击【开始】选项卡【段落】选项组中的【显示"段落"对话框】按钮 ，或者在右击菜单中选择【段落】命令，打开【段落】对话框。

步骤二：在【段落】对话框【缩进和间距】选项卡的【对齐方式】下拉列表中选择需要的对齐方式即可，如图 4-59 所示。

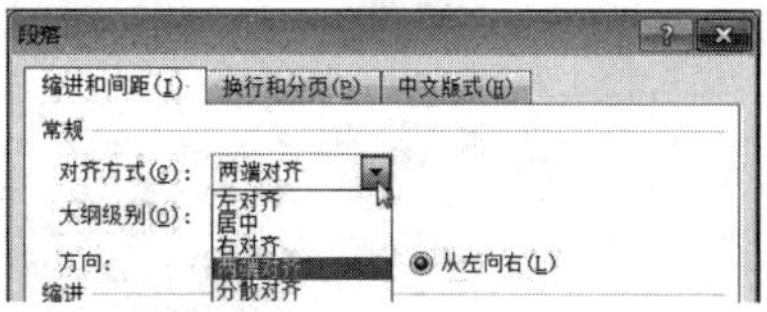

图 4-59 【对齐方式】设置

2. 设置段落缩进

段落缩进是指段落两侧与左右页边距的距离，段落缩进包括：左右缩进、首行缩进以及悬挂缩进，其功能如表 4-8 所示。缩进值越大，段落两侧与页边距的距离就越大。设置段落缩进有 4 种方法：

表 4-8　段落缩进功能

名　　称	功　　能
左缩进	整个段落左侧与左页边距的距离
右缩进	整个段落右侧与右页边距的距离
首行缩进	段落中第一行与左页边距的距离
悬挂缩进	段落中除了第一行以外的所有行与左页边距的距离

① 通过【开始】选项卡【段落】选项组中的命令。

步骤一：选择要设置缩进的段落，或将光标停在段落内。

步骤二：单击【开始】选项卡【段落】选项组的【减少缩进量】 或【增加缩进量】 命令即可。这两个命令主要针对左缩进。

② 通过标尺。

步骤一：选中【视图】选项卡【显示】选项组中的【标尺】复选框，或单击编辑区右上角的【标尺】命令 ，使标尺显示在编辑区。

步骤二：选择要设置缩进的段落，或将光标停在段落内。

步骤三：用鼠标拖动水平标尺上的缩进按钮即可。缩进按钮分别为【首行缩进】 、【悬挂缩进】 、【左缩进】 、【右缩进】 。

提示：【悬挂缩进】与【左缩进】位于标尺左侧，是组合在一起的按钮 ，在拖动时需注意区分这两部分，而【右缩进】位于标尺右侧。

③ 通过【段落】对话框。

步骤一：选择要设置的段落，或将光标停在段落内。

步骤二：单击【开始】选项卡【段落】选项组中的【显示"段落"对话框】按钮 ，或者在右击菜单中选择【段落】命令，打开【段落】对话框。

步骤三：在【段落】对话框【缩进和间距】选项卡中的【缩进】选项区设置各项缩进值即可，如图 4-60 所示。

④ 通过【页面布局】选项卡【段落】选项组中命令。

步骤一：选择要设置的段落，或将光标停在段落内。

步骤二：在【页面布局】选项卡【段落】选项组中调整或输入【左缩进】 或【右缩进】 值

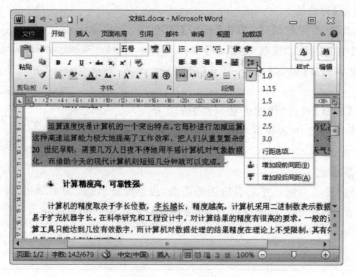

图 4-60 【缩进】设置

即可。

3. 设置段间距与行间距

段间距是指段落与段落之间的距离,包括了段前和段后两个距离。当按 Enter 键另起一段时,光标会跨过段间距直接到下一段的位置。而行间距是指段落中行与行之间的距离。Word 2010 中默认的间距是单倍行距,但用户可以根据需要重新设置,设置方法如下:

① 通过【开始】选项卡【段落】选项组中的命令。

步骤一:选择要设置间距的段落,或将光标停在段落内。

步骤二:单击【开始】选项卡【段落】选项组的【行和段落间距】命令,在下拉列表中选择要设置的行间距或者段间距即可,如图 4-61 所示。

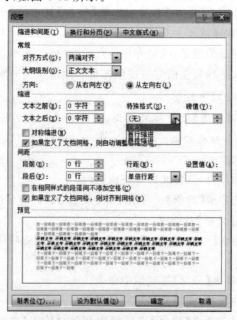

图 4-61 【行和段落间距】命令

② 通过【段落】对话框。

步骤一：选择要设置的段落，或将光标停在段落内。

步骤二：单击【开始】选项卡【段落】选项组中的【显示"段落"对话框】按钮 ，或者在快捷菜单中选择【段落】命令，打开【段落】对话框；另外，在方法①中，单击【行和段落间距】下拉列表中的【行距选项】也可以打开【段落】对话框。

步骤三：在【段落】对话框【缩进和间距】选项卡的【间距】选项区中分别设置段间距及行间距即可，如图 4-62 所示。

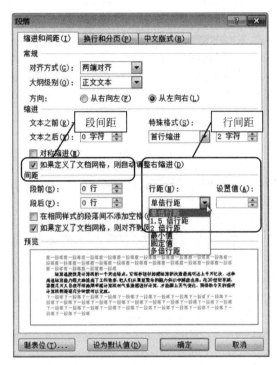

图 4-62　【间距】设置

③ 通过【页面布局】选项卡【段落】选项组中的命令。

步骤一：选择要设置的段落，或将光标停在段落内。

步骤二：在【页面布局】选项卡【段落】选项组【间距】选项区中调整或输入【段前间距】或【段后间距】值即可，如图 4-63 所示。

图 4-63　【间距】设置

4. 设置换行和分页

设置换行和分页可以有效控制段落在两页之间的断开方式，主要用于段落跨页显示，其设置方法如下：

步骤一：选择要设置的段落，或将光标停在段落内。

步骤二：单击【开始】选项卡【段落】选项组中的【显示"段落"对话框】按钮 ，或者在右击菜单中选择【段落】命令，打开【段落】对话框。

步骤三：在【段落】对话框【换行和分页】选项卡【分页】选项区中的选项前选中复选框即可，如图 4-64 所示。

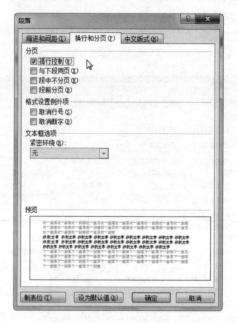

图 4-64 【换行和分页】设置

在【分页】选项区有 4 个与分页有关的选项，每个选项的功能如表 4-9 所示。

表 4-9 分页选项功能

选 项	功 能
孤行控制	当段落被分开在两页中时，如果该段落在任何页的内容只有 1 行，则该段落将完全放置到下一页
与下段同页	当前选中的段落与下一段落始终保持在同一页中
段中不分页	禁止在段落中间分页，如果当前页无法完全放置该段落，则该段落内容将完全放置到下一页
段前分页	将当前选中的段落以及段落之后的内容全部放置到下一页

5. 设置首字下沉

首字下沉是指将文档中段首的一个字符放大，并进行下沉或悬挂设置，以凸显段落或整篇文档的开始位置。"下沉"是首字符在段落中原来的位置放大，默认占 3 行首要位置，下沉后首字的下一行还会从左边开始，就像陷在段落里；"悬挂"是首字符紧靠左侧放大，不占段落位置，每行文字都会从悬挂首字的右侧起始，就像单独悬空在段落外面。设置首字下沉的方法如下：

步骤一：选择要设置的段落，或将光标停在段落内。

步骤二：单击【插入】选项卡【文本】选项组中的【首字下沉】命令。

步骤三：在下拉列表中选择【下沉】或【悬挂】选项即可。也可以单击【首字下沉选项】，在弹出的【首字下沉】对话框中设置，如图 4-65 所示。在【首字下沉】对话框中还可以对首字的【字体]、【下沉行数】等效果进行设置。

　　设置后的【下沉】效果如图 4-66 所示,【悬挂】效果如图 4-67 所示。

图 4-65　【首字下沉】对话框

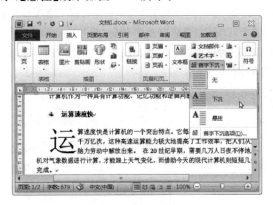

图 4-66　【下沉】效果

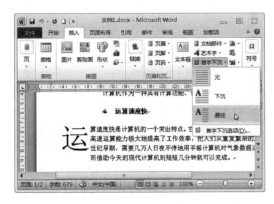

图 4-67　【悬挂】效果

4.2　页面设置与背景

4.2.1　页面设置

　　页面即文档版面,页面设置是指在打印前对文档的页边距、纸张、页眉和页脚、文档网格等格式进行设置,设置后可使打印效果更佳。对于有严格格式要求的文档,如毕业论文、书籍等,一般应先对页面进行设置,然后再编辑文本。因为 Word 文档中常常涉及图、表及文本的混和排版,如果编辑好后再做页面设置,可能会使之前的排版混乱。因此先做页面设置,然后编辑完文档后就可以直接打印了,这样可以保证打印的效果即版面显示的效果。

1. 设置页边距

　　页边距是指页面边缘与正文之间的距离,通常在页边距区域中放置页眉、页脚、页码等对象。Word 2010 默认的页边距是:上、下各 2.54 厘米,左、右各 3.17 厘米,用户可根据需要进行修改,设置方法如下:

　　① 使用预置页边距。

　　步骤一:单击【页面布局】选项卡【页面设置】选项组中的【页边距】命令。

步骤二：在下拉列表中选择预置的页边距选项即可。

② 使用【页面设置】对话框。

步骤一：单击【页面布局】选项卡【页面设置】选项组【页边距】下拉列表的【自定义边距】选项，或者单击【页面设置】选项组中的【显示"页面设置"对话框】命令，打开【页面设置】对话框。

步骤二：在对话框的【页边距】选项卡的【页边距】选项区中对上、下、左、右页边距进行设置即可，如图 4-68 所示。

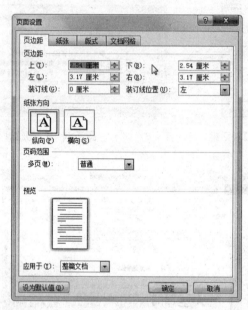

图 4-68 【页边距】设置

另外，如果文档打印后需要装订，还可以设置【装订线】与【装订线位置】，其中【装订线】微调框设置装订线与页边距的距离，【装订线位置】可选择在页面的左侧、上方及右侧。

2. 设置纸张

Word 2010 默认的纸张方向为纵向，纸张大小为 A4 纸，即宽度为 21 厘米，高度为 29.7 厘米。用户可根据实际情况对纸张方向和大小进行修改，具体操作方法如下：

1) 纸张方向

① 使用【页面设置】选项组中的命令。

步骤一：单击【页面布局】选项卡【页面设置】选项组中的【纸张方向】命令。

步骤二：在下拉列表中选择【纵向】或【横向】即可。

② 使用【页面设置】对话框。

步骤一：单击【页面布局】选项卡【页面设置】选项组中的【显示"页面设置"对话框】命令，打开【页面设置】对话框。

步骤二：在对话框的【页边距】选项卡的【纸张方向】选项区中选择即可。

两种纸张方向的效果如图 4-69 所示。

2) 纸张大小

① 使用【页面设置】选项组中的命令。

步骤一：单击【页面布局】选项卡【页面设置】选项组中的【纸张大小】命令。

步骤二：在弹出的下拉列表中选择相应选项即可。

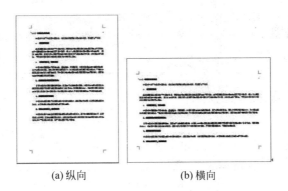

(a)纵向   (b)横向

图 4-69 纸张方向效果

② 使用【页面设置】对话框。

步骤一：单击【页面布局】选项卡【页面设置】选项组中【纸张大小】下拉列表中的【其他页面大小】选项，或者单击【页面设置】选项组中的【显示"页面设置"对话框】命令，打开【页面设置】对话框。

步骤二：在对话框的【纸张】选项卡的【纸张大小】下拉列表中选择即可，如图 4-70 所示。

图 4-70 纸张大小设置

3. 设置页眉和页脚

页眉和页脚一般放置在页边距区域中，分别位于页面的顶端和底端。在页眉或页脚中可以设置文档的题目、作者姓名、页码、日期等内容，还可以插入图片、剪贴画等对象，编辑的内容将显示在每个打印页面的顶端和底端。设置页眉和页脚的方法如下：

1）设置页眉

（1）插入页眉。

① 单击【插入】选项卡【页眉和页脚】选项组中的【页眉】命令，在下拉列表的内置模板中选择一种即可插入该样式的页眉，如图 4-71 所示。

② 单击【插入】选项卡【页眉和页脚】选项组的【页眉】命令下拉列表中的【编辑页眉】选项，或者双击页面顶端便可以进入默认样式的页眉编辑区，即空白样式，如图 4-72 所示。

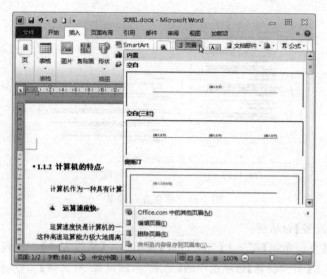

图 4-71　【页眉】下拉列表

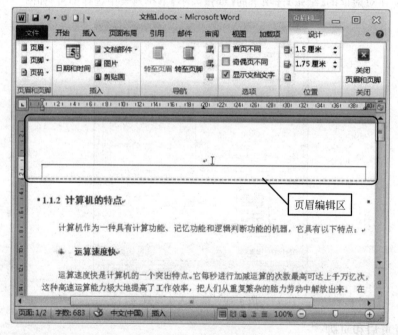

图 4-72　页眉编辑区

（2）编辑页眉。

　　插入页眉后，便可以进入页眉区进行编辑，并且在功能区增加了页眉和页脚工具的【设计】选项卡。在页眉编辑区即可根据模板提示输入或修改页眉内容。在【设计】选项卡中可更改页眉模板，插入日期和时间、图片等对象，并可设置页眉和页脚的位置，选择页眉是否【首页不同】或【奇偶页不同】等，还可以在页眉与页脚直接进行切换。当页眉编辑完后，可通过【设计】选项卡或双击文本编辑区来关闭页眉和页脚。

　　如果不需要页眉，可以通过单击【插入】选项卡【页眉和页脚】选项组中的【页眉】命令，在下拉列表中选择【删除页眉】选项即可。

2）设置页脚

【页脚】和【页眉】命令都位于【插入】选项卡【页眉和页脚】选项组中，设置页脚与设置页眉的方法类似，在这里不再赘述，用户在设置时可以参考页眉的设置方法，不过页脚位于页面底端，页脚编辑区如图 4-73 所示。

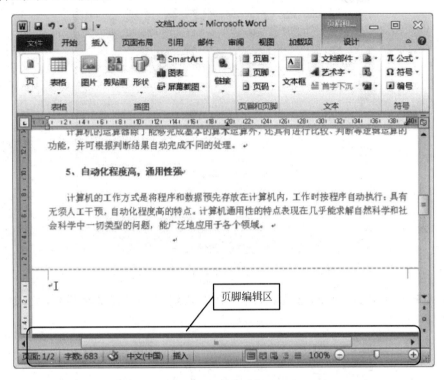

图 4-73　页脚编辑区

3）设置页码

（1）插入页码。

当文档较长时，往往需要在文档中插入页码，便于查看当前页数。页码与页眉、页脚是关联的，在 Word 2010 中，可以将页码插入页眉和页脚中，还可以插入页边距与当前位置中。设置方法如下：

步骤一：单击【插入】选项卡【页眉和页脚】选项组中的【页码】命令。

步骤二：在下拉列表 4 种插入位置的内置模板中选择一种即可插入该样式的页码。4 种位置的说明如表 4-10 所示。

表 4-10　页码位置说明

位　　置	说　　明
页面顶端	将页码插入页面顶端，包括：简单、X/Y、带有多种形状、第 X 页及普通数字这 5 类样式
页面底端	将页码插入页面底端，包括：简单、X/Y、带有多种形状、第 X 页及普通数字这 5 类样式
页边距	将页码插入左右页边距中，包括：带有多种形状、第 X 页及普通数字这三类样式
当前位置	将页码插入光标处，包括：简单、X/Y、纯文本、带有多种形状、第 X 页及普通数字这 6 类样式

例如：

① 在【页面顶端】选项中，选择 X/Y 类型中的【加粗显示的数字 2】样式，其效果如图 4-74 所示。

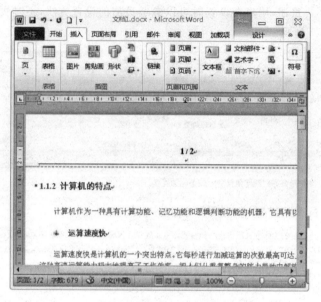

图 4-74　页面顶端【加粗显示的数字 2】样式

② 在【页面低端】选项中，选择【带有多种形状】类型中的【带状物】样式，其效果如图 4-75 所示。

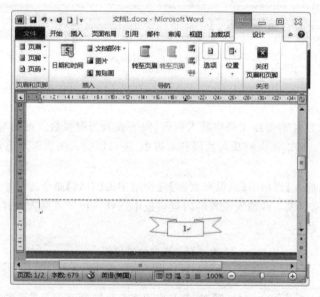

图 4-75　页面底端【带状物】样式

③ 在【页边距】选项中，选择【带有多种形状】类型中的【圆（左侧）】样式，其效果如图 4-76 所示。

④ 在【当前位置】选项中，选择【普通数字】类型中的【双线条】样式，其效果如图 4-77 所示。

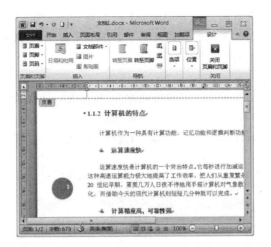

图 4-76　页边距【圆（左侧）】样式

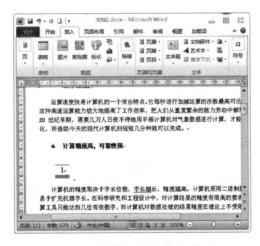

图 4-77　当前位置【双线条】样式

提示：在页眉和页脚编辑区中设置页码、日期和时间等对象，只有通过插入的方式才能按实际情况正确显示。如果直接手动输入，则每页的内容都会一样，达不到根据实际情况动态显示的效果。

（2）设置页码格式

除了 Word 2010 内置的模板样式外，用户还可以自己根据文档的内容、布局、要求等因素来自己设置页码格式，设置方法如下。

步骤一：单击【插入】选项卡【页眉和页脚】选项组中的【页码】命令。

步骤二：在下拉列表中单击【设置页码格式】选项，弹出【页码格式】对话框，如图 4-78 所示。

步骤三：在对话框中对页码的【编号格式】、【包含章节号】、【页码编号】等选项进行设置。

在【编码格式】内可以选择数字、英文、罗马数字等；要选中【包含章节号】复选框后，才可设置该选项区的各选项，

图 4-78　【页码格式】对话框

通过设置可以将章节号列入页码；在【页码编号】中，如果文档分为几节，为使整个文档的页码连续，可选择【续前节】单选框，如果需要页码从某个数字开始编排，可选中【起始页码】单选框，然后在其后的文本框中输入起始的页码数。

4. 设置文档网格

文档网格可以用来设置文档中文字的排列方向、每页排列行数、每行的字符数、是否显示网格等格式。在 Word 2010 中设置文档网格的方法如下。

步骤一：单击【页面布局】选项卡【页面设置】选项组中的【显示"页面设置"对话框】命令，打开【页面设置】对话框。

步骤二：在对话框的【文档网格】选项卡中设置各项参数即可，如图 4-79 所示。

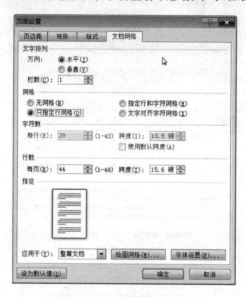

图 4-79　文档网格设置

对话框中的各项参数说明如表 4-11 所示。

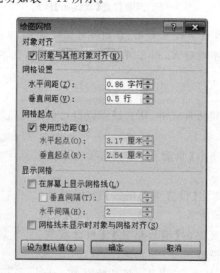

图 4-80　【绘制网格】对话框

表 4-11　【文档网格】对话框参数说明

名　称	说　明
文字排列	① 单击【方向】选项区中的单选按钮，可以设置文字方向为水平或垂直 ② 修改【栏数】微调框中的值，可设置将文档中的文字分成几栏显示
网格	① 单击【无网格】单选按钮，【字符数】及【行数】将无法设置，需使用默认的行数与字符数参数值 ② 单击【只指定行网格】单选按钮，【字符数】无法设置，但在【行数】中可以设置每页的行数及跨度值 ③ 单击【指定行和字符网格】单选按钮，在【行数】中可以设置每页的行数及跨度值，也可以在【字符数】中设置每行的字符数及跨度值 ④ 单击【文字对齐字符网格】单选按钮，可以在【行数】中设置每页的行数，在【字符数】中可以设置每行的字符数，但不能设置跨度值
字符数	与【网格】中的设置相关联，根据其选项来决定是否能设置字符数及跨度值
行数	与【网格】中的设置相关联，根据其选项来决定是否能设置行数及跨度值
绘制网格	单击后弹出【绘制网格】对话框，如图 4-80 所示，对话框中可设置对象对齐、网格设置、网格起点、显示网格等格式
字体设置	单击后弹出【字体】对话框，可设置字体格式及字符间距

5. 设置分栏

一般情况下，用户都是使用单栏样式来编辑文档的，但有些特殊文档如杂志、传单、报纸等需要用到多栏样式，因此，为使文档布局更具灵活性，Word 2010 提供了分栏功能，用户可根据需要来设置栏数、栏的宽度和间距值。设置分栏的方法如下：

① 使用【页面设置】选项组中的命令。

步骤一： 单击【页面布局】选项卡【页面设置】选项组中的【分栏】命令。

步骤二： 在弹出的下拉列表中选择预置的栏数选项即可，两栏效果如图 4-81 所示。

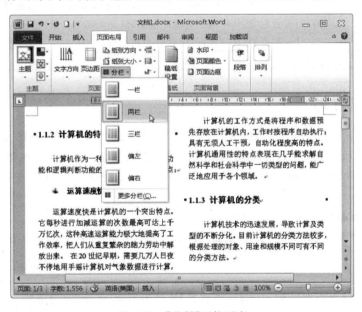

图 4-81　【分栏】下拉列表

提示：使用【分栏】命令时，如果只对段落进行分栏，则需要在设置前先选中该段落，如果不选择，则针对整篇文档进行分栏。

② 使用【分栏】对话框。

步骤一：单击【页面布局】选项卡【页面设置】选项组中的【分栏】命令。

步骤二：在下拉列表中单击【更多分栏】选项，弹出【分栏】对话框，如图 4-82 所示。

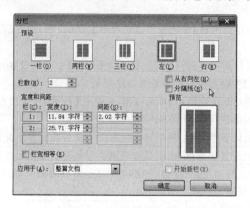

图 4-82　【分栏】对话框

步骤三：在对话框中对页码的栏数、栏宽度、分隔线、栏间距、应用范围等选项进行设置即可。对话框中各项参数设置说明如表 4-12 所示。

表 4-12　【分栏】对话框参数说明

设置参数	说　明
栏数	【预设】选项区有 5 种样式，最多分三栏。通过【栏数】微调框可设置 1～11 栏
栏宽	通过【栏数】微调框分栏，默认情况下是【栏宽相等】，如要设置各栏的宽度不等，可以取消选中【栏宽相等】复选框，然后在【宽度和间距】中分别设置各栏的宽度。另外，设置栏宽时，栏间距会随之变动，因此无需再另设栏间距
分隔线	选中【分割线】复选框即可，设置后会在栏与栏之间添加一条竖线
分栏范围	可以将分栏范围应用于整篇文档或者所选文字

4.2.2　设置页面背景

背景显示在页面底层，是由颜色、图片、图案等元素组成的，主要用于衬托文档内容。Word 2010 默认的背景颜色是白色，但也可以通过设置页面背景改变。设置背景可使文档中的文本、排版显得更加生动，增加文章的特色与活力。页面背景包括页面颜色、水印效果与页面边框等格式。

1. 设置页面颜色

设置页面颜色时，可以用纯色背景，或者渐变、纹理、图案、图片等填充背景，两种背景的设置方法如下：

（1）纯色背景。

步骤一：单击【页面布局】选项卡【页面背景】选项组中的【页面颜色】命令。

步骤二：在下拉列表的预置颜色中选择一种即可，鼠标停留在颜色格里即可预览设置效果，如图 4-83 所示。

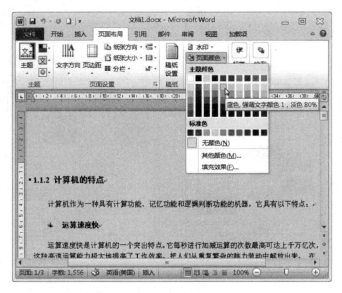

图 4-83 【页面颜色】下拉列表

另外,如果预置颜色不能满足,还可以单击【其他颜色】选项,在弹出的【颜色】对话框中设置颜色即可。【颜色】对话框中有【标准】选项卡和【自定义】选项卡,分别如图 4-84 和图 4-85 所示。

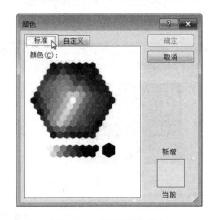

图 4-84 【标准】选项卡

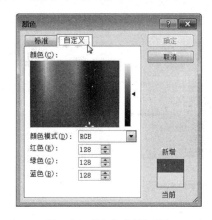

图 4-85 【自定义】选项卡

(2) 填充背景。

步骤一:单击【页面布局】选项卡【页面背景】选项组中的【页面颜色】命令。

步骤二:在下拉列表中单击【填充效果】选项,弹出【填充效果】对话框。

步骤三:对话框中有【渐变】、【纹理】、【图案】、【图片】4 个选项卡,在里面任选一种填充效果即可。

① 渐变是让颜色按照一定的样式逐渐、有规律地过渡变化。有单色、双色和预设三种渐变,还可以设置渐变的透明度及底纹样式,并查看示例效果,如图 4-86 所示。

② 纹理指的是背景按指定的纹理组合而成。Word 2010 提供了 24 种纹理图案,单击【其他纹理】按钮还能够上传自己的纹理素材,如图 4-87 所示。

178

图 4-86 【渐变】选项卡

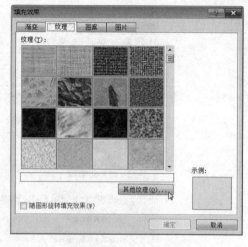

图 4-87 【纹理】选项卡

③ 图案是由点、线或图形组合而成的一种填充效果,有前景和背景之分,可分别设置前景和背景的颜色。Word 2010 提供了 48 种图案填充效果,如图 4-88 所示。

④ 图片是将图片以填充的效果显示在文档背景中,图片一般来自计算机磁盘。单击【选择图片】,在弹出的【选择图片】对话框中选择某图片,单击【插入】按钮即可返回【填充效果】对话框,可查看图片示例效果,如图 4-89 所示。

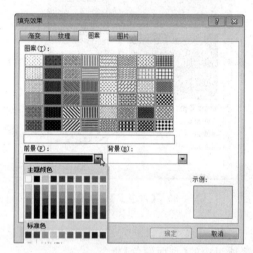

图 4-88 【图案】选项卡

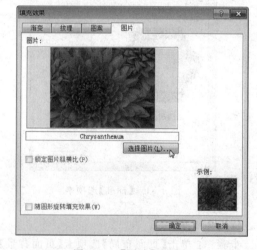

图 4-89 【图片】选项卡

2. 设置水印效果

水印可位于纯色背景和填充背景之上,有文字和图片两种。Word 2010 提供了机密、紧急与免责声明 3 类共 12 种文字水印样式,但用户也可以自定义图片或其他文字的水印效果。如果使用图片水印,可以对其冲蚀淡化,避免影响文本。

(1) 文字水印。

① 使用预置文字水印。

步骤一:单击【页面布局】选项卡【页面背景】选项组中的【水印】命令。

步骤二：在下拉列表的预置文本水印样式中选择一种即可，如图 4-90 所示。

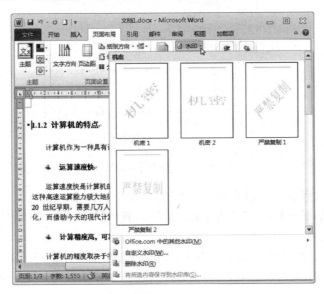

图 4-90 【水印】下拉列表预置样式

例如：选择【机密】类型中的【机密 1】样式，其效果如图 4-91 所示。

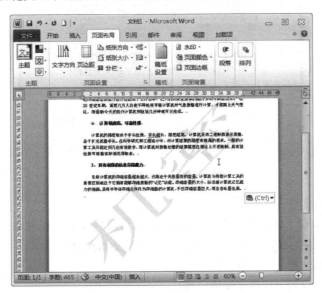

图 4-91 【机密 1】样式水印

② 使用【水印】对话框。

步骤一：单击【页面布局】选项卡【页面背景】选项组中的【水印】命令。

步骤二：在下拉列表中单击【自定义水印】选项，弹出【水印】对话框，如图 4-92 所示。

步骤三：在对话框中单击【文字水印】单选按钮，此时就可以对语言、文字、字体、字号、颜色等格式进行设置了。

（2）图片水印。

步骤一：单击【页面布局】选项卡【页面背景】选项组中的【水印】命令。

图 4-92 【水印】对话框

步骤二：在下拉列表中单击【自定义水印】选项，弹出【水印】对话框。

步骤三：在对话框中单击【图片水印】单选按钮，弹出【插入图片】对话框，选择图片后单击【插入】按钮即可返回【水印】对话框。

步骤四：继续在【水印】对话框中对图片的【缩放】比例及【冲蚀】效果进行选择即可。

例如：设置缩放比例为 80%，并选择冲蚀效果，则设置后的效果如图 4-93 所示。

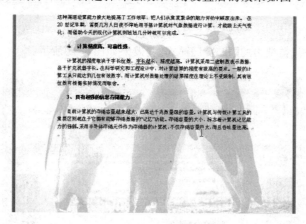

图 4-93　自定义图片水印

3. 设置边框和底纹

边框和底纹也可位于纯色背景和填充背景之上，为文档设置边框和底纹，可使文档排版更加突出，效果更佳。边框分为页面边框以及文字和段落边框两种。

（1）文字及段落边框。

步骤一：选择要设置边框的文字或段落。

步骤二：单击【页面布局】选项卡【页面背景】选项组中的【页面边框】命令，弹出【边框和底纹】对话框。

步骤三：在对话框的【边框】选项卡中设置边框的样式、颜色、宽度及应用范围即可，如图 4-94 所示。此选项卡的应用范围为文字或段落。

例如：分别为文字和段落设置边框，其效果如图 4-95 所示。

（2）页面边框。

步骤一：单击【页面布局】选项卡【页面背景】选项组中的【页面边框】命令，弹出【边框和底纹】对话框。

图 4-94 【边框】选项卡

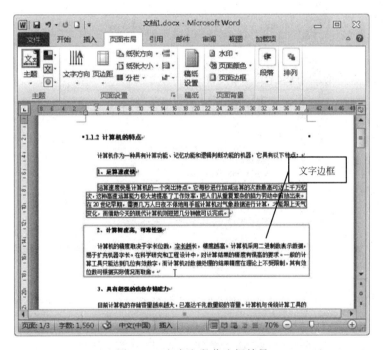

图 4-95 文字和段落边框效果

步骤二：在对话框的【页面边框】选项卡中设置边框的样式、颜色、宽度及应用范围即可，如图 4-96 所示。此选项卡的应用范围为整篇文档、本节、本节—仅首页、本节—除首页外所有页。如果应用于节，需要已在文档中插入分节符。

另外，页面边框还可以选择艺术型的边框样式，只需单击【艺术型】下三角按钮，在下拉列表中选择一种即可，其效果如图 4-97 所示。

（3）底纹。

步骤一：选择要设置边框的文字或段落。

步骤二：单击【页面布局】选项卡【页面背景】选项组中的【页面边框】命令，弹出【边框和底纹】对话框。

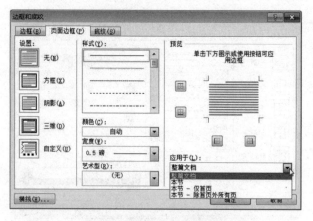

图 4-96 【页面边框】选项卡

图 4-97 艺术型页面边框效果

步骤三：在对话框的【底纹】选项卡中设置底纹的填充颜色、图案样式、图案颜色及应用范围即可，如图 4-98 所示。此选项卡的应用范围为文字或段落。

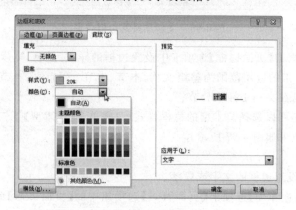

图 4-98 【底纹】选项卡

底纹有纯色底纹和图案底纹两种。其中【填充】选项设置纯色底纹,【图案】选项区设置图案底纹,包括图案的样式和颜色。

例如:为段落设置图案底纹,其效果如图 4-99 所示。

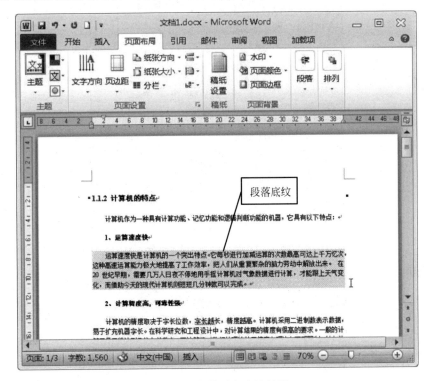

图 4-99　段落图案底纹效果

4.2.3　设置稿纸

Word 2010 提供了稿纸功能,利用此功能可以编辑符合中文行文规范的稿件,和实际中所用的稿纸一样。其中,中文的标点不能出现在行首,在稿纸中,行末标点要跟随行末文字出现在稿纸方格外。稿纸的格式可位于页面背景之上。

1. 创建稿纸

步骤一:单击【页面布局】选项卡【稿纸】选项组中的【稿纸设置】命令,打开【稿纸设置】对话框,如图 4-100 所示。

步骤二:在对话框中对稿纸的网格、页面、页眉/页脚、换行选项区进行设置即可。

例如:在对话框中设置方格式稿纸、行列数为 20×20、绿色、A4 纸、横向、页眉无、页脚显示行列数、允许标点溢出边界,设置后的效果如图 4-101 所示。

2. 更改和删除稿纸设置

步骤一:单击【页面布局】选项卡【稿纸】选项组中的【稿纸设置】命令,打开【稿纸设置】对话框。

步骤二:在对话框中即可对稿纸设置进行修改;如果在【格式】下拉列表中选择【非稿纸文档】选项,单击【确定】按钮就可删除稿纸设置。

另外,打开页眉编辑区,可以在页眉编辑区删除稿纸设置(主要是稿纸网格),另外还可以对

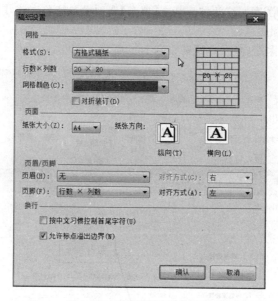

图 4-100 【稿纸设置】对话框

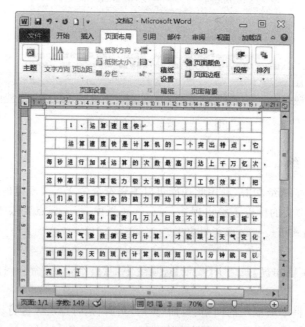

图 4-101 方格式稿纸效果

稿纸网格进行缩放、移动和旋转。

4.2.4 设置封面

Word 2010 提供了多种内置封面样式,用户可通过【插入】功能直接使用这些样式,或者在样式上进行修改。通过这种方式可以建立比较专业的文档,也方便省时。无论当前光标停在文档的什么位置,插入的封面总是位于文档的第一页,其设置方法如下:

步骤一:单击【插入】选项卡【页】选项组中的封面命令。

步骤二：在弹出的下拉列表中选择一种合适的内置封面样式，如图 4-102 所示。

步骤三：当所选择的封面插入文档后，根据需求对封面进行编辑、修改即可。

另外，Office.com 中还有多种封面可供选择，如果不需要封面，则可以单击下拉列表中的【删除当前封面】选项。

图 4-102 【封面】下拉列表

4.3 图 文 混 排

在编辑文档时，常常会在文档中加入图片、形状、文本框及艺术字等对象以说明和丰富文档内容，做到图文并茂，这就涉及文本和各种对象的混合排版问题。Word 2010 提供了图片等对象的插入、编辑、排版等功能，只要合理设置、安排这些对象和文本，就能编写出版面更加美观的文档。

4.3.1 插入和设置图片格式

插入的图片可以是来自本地计算机的图片和照片、剪贴画、网页图片、扫描仪或数码相机等。插入后可通过功能区增加的图片工具【格式】选项卡对图片进行编辑，设置图片的颜色、艺术效果、样式、位置、大小等格式。

1. 插入图片

1) 插入计算机已保存的图片

在文档中插入图片，有时需要将图片完全插入到文档中，而有时需要插入一个图片链接。插入图片链接的好处是当原始图片发生改变时，文档中的图片会自动进行更新。插入图片的方法如下：

（1）直接【插入】图片。

步骤一：将光标停在要插入图片的位置。

步骤二：单击【插入】选项卡【插图】选项组中的【图片】命令，打开【插入图片】对话框，如图 4-103 所示。

步骤三：在对话框中选择计算机磁盘中的目标图片，单击【插入】按钮即可将图片插入光标所在的位置，其效果如图 4-104 所示。

（2）插入图片及链接。

步骤一：将光标停在要插入图片的位置。

步骤二：单击【插入】选项卡【插图】选项组中的【图片】命令，打开【插入图片】对话框。

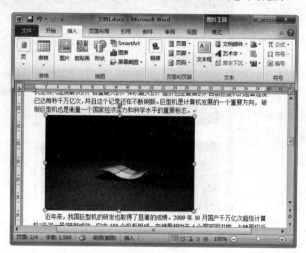

图 4-103 【插入图片】对话框　　　　　　　图 4-104　插入图片效果

步骤三：在对话框中选择计算机磁盘中的目标图片，单击【插入】右侧的下三角按钮，在下拉列表中选择【链接到文件】或者【插入和链接】选项即可，如图 4-105 所示。但两个选项有区别，其区别如下：

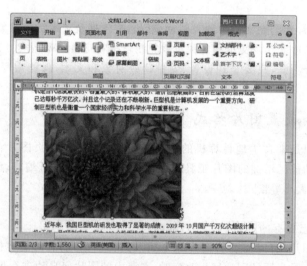

图 4-105　【插入】下拉列表

①【链接到文件】图片将以链接的形式插入文档中。如果原始图片改变位置或修改文件名，文档中的图片将不再显示。

②【插入和链接】图片将会被插入文档中，且与原始图片建立链接。一旦原始图片发生改变，当然前提是该文件的存储位置没有变化且文件名也没有变化，当再次打开文档时，图片将被

自动更新。如果文件名和存储位置发生了变化,则文档中的图片保持不变。

2)插入剪贴画

步骤一:将光标停在要插入图片的位置。

步骤二:单击【插入】选项卡【插图】选项组中的【剪贴画】命令,打开【剪贴画】任务窗格。

步骤三:直接单击【搜索】命令(可以搜索出所有的剪贴画),或者在【搜索文字】文本框内输入搜索内容后单击【搜索】命令(搜索出相关剪贴画)。

步骤四:在搜索结果中选择需要的图片即可,如图 4-106 所示。

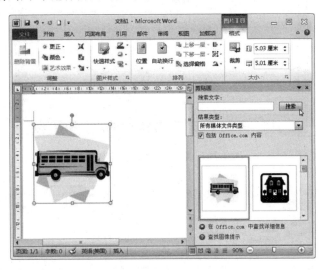

图 4-106　插入剪贴画

3)插入网页图片

可首先将网页图片保存到计算机磁盘中,然后按照插入图片的方法插入;也可以不保存到计算机磁盘中直接插入,其方法如下。

步骤一:右击网页中的图片,在弹出的右键菜单中单击【复制图片】命令。

步骤二:将光标停在要插入图片的位置右击鼠标,在弹出的快捷菜单中单击【粘贴选项】中的命令即可。

4)屏幕截图

Word 2010 提供了【屏幕截图】功能,可以将当前电脑屏幕上显示的某个可视窗口或屏幕的一部分作为图片插入文档中,但当前编辑文档窗口除外。

(1)插入视窗图片。

步骤一:启动需要用到的软件,让其视图窗口在电脑屏幕上显示。

步骤二:将光标停在要插入图片的位置。

步骤三:单击【插入】选项卡【插图】选项组中的【屏幕截图】命令,弹出下拉列表,如图 4-107 所示。

步骤四:在下拉列表中【可用视窗】选项区单击需要的窗口缩略图,即可将此窗口图片插入光标所在处,如图 4-108 所示。

(2)插入屏幕剪辑图。

步骤一:启动需要用到的软件,让其视图窗口在计算机屏幕上显示。

步骤二:将光标停在要插入图片的位置。

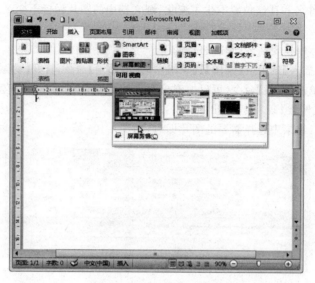

图 4-107 【屏幕截图】下拉列表

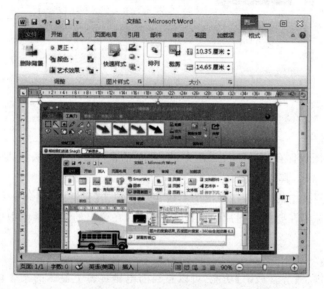

图 4-108 插入视窗效果图

步骤三：单击【插入】选项卡【插图】选项组中的【屏幕截图】命令，弹出下拉列表。

步骤四：在下拉列表中单击【屏幕剪辑】选项，此时在需要截取图片的开始位置按住鼠标左键进行拖动，拖至合适位置处松开鼠标即可。

2. 调整图片大小

图片插入后往往尺寸比较大，因此，用户可以根据文档的整体布局来调整图片的大小，使图文排版更合理美观。

（1）调整完整图片。

① 通过鼠标调整。

选中图片，将鼠标停在图片周围的 8 个控制点处（4 个角及 4 条边的中点），当光标变为双向箭头 🔲、🔲、🔲、🔲 时，按住鼠标左键拖动图片控制点即可调整其大小。

例如：将鼠标放到图片右下角的控制点，如图 4-109 所示。

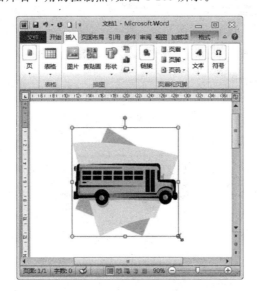

图 4-109　调整图片大小

② 通过输入数值。

在【格式】选项卡【大小】选项组的【形状高度】![icon]和【形状宽度】![icon]微调框中输入精确值或调整尺寸即可。

另外，通过单击【格式】选项卡【大小】选项组中的【对话框启动】按钮，或者右击图片，在快捷菜单中单击【大小和位置】选项，在弹出的【布局】对话框中设置【高度】和【宽度】值即可，如图 4-110 所示。

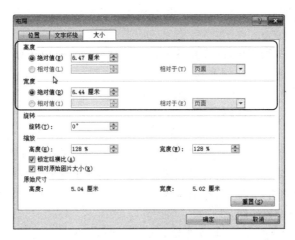

图 4-110　【大小】选项卡

（2）剪裁图片。

剪裁是将图片中需要的部分保留，而去除多余部分，剪裁图片的方法如下：

① 通过鼠标剪裁。

步骤一：选中图片，单击【格式】选项卡【大小】选项组中的【剪裁】按钮，或【剪裁】下拉列表中的【剪裁】选项，如图 4-111 所示。

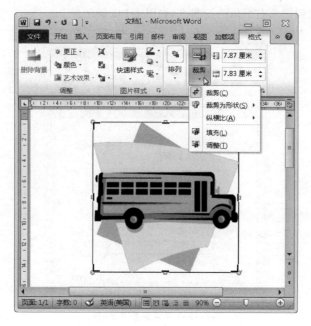

图 4-111　鼠标拖动剪裁图片

步骤二：此时图片周围的 8 个控制点处变成黑色的 4 个直角以及 4 条短直线，将鼠标停在控制点处，当鼠标形状变为直角┐或相互垂直的短线┛时，按住鼠标左键拖动图片控制点即可。

②　剪裁为形状。

选中图片，单击【格式】选项卡【大小】选项组【剪裁】下拉列表中的【剪裁为形状】选项，在展开的列表中选择要剪裁的形状，即可将图片剪裁成想要的形状。

③　按纵横比例剪裁。

如果选择【剪裁】下拉列表中的【纵横比】选项，在展开的列表中选择要剪裁的【纵向】或【横向】比例，即可将图片按照所选比例剪裁。

另外，在【剪裁】下拉列表中还可以对图片进行【填充】或【调整】，这里不再赘述。

3. 设置图片位置与文字环绕

（1）设置图片位置。

设置图片位置是将图片放到页面的各位置上。Word 2010 提供了【嵌入文本行中】以及【文字环绕】两类位置，插入图片后的默认位置是【嵌入文本行中】。【文字环绕】有 9 种位置，如果选择文字环绕位置，文字将自动设置为环绕对象，且都为"四周型文字环绕"。

步骤一：选择需要设置的图片。

步骤二：单击【格式】选项卡【排列】选项组中的【位置】命令，弹出下拉列表，如图 4-112 所示。

步骤三：在下拉列表中选择需要的位置即可。

提示：【文字环绕】除了提供的 9 种位置外，用户还可以通过鼠标拖动的方式将图片移到合适的位置，只需拖动前先将图片设置为某一种环绕方式即可。

例如：分别将图片设置为"嵌入文本行中"和"顶端居右"两种位置，其效果如图 4-113 和图 4-114 所示。

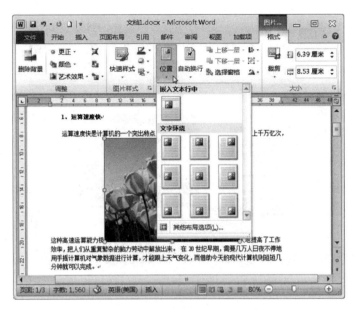

图 4-112 【位置】下拉列表

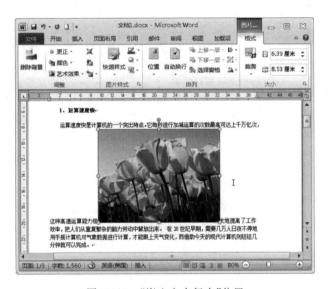

图 4-113 "嵌入文本行中"位置

（2）设置文字环绕。

文字环绕是要更改图片周围的文字环绕方式，与图片位置中【文字环绕】类的 9 种位置有所区别。【文字环绕】类位置设置的是图片在页面中的位置，且文字环绕都是"四周型文字环绕"。Word 2010 提供了 7 种环绕方式，设置方法如下：

步骤一：选择需要设置的图片。

步骤二：单击【格式】选项卡【排列】选项组中的【自动换行】命令，弹出下拉列表，如图 4-115 所示。

步骤三：在下拉列表中选择需要的环绕方式即可。各种方式的说明如表 4-13 所示。

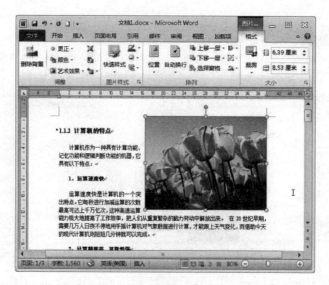

图 4-114 "顶端居右"文字环绕位置

图 4-115 【自动换行】下拉列表

表 4-13 环绕方式说明

环 绕 方 式	说 明
嵌入型	将插入的图片当作一个字符插入文档中
四周型环绕	图片在文字中间
紧密型环绕	效果类似四周型环绕，但文字可以进入到图片空白处
穿越型环绕	效果类似紧密型环绕
上下型环绕	图片位于两行文字中间，左右侧无字
衬于文字下方	图片位于文字的下方，不影响文字的显示
浮于文字上方	图片位于文字的上方，会遮住图片下方的文字

例如：分别将图片设置为"四周型环绕"和"紧密型环绕"两种环绕方式，其效果分别如图 4-116 和图 4-117 所示。

图 4-116 "四周型环绕"方式

图 4-117 "紧密型环绕"方式

另外，在【自动换行】下拉列表中单击【编辑环绕顶点】选项，可编辑图片的环绕顶点。

步骤一：选择需要设置的图片。

步骤二：单击【自动换行】下拉列表中的【编辑环绕顶点】选项，此时图片周围显示红色线（环绕线）及黑色实心正方形（环绕控制点）。

步骤三：将鼠标停在环绕线的任意位置或者环绕控制点上，当光标指针变形后，拖动到适当

第
4
章

Word 2010

的位置放开即可改变图片形状,且自动添加环绕控制点,如图 4-118 所示。

图 4-118　编辑环绕顶点

提示:在设置图片位置和环绕方式时,除了以上方法,还可以在【位置】或【自动换行】下拉列表中选择【其他布局选项】选项,打开【布局】对话框。在对话框的【位置】选项卡中设置图片的位置,如图 4-119 所示;在【文字环绕】及选项卡中设置文字的环绕方式,如图 4-120 所示。

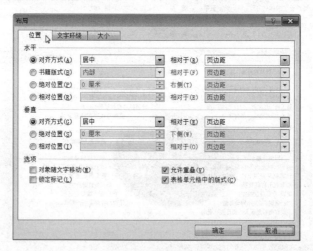

图 4-119　【位置】选项卡

(3) 设置图片层次。

当文档中存在多幅图片时,用户可调整图片之间的层次关系,其设置方法如下:

步骤一:选择需要设置的图片。

步骤二:单击【格式】选项卡【排列】选项组中的【上移一层】或【下移一层】命令来调整图片的显示层次即可。【上移一层】命令下拉列表中可选择将图片上移一层、置于顶层或浮于文字上方,【下移一层】命令下拉列表中可选择将图片下移一层、置于底层或衬于文字下方。

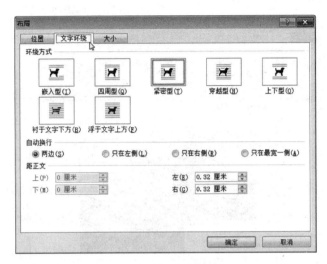

图 4-120 【文字环绕】选项卡

例如：将"菊花"图片的层次由"衬于文字下方"设置为"浮于文字上方"，设置前后的对比照片分别如图 4-121 和图 4-122 所示。

图 4-121 层次设置1——衬于文字下方

（4）设置图片对齐。

图片的对齐是将多个图片的边缘对齐，也可以将这些对象居中对齐，或在页面中均匀地分散，主要作用是使多个图形在水平或者垂直方向上精确定位，其设置方法如下：

步骤一：按住 Ctrl 键或 Shift 键的同时分别选择多张图片。

步骤二：单击【格式】选项卡【排列】选项组中的【对齐】命令，弹出下拉列表。

步骤三：在下拉列表中选择合适的对齐方式即可，如图 4-123 所示。

提示：单个图形的对齐方式只能相对于页面边缘或页边距进行设置，可以分别选择【对齐页面】或【对齐边距】选项。而多个图形还可以选择【对齐所选对象】。

图 4-122　层次设置 2——浮于文字上方

图 4-123　设置对齐方式

另外，需要注意，如果图片的文字环绕方式是"嵌入型"，则无法调整图片的层次和对齐方式。

（5）设置图片旋转。

图片的旋转是将图片旋转或翻转，比如向右或向左旋转，或在垂直或水平方向上翻转，其设置方法如下：

① 使用预置旋转方式。

步骤一：选择需要设置的图片。

步骤二：单击【格式】选项卡【排列】选项组中的【旋转】命令，弹出下拉列表。

步骤三：在下拉列表中选择合适的旋转方式即可。例如："向左旋转 90°"的效果如

图 4-124 所示。

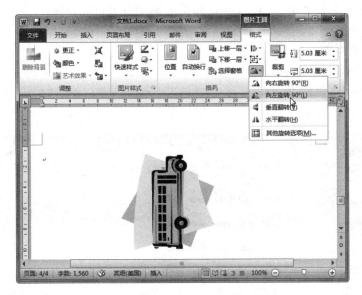

图 4-124　向左旋转 90°

② 自定义旋转度数。

步骤一：选择需要设置的图片。

步骤二：单击【旋转】下拉列表中的【其他旋转选项】选项，弹出【布局】对话框。

步骤三：在对话框【大小】选项卡的【旋转】微调框中输入或调整旋转度数即可，如图 4-110 所示。

（6）组合图片。

组合图片是将两张及以上的图片对象（形状等其他对象也可以）组合到一起，以便将其作为单个对象处理，组合后可便于排版，组合方法如下：

步骤一：按住 Ctrl 键或 Shift 键的同时分别选择两个或多个图片对象。

步骤二：单击【格式】选项卡【排列】选项组中的【组合】命令即可。

例如：将两张张图片及一个形状组合在一起，其组合前后的效果如图 4-125 所示。

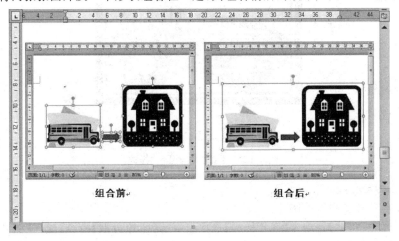

图 4-125　组合图片

4. 设置图片样式

设置图片样式,可美化图片,Word 2010 提供了 28 种图片的外观样式,除此之外,用户还可以设置图片的边框与效果。

(1) 设置外观样式。

步骤一:选择需要设置的图片。

步骤二:单击【格式】选项卡【图片样式】选项组中的【其他】下三角按钮 ⬚,弹出【快速样式】下拉列表,如图 4-126 所示。

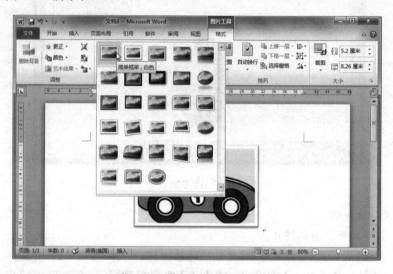

图 4-126 【快速样式】下拉列表

步骤三:在下拉列表中选择合适的外观样式即可。

例如:选择【双框架,黑色】后的效果如图 4-127 所示。

图 4-127 【双框架,黑色】样式

(2) 设置边框。

步骤一:选择需要设置的图片。

步骤二:单击【格式】选项卡【图片样式】选项组中的【图片边框】命令,弹出【图片边框】下拉列表,如图 4-128 所示。

步骤三：在下拉列表中选择边框的颜色、线条粗细以及线条的虚线类型即可。

例如：在【主题颜色】中选择【橙色】,【粗细】选择【4.5磅】,【虚线】选择【划线-点】,其效果如图4-129所示。

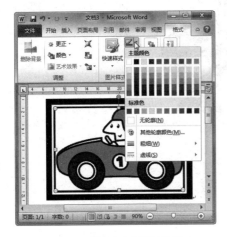

图4-128　【图片边框】下拉列表　　　　　　　　图4-129　设置图片边框

（3）设置效果。

步骤一：选择需要设置的图片。

步骤二：单击【格式】选项卡【图片样式】选项组中的【图片效果】命令,打开【图片效果】下拉列表,如图4-130所示。

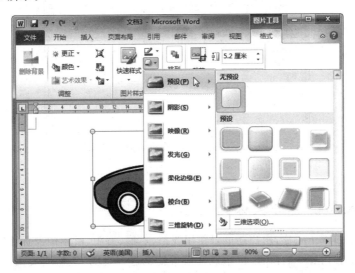

图4-130　【图片效果】下拉列表

步骤三：在下拉列表中选择需要的效果即可。Word 2010提供了预设、阴影、映像、发光、柔滑边缘、棱台与三维旋转共7类效果,而每类效果里面又包含多种效果。

例如：将图片效果设置为映像类中的"紧密映像,接触",其效果如图4-131所示。

提示：用户还可通过单击【格式】选项卡【图片样式】选项组中的【显示"设置形状格式"对话框】命令,或者右击图片,在右键菜单中选择【设置图片格式】选项,打开【设置图片格式】对话框,

图 4-131 "紧密映像,接触"效果

如图 4-132 所示,然后在对话框中设置图片的各种格式效果。

图 4-132 【设置图片格式】对话框

4.3.2 插入和设置形状格式

在编辑文档时,除了图片,用户还可以使用线条、矩形、箭头、流程图及标注等形状或多种形状的组合,来对文档内容中的流程、关系及注解等情况进行说明,从而使文档更具有条理性,更便于阅读。

1. 插入形状

Word 2010 提供了线条、矩形、基本形状、箭头汇总、公式形状、流程图、星与旗帜及标注总共 8 类形状。另外,还有最近使用的形状,这里面的形状来自于最近使用过的 8 类形状。在文档中插入形状的方法如下:

步骤一:单击【插入】选项卡【插图】选项组中的【形状】命令,弹出【形状】下拉列表,如图 4-133 所示。

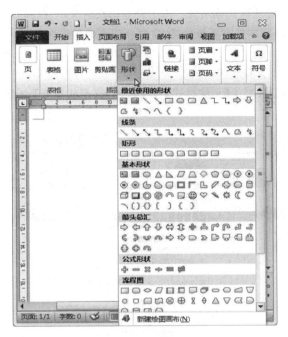

图 4-133 【形状】下拉列表

步骤二：在下拉列表中选择需要的形状，再把鼠标停在要放置形状的位置，此时鼠标形状会变为十。

步骤三：拖动鼠标到合适位置松开即可绘制出所选形状，如图 4-134 所示。

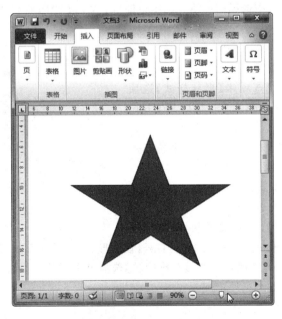

图 4-134 插入五角星

2．设置形状格式

插入形状后，可通过功能区增加的绘图工具【格式】选项卡对形状进行编辑，设置形状的大小、位置与文字环绕、旋转及样式等格式。由于设置形状的大小、排列及外观样式等方法与设置图片的操作方法基本相同,这里就不再赘述,主要介绍不同的格式设置。

(1) 设置形状填充颜色。

步骤一:选择需要设置的形状。

步骤二:单击【格式】选项卡【形状样式】选项组中的【形状填充】命令,弹出【形状填充】下拉列表,如图 4-135 所示。

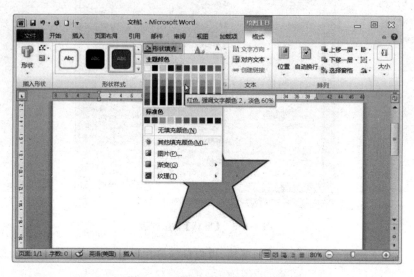

图 4-135 【形状填充】下拉列表

步骤三:在下拉列表中选择需要填充的颜色即可。Word 2010 提供了纯色、图片、渐变及纹理 4 类填充效果。

(2) 设置形状阴影效果。

步骤一:选择需要设置的形状。

步骤二:单击【格式】选项卡【形状样式】选项组中的【形状效果】命令,弹出【形状效果】下拉列表。

步骤三:在下拉列表的【阴影】选项中选择一种阴影样式即可,效果如图 4-136 所示。

(3) 设置形状三维效果。

步骤一:选择需要设置的形状。

步骤二:单击【格式】选项卡【形状样式】选项

图 4-136 阴影效果图

组中的【显示"设置形状格式"对话框】命令,打开【设置形状格式】对话框,效果如图 4-137 所示。

步骤三:在对话框的【三维格式】和【三维旋转】选项卡里面分别设置需要的三维效果即可,如图 4-138 所示。

3. 为形状添加文字

步骤一:选择需要设置的形状。

步骤二:右击形状,在快捷菜单中选择【添加文字】命令,此时光标停在图形中。

步骤三:直接在光标处编辑文字即可,如图 4-139 所示。

图 4-137 【三维格式】选项卡

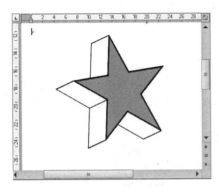

图 4-138 三维效果图

图 4-139 添加文字

编辑好文字后,用户可通过【格式】选项组【艺术字样式】及【文本】中的命令设置文字的样式、填充、轮廓与方向等格式。另外,还可以通过【开始】选项卡【字体】选项组中的命令设置文字的字体、字号与颜色等格式。

4.3.3 插入和设置 SmartArt 格式

使用 SmartArt 图形可以表明对象之间的顺序、层次及关系等,以直观的方式交流信息。Word 2010 提供了列表、流程、循环、层次结构、关系、矩阵、棱锥图、图片及 Office.com 共 9 类图形,而每类图形里面又包括了多种不同的样式。除此之外,用户还可以在内置图形样式的基础上,根据需要对样式的布局进行修改,形成新的样式布局。

对插入的 SmartArt 图形也可以设置大小、排列、形状样式、艺术字样式与布局等格式。其中大部分仍与设置图片样式基本相同,这里主要介绍 SmartArt 图形才有的格式设置。

1. 插入 SmartArt 图形

步骤一:单击【插入】选项组【插图】选项组中的 SmartArt 命令,打开【选择 SmartArt 图形】对话框,如图 4-140 所示。

步骤二:在对话框中选择需要的图形即可。

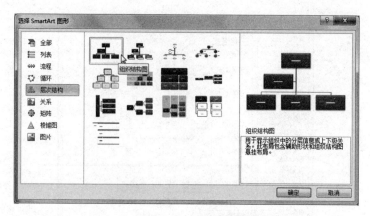

图 4-140　【选择 SmartArt 图形】对话框

在对话框中选择图形时,可单击某图形,然后在对话框的右侧查看该图形的名称和说明。

2. 更改布局

插入 SmartArt 图形后,如果用户对图形不满意,可选择更换其他的 SmartArt 图形,更改方法如下。

步骤一:选择要更改的 SmartArt 图形。

步骤二:单击【设计】选项卡【布局】选项组中的【其他】命令,打开下拉列表。

步骤三:在下拉列表中显示了与要更改的 SmartArt 图形同类的所有图形,直接选择一种即可,如图 4-141 所示。或者单击【其他布局】选项,在打开的【选择 SmartArt 图形】对话框中选择其他类型的图形样式。

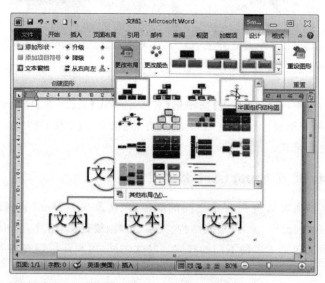

图 4-141　【更改布局】下拉列表

3. 设置 SmartArt 样式

插入 SmartArt 图形后,功能区增加了 SmartArt 工具【设计】与【格式】选项卡,可对图形进行编辑。设置 SmartArt 样式在【设计】选项卡中进行,主要包括设置快速样式和颜色。Word 2010内置了文档的最佳匹配对象与三维这两类共 14 种快速样式,还内置了主题颜色、彩色、强调文

字颜色1～6这8类共58种颜色样式,其设置方法如下:

(1) 选择快速样式。

步骤一:选择要设置的 SmartArt 图形。

步骤二:单击【设计】选项卡【SmartArt 样式】选项组中的【其他】命令,打开下拉列表。

步骤三:在下拉列表中选择合适的样式即可,如图 4-142 所示。

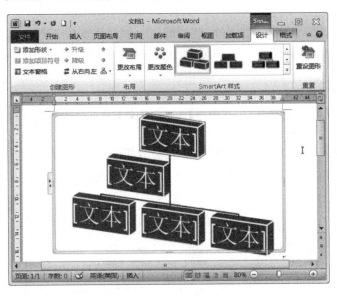

图 4-142　砖块场景

(2) 更改颜色。

步骤一:选择要设置的 SmartArt 图形。

步骤二:单击【设计】选项卡【SmartArt 样式】选项组中的【更改颜色】命令,打开下拉列表。

步骤三:在下拉列表中选择合适的颜色即可,如图 4-143 所示。

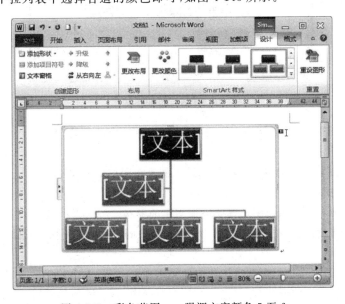

图 4-143　彩色范围——强调文字颜色 5 至 6

另外,单击【设计】选项卡【重置】选项组中的【重设图形】命令,可使 SmartArt 图形恢复到刚插入时的状态。

4. 创建图形

创建图形主要是对已选 SmartArt 图形的布局进行调整,可添加形状、添加文字、调整图形方向、调整形状的上下级关系等。

(1) 添加形状。

用户可根据需要在原图形样式的后面、前面、上方或下方添加形状,但具体能从哪个方向添加形状,还要视具体样式而定。另外,还可以为【层次结构】中的部分样式添加助理形状,添加方法如下。

步骤一:选择要设置的 SmartArt 图形或图形中的形状。

步骤二:单击【设计】选项卡【创建图形】选项组中的【添加形状】命令右侧的下三角按钮,打开下拉列表。

步骤三:在下拉列表中选择需要添加形状的位置即可。

例如:在组织结构图的下方添加形状,其效果如图 4-144 所示,最下方无"文本"二字的形状为新添加形状。

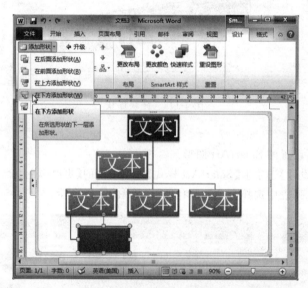

图 4-144　添加形状

在 SmartArt 图形中,如果用户有不需要的形状,则选中此形状,按 Delete 键删除即可。

(2) 添加文字。

将 SmartArt 图形的布局、样式确定好后,还需要在图形中添加文字。

① 通过【文本窗口】命令。

步骤一:在 SmartArt 图形中选择要添加文字的形状。

步骤二:单击【设计】选项卡【创建图形】选项组中的【文本窗格】命令,弹出【在此处输入文字】对话框。

步骤三:在对话框中根据形状输入相应的文字即可,如图 4-145 所示。

② 单击要添加文字的形状,此时光标会停在形状中,直接添加需要的文字即可。

添加文字后,还可以对文字的字体、字号、颜色及艺术字样式等格式进行设置,其设置方法

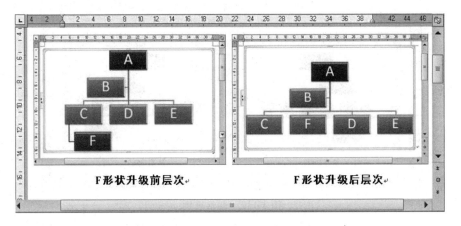

图 4-145　添加文字

与在 4.3.2 节中"形状"内文字的格式设置方法相似，这里不再赘述。

（3）调整方向。

SmartArt 图形的方向有两种，从左向右和从右向左，插入的 SmartArt 图形默认方向为从左向右。调整方法如下。

步骤一：选择要调整的 SmartArt 图形。

步骤二：单击【设计】选项卡【创建图形】选项组中的【从右向左】命令即可，设置前后的对比效果如图 4-146 所示。再次单击【从右向左】命令可恢复从左向右的方向。

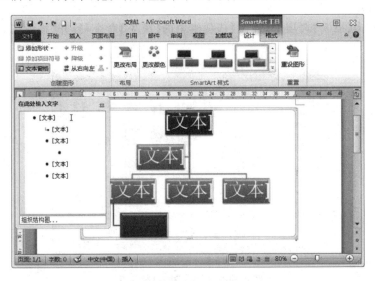

图 4-146　调整方向

（4）调整级别。

调整级别即改变 SmartArt 图形中形状的层次位置关系，其设置方法如下。

步骤一：在 SmartArt 图形中选择要调整级别的形状。

步骤二：单击【设计】选项卡【创建图形】选项组中的【升级】或【降级】命令即可。

例如：将 F 形状升级后，前后对比效果如图 4-147 所示。

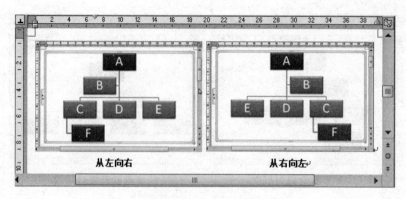

图 4-147　调整级别

4.3.4　插入和设置图表格式

在文档中使用图表,可将复杂的数据分析以图形的形式表现出来,看起来更直观。Word 2010 提供了柱形图、折线图、饼图、条形图、面积图、XY(散点图)、股价图、曲面图、圆环图、气泡图和雷达图总共 11 类图形,每类图形中又有多种样式可选择。插入图形后都会自动打开 Excel 2010,在 Excel 工作表中编辑数据,则插入的图形会随着数据的变化而变化。

在 Office 2010 中,对于复杂的数据分析以及高级数据图表功能一般都使用 Excel 来处理,因此,在这里只对插入图表和编辑图表做简单的介绍,更多功能可以查看 Excel 2010 的使用。

1. 插入图表

步骤一:单击【插入】选项卡【插图】选项组中的【图表】命令,打开【插入图表】对话框,如图 4-148 所示。

图 4-148　【插入图表】对话框

步骤二:在对话框中选择适合的图表即可。在选择时,将鼠标停在右侧缩略图上,即可显示该图表的名称。

2. 设置图表格式

图表插入后,则会自动打开 Excel 2010,且在功能区增加了图表工具【设计】、【布局】及【格式】选项卡,如图 4-149 所示。通过 Excel 2010 和新增选项卡,可对图表的数据及格式进行编辑。

(1)编辑数据。

在 Excel 2010 的单元格中直接输入需要的数据,则图表根据数据发生变化,输入完后关闭

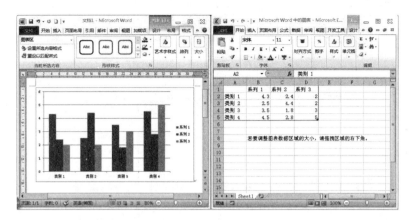

图 4-149　编辑图表

Excel 即可。如果要更改数据,可以单击【设计】选项卡【数据】选项组中的【编辑数据】命令,再次打开 Excel 工作表。

（2）设置图表的布局及格式。

图表与图片一样,也可以在【格式】选项卡里设置大小、排列、形状样式及艺术字样式等。但【设计】和【布局】选项卡是插入图片后没有的,其中在【设计】选项卡内可选择更改图表类型、对数据进行编辑和选择、设置图表布局和图表样式；在【布局】选项卡内可以设置图表的标签、坐标轴、背景、分析等布局格式。

由于在 Word 中的图表编辑与在 Excel 中的图表编辑操作比较类似,而在 Excel 中会有更详细的讲解,这里就不再多做介绍。

4.3.5　插入和编辑文本框

文本框是一种图形对象,可以调整其大小,将其放置在页面上的任何位置,并设置文字环绕方式。在文本框里面可以放置文本或图形,并编辑它们的格式。为满足排版需要,还可以设置文字方向,或者将两个及以上文本框联系在一起,为它们创建链接关系。

1. 插入文本框

① 使用内置样式。

步骤一：单击【插入】选项卡【文本】选项组中的【文本框】命令,打开下拉列表,如图 4-150 所示。

步骤二：在下拉列表中选择一种内置样式即可。

② 绘制文本框。

步骤一：单击【插入】选项卡【文本】选项组中的【文本框】命令,打开下拉列表。

步骤二：在下拉列表中选择【绘制文本框】或【绘制竖排文本框】选项,此时鼠标变为十形状。

步骤三：拖动鼠标到适当位置松开,即可绘制"横排"或"竖排"的文本框,如图 4-151 所示。

2. 编辑文本框

插入文本框后在功能区增加绘图工具【格式】选项卡,在此选项卡中可设置文本框的大小、排列、形状样式及艺术字样式等格式,另外,可在文本框中添加或编辑文字和图形、设置文字方向及创建链接。

（1）添加文字和图形。

步骤一：将光标停在文本框内部。

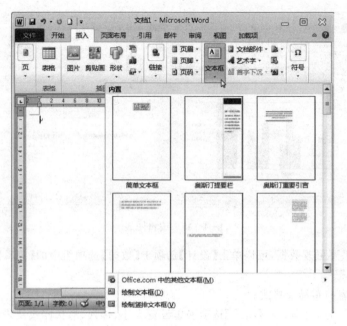

图 4-150 【文本框】下拉列表

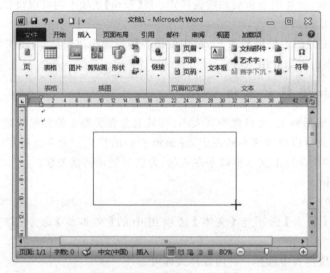

图 4-151 绘制"横排"文本框

步骤二：在光标处输入文字或插入图形等对象即可。其添加或编辑文字和图形的方法与在文档中的操作方法基本相同。

另外，对于形状，也可以单击【格式】选项卡【插入形状】选项组中的【其他】命令打开【形状】下拉列表，然后选择需要的形状插入即可。

（2）设置文字方向。

除了在绘制文本框时可以直接选择"横排"或"竖排"的文本框，直接将文字方向设置为"水平"或"垂直"外，用户还可以自己设置文字方向。Word 2010 提供了水平、垂直、将所有文字旋转 90°、将所有文字旋转 270°与将中文字符旋转 270°共 5 种文字方向，其设置方法如下。

步骤一：选择要设置的文本框。

步骤二：单击【格式】选项卡【文本】选项组中的【文字方向】命令，打开下拉列表。

步骤三：在下拉列表中选择需要的文字方向即可。

例如：将"水平"方向的文字设置为"垂直"方向，设置前后的对比效果如图 4-152 所示。

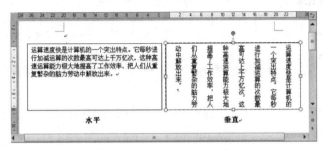

图 4-152　设置文字方向

（3）链接文本框。

① 创建链接。

在报刊、杂志中，常常因为当前版面或页面无法容纳更多的文字内容，以致于需要跨越版面或页面对同一篇文章进行编辑。在 Word 2010 中可以通过链接多个文本框对文本板式进行设计，这样多出来的内容会自动链接到下一个文本框中。设置方法如下。

提示：创建链接时，文本框必须在同一文档中，且要链接的文本框必须是空的，也未与其他文本框建立链接关系。

步骤一：在文档中插入两个或以上的文本框。

步骤二：选择第一个文本框，单击【格式】选项卡【文本】选项组的【创建链接】命令，此时光标会变为杯子形状。

步骤三：将鼠标移到第二个文本框之上，当光标变为倾倒的杯子形状时，单击文本框即可，如图 4-153 所示。

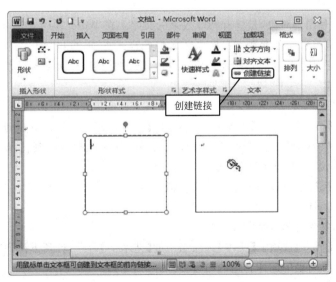

图 4-153　创建链接

例如：在第一个文本框内输入文本，如果内容装不下，那剩下的内容会自动显示到第二个文本框中，其效果如图 4-154 所示。

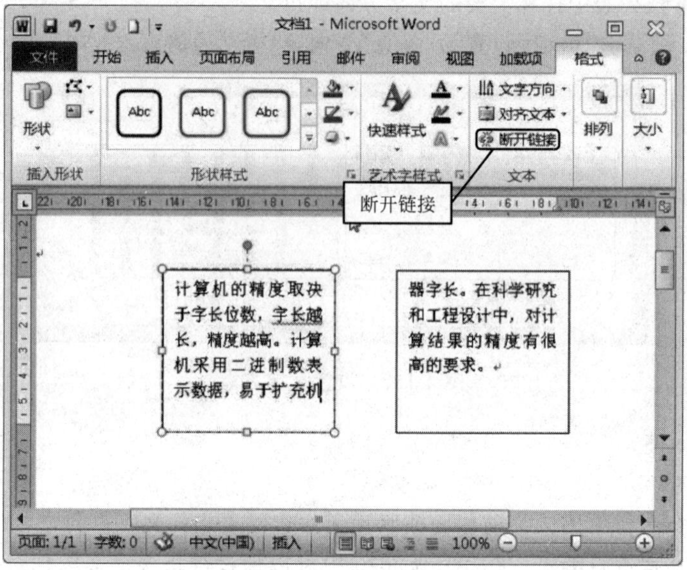

图 4-154　创建链接后文字显示

提示：单击【创建链接】命令后，光标变为杯子形状 ，此形状可按 Esc 键取消。

② 断开链接。

创建链接后，原【创建链接】命令会变为【断开链接】命令。断开链接方法如下。

步骤一：选择和其他文本框建立了链接关系的文本框。

步骤二：单击【格式】选项卡【文本】选项组的【断开链接】命令即可。

4.3.6　插入和设置艺术字格式

艺术字也是一种图形对象，是具有特殊效果的文字。在 Word 2010 中艺术字是作为文本框插入的，但在文本框编辑的任意文字都将以艺术字的样式出现，可以美化文档中的文字。Word 2010 内置了 30 种艺术字样式，另外，还可以对这些样式进行装饰，如设置阴影、扭曲、旋转等。

1. 插入艺术字

① 输入文字。

步骤一：单击【插入】选项卡【文本】选项组中的【艺术字】命令，打开下拉列表。

步骤二：在下拉列表中选择合适的内置样式，此时，文本编辑区出现艺术字编辑文本框，提示用户输入文字的位置，如图 4-155 所示。

步骤三：在系统提示位置输入需要的文字即可。

② 根据已有文字创建。

步骤一：选择要变为艺术字的文字。

步骤二：单击【插入】选项卡【文本】选项组中的【艺术字】命令，打开下拉列表。

步骤三：在下拉列表中选择合适的内置样式即可，如图 4-156 所示。

2. 设置艺术字格式

插入艺术字后在功能区增加绘图工具【格式】选项卡，设置艺术字格式与设置文本框格式的

图 4-155　插入艺术字——输入文字

图 4-156　插入艺术字——根据已有文字

操作基本相同，通过【格式】选项卡可设置艺术字编辑文本框的大小、排列、形状样式及创建链接等格式，对于艺术字还可以设置艺术字样式、方向等格式。

（1）设置艺术字形状。

步骤一：选择需要设置的艺术字。

步骤二：单击【格式】选项卡【艺术字样式】选项组中的【文字效果】命令，打开下拉列表。

步骤三：在下拉列表中单击【转换】选项，打开【转换】下拉列表，如图 4-157 所示。

步骤四：在打开的【转换】下拉列表中选择一种形状即可，如图 4-158 所示。

（2）设置艺术字三维效果。

艺术字的三维效果包括了文本框及文字的三维效果。文本框的三维效果设置方式与形状的三维效果设置方法基本一致，艺术字的三维效果设置方法如下。

步骤一：选择要设置的艺术字。

步骤二：单击【格式】选项卡【艺术字样式】选项组中的【显示"设置文本效果格式"对话框】命令，打开【设置文本效果格式】对话框，如图 4-159 所示。

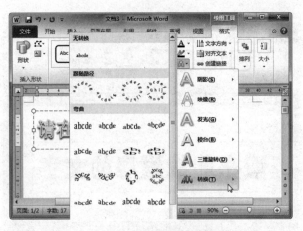

图 4-157 【转换】下拉列表

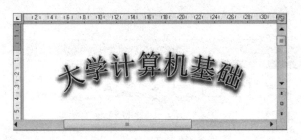

图 4-158 "上弯弧"形状

图 4-159 【设置文本效果格式】对话框

步骤三：在对话框中设置三维格式及三维旋转即可。

例如：同时设置文本框和艺术字的三维效果，设置后效果如图 4-160 所示。

另外，还可以通过【开始】选项卡【字体】选项组里的命令设置艺术字的字体、字号、颜色及字符间距等格式。

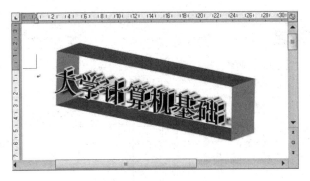

图 4-160　设置三维效果

4.4　表格编辑应用

表格是人们在文档中常用到的一种工具,用表格将文字和数字按照某种规律组织起来,可以直观地反映出这些数据之间的联系和变化。在文档中使用表格可使文档更简洁、清晰、具有逻辑性,如个人简历、报表等。Word 2010 提供了制表功能,可以对表格进行创建和编辑,除此之外,还可以对表格内的数据进行排序和计算。

4.4.1　表格的创建

表格是由行和列组成的,通常用 $m×n$ 表示(m 表示行, n 表示列)。创建表格分为自动创建和手动绘制两类方法,而自动创建又包含 5 种方法,包括使用网格创建、使用【插入表格】对话框创建、将文本转换成表格、插入 Excel 表格与使用内置模板创建。

1. 自动创建简单表格

(1) 使用网格创建。

步骤一:将光标停在要插入表格的位置。

步骤二:单击【插入】选项卡【表格】选项组中的【表格】命令,打开下拉列表,如图 4-161 所示。

步骤三:在下拉列表的网格上移动鼠标,选定所需行数和列数。

步骤四:单击鼠标左键后即可在光标位置插入表格。

提示:通过网格创建的表格会自动平均分布各行各列,用户可根据需要自行调整。

(2) 使用【插入表格】对话框创建。

步骤一:将光标停在要插入表格的位置。

步骤二:单击【插入】选项卡【表格】选项组中的【表格】命令,打开下拉列表。

步骤三:在下拉列表单击【插入表格】选项,打开【插入表格】对话框,如图 4-162 所示。

步骤四:在对话框的【列数】和【行数】微调框中分别输入或调整所需的行数和列数,在【"自动调整"操作】选项区根据需要进行设置,单击【确定】按钮即可在光标位置插入表格。

(3) 将文本转换成表格。

在 Word 2010 中,可以使用此功能将文字拆分为以逗号、句号或其他指定字符分隔的列,从而将所选文字转换到表格中。因此关键的操作是使用分隔符号将文本合理分隔。

Word 2010 能够识别常见的分隔符,例如段落标记(用于创建表格行)、制表符和逗号(用于

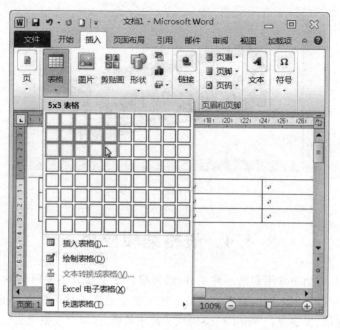

图 4-161 【表格】下拉列表

创建表格列）。例如，对于只有段落标记的多个文本段落，可以将其转换成单列多行的表格；而对于同一个文本段落中含有多个制表符或逗号的文本，可以将其转换成单行多列的表格；包括多个段落、多个分隔符的文本则可以转换成多行、多列的表格，具体转换方法如下。

步骤一：为准备转换成表格的文本添加段落标记和分隔符，并选择该文本。

提示：建议使用最常见的逗号分隔符，并且逗号必须是英文半角逗号。

步骤二：单击【插入】选项卡【表格】选项组中的【表格】命令，打开下拉列表。

步骤三：在下拉列表中单击【表格】菜单，在下拉菜单中单击【文本转换成表格】命令，打开【将文字转换成表格】对话框，如图 4-163 所示。

图 4-162 【插入表格】对话框

图 4-163 【将文字转换成表格】对话框

步骤四：在对话框中分别设置好【表格尺寸】、【"自动调整"操作】与【文字分隔位置】选项区中的各选项即可。各选项的功能如表 4-14 所示。

表 4-14 【将文字转换成表格】对话框选项功能

选 项 区	选 项	功 能
表格尺寸	列数	表示插入表格的列数。如果不同段落含有不同的分隔符,则 Word 2010 会根据分隔符数量为不同行创建不同的列
	行数	表示插入表格的行数。一般该项不可选,系统之间根据段落标记确定行数
"自动调整"操作	固定列宽	为列宽指定固定值,按照指定的列宽值创建表格
	根据内容调整表格	列宽会根据表格中内容的增减而自动调整
	根据窗口调整表格	表格宽度与正文宽度一致,正文宽度除以列数即为列宽
文字分隔位置	段落标记	按 Enter 键后出现的弯箭头标记,在一个段落的尾部显示
	逗号	按键盘上的,键输入,标识新列的起始位置,需为英文半角逗号
	空格	按键盘上的空格键输入,标识新列的起始位置
	制表符	通过编辑区左上角的制表符在标尺上插入,标识新列的起始位置,编辑时按 Tab 键跳到下一个制表位置
	其他字符	按键盘上的其他字符按键自定义,标识新列的起始位置

（4）插入 Excel 表格。

步骤一：将光标停在要插入表格的位置。

步骤二：单击【插入】选项卡【表格】选项组中的【表格】命令,打开下拉列表。

步骤三：在下拉列表中单击【Excel 电子表格】选项即可在光标处插入一个 Excel 表格,如图 4-164 所示。

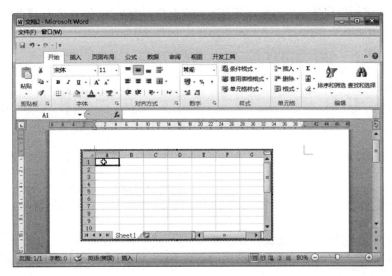

图 4-164　插入 Excel 表格

插入 Excel 表格后,对此表格进行编辑时,功能区的命令变为 Excel 2010 功能区的相关命令,可对表格样式,或者表格中的数据格式、数据分析与公式等进行设置。编辑完后,单击文档编辑区的其他位置即可退出表格的编辑模式,功能区的命令恢复正常。双击表格则又可以进入 Excel 表格编辑模式。

（5）使用内置模板创建。

步骤一：将光标停在要插入表格的位置。

步骤二：单击【插入】选项卡【表格】选项组中的【表格】命令，打开下拉列表。

步骤三：在下拉列表中选择【快速表格】，打开【快速表格】下拉列表。

步骤四：在【快速表格】下拉列表选择一种合适的表格样式即可，如图 4-165 所示。

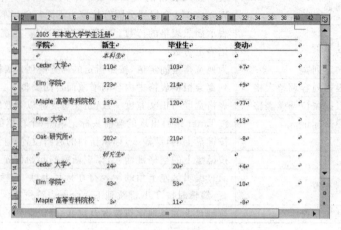

图 4-165　使用内置模板创建表格

2. 手动绘制复杂表格

用户可以手动绘制不规则或更复杂的表格，如个人简历之类的各种信息表，绘制方法如下。

步骤一：单击【插入】选项卡【表格】选项组中的【表格】命令，打开下拉列表。

步骤二：在下拉列表中选择【绘制表格】，此时鼠标指针变成✏形状。

步骤三：在文档空白处按住鼠标左键并拖动绘制虚线框或线条，松开左键即可绘制矩形框或线条，如图 4-166 所示。

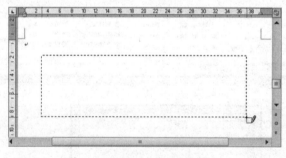

图 4-166　绘制表格

在绘制表格时，鼠标指针一直保持✏形状，按 Esc 键可退出此状态。

如果绘制错了，可以利用表格工具【设计】选项卡【绘制边框】选项组中的【擦除】命令擦除。擦除方法为

步骤一：单击【擦除】命令，此时鼠标指针变为🖋形状。

步骤二：将指针置于要擦除的线上，单击鼠标左键即可擦除。

4.4.2　表格的编辑

表格创建好以后，在功能区新增了表格工具【设计】与【布局】选项卡，利用这两个选项卡可以根据需要对表格进行编辑调整。表格的编辑包括在已有的表格中插入或删除行或列、修改行

高和列宽、拆分表格、拆分或合并单元格等。通过编辑可以制作出符合要求的表格。

1. 选定表格

要对表格进行编辑，首先要选定表格或需要编辑的行、列和单元格，才能对这些选中的内容进行各种操作。

(1) 使用鼠标选定。

① 选定表格。

单击表格左上角的 ⊞ 按钮即可选定整个表格。

② 选定表格的行。

将鼠标指针移到表格中某一行的左侧，当鼠标指针变成右上指的空心箭头（↗）时，单击左键就可选定所指的行。

若要选择连续多行，只要从开始行拖动鼠标到其他行，放开鼠标左键即可，或先选定一行，然后按住 Shift 键的同时再选定其他行。

③ 选定表格的列。

将鼠标指针移到表格中某一列的顶端，当鼠标指针变成向下指的实心箭头（↓）时，单击左键就可选定所指的列。

若要选择连续多列，只要从开始列拖动鼠标到其他行列，放开鼠标左键即可，或先选定一列，然后按住 Shift 键的同时再选定其他列。

④ 选定表格的单元格。

将鼠标指针移动到某单元格的左边界上，当鼠标指针变成右上指的实心箭头（◥）时，单击左键，即可选定所指的单元格。

(2) 使用【选择】命令选定。

步骤一：将光标停在表格的单元格内。

步骤二：单击【布局】选项卡【表】选项组中的【选择】命令，打开下拉列表，如图 4-167 所示。

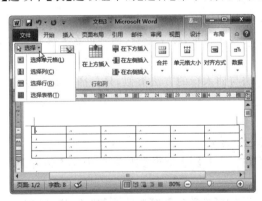

图 4-167　【选择】下拉列表

步骤三：在下拉列表中分别选择【选择单元格】、【选择列】、【选择行】或【选择表格】选项，就可以选定光标所在的单元格、列、行或表格。

(3) 使用键盘选定。

① 将光标停在表格的单元格内，按住 Shift 键的同时，再按方向键，就可以选择光标所在的单元格及相邻的单元格。

② 将光标停在表格最左侧或最右侧的单元格内，按住 Shift 键的同时，按方向键的→键至最

右侧或←键至最左侧的单元格,可选定一行。

③ 将光标停在表格最上方或最下方的单元格内,按住 Shift 键的同时,按方向键的↓键至最下方或↑键至最上方的单元格,可选定一列。

④ 当光标所在的单元格中已经输入文本时,按 Shift+Tab 组合键可选定上一单元格中的文本,只按 Tab 键可选定下一单元格中的文本。

2. 插入或删除行、列及单元格

(1) 插入行。

① 表格的顶部插入行。

如果要在表格的顶部插入一行或几行,其方法如下。

步骤一:选定表格的第一行或其下的几行。

步骤二:单击【布局】选项卡【行和列】选项组中的【在上方插入】命令,即可在表格上方插入与所选行数相等的空行。

② 表格的中间插入行。

如果要在表格的中间某个位置插入一行或几行,其方法如下。

步骤一:需在要插入空行的位置下面(或上面)选定一行或其下(或上)的几行。

步骤二:单击【布局】选项卡【行和列】选项组中的【在上方插入】或【在下方插入】命令即可。

另外,还可以将光标移到要插入行的上一行的结束符处,然后按 Enter 键,即可插入一行。

③ 表格的底部插入行。

如果要在表格的底部插入一行或几行,其方法如下。

步骤一:选定表格的最后一行或其上的几行。

步骤二:单击【布局】选项卡【行和列】选项组中的【在下方插入】命令即可。

另外,在选择的单元格上右击,在右键菜单中选择【插入】命令,在打开的下拉列表中选择相应的选项也可以实现上述各种插入操作。

提示:将光标停在表格某一行的结束符处,然后按 Enter 键,都可以在其下面插入一行。而将光标停在表格最右下角的单元格中,按 Tab 键,则可以在表格的底部插入一行。

(2) 插入列。

在表格中插入列的方法与插入行的方法类似,只是插入的命令变为【在左侧插入】或【在右侧插入】,在此就不再赘述。

(3) 删除行、列。

步骤一:选定要删除的行或列。

步骤二:单击【布局】选项卡【行和列】选项组中的【删除】命令,打开下拉列表,如图 4-168 所示。

步骤三:在下拉列表中选择【删除行】或【删除列】选项,或者按 Backspace 键即可。

(4) 删除单元格。

步骤一:选定要删除的单元格。

步骤二:单击【布局】选项卡【行和列】选项组中的【删除】命令,打开下拉列表。

步骤三:在下拉列表中选择【删除单元格】选项、在快捷菜单中选择【删除单元格】命令或者按 Backspace 键,都会打开【删除单元格】对话框,如图 4-169 所示。

步骤四:在对话框中选择【右侧单元格左移】或【下方单元格上移】单选项,再单击【确定】按钮即可。

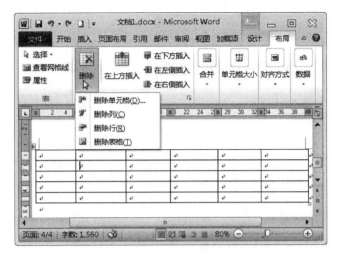

图 4-168 【删除】下拉列表   图 4-169 【删除单元格】对话框

3. 调整行高、列宽

（1）调整行高。

① 使用鼠标调整表格的行高。

步骤一：将鼠标指针移到表格中需要调整行高的行边界线上，当指针变成上、下指向的分裂箭头（ ÷ ）时，按住左键，此时出现一条水平的横向虚线，如图 4-170 所示。

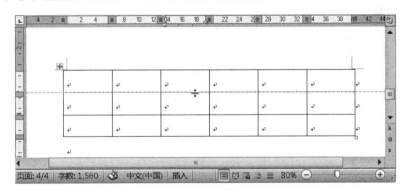

图 4-170 用鼠标调整行高

步骤二：拖动鼠标到所需的新位置上，放开左键即可。

② 使用功能区命令。

步骤一：将光标停在要调整行高的行中，或者选中该行。

步骤二：在【布局】选项卡【单元格大小】选项组中的【表格行高】或【表格列宽】微调框中输入或调整行高及列宽数值即可。

③ 使用【表格属性】对话框。

步骤一：将光标停在要调整行高的行中，或者选中该行。

步骤二：单击【布局】选项卡【单元格大小】选项组中的【显示"表格属性"对话框】命令，打开【表格属性】对话框，如图 4-171 所示。

步骤三：在对话框的【行】选项卡中选择【指定高度】复选框，并在其后的微调框内输入或调

图 4-171　【表格属性】对话框

整行高值即可。

还可以单击【上一行】或【下一行】按钮，继续为上一行或下一行调整行高。

（2）调整列宽。

调整列宽的方法与调整行高的方法同理。

提示：单击【布局】选项卡【单元格大小】选项组中的【分布行】或【分布列】命令，可实现平均分布表格中的各行或各列。

4. 拆分表格

拆分表格是将一个表格从指定位置拆分成两个表格，拆分方法如下。

步骤一：将光标停在要拆分的那一行的任意单元格中。

步骤二：单击【布局】选项卡【合并】选项组中的【拆分表格】命令，即可在插入点所在的行上方插入一空白段，把原表格拆分为上下两半，形成两个表格。

例如：在只有三行的表格中，将光标停在第三行的任意单元格中，经拆分表格操作后效果如图 4-172 所示。

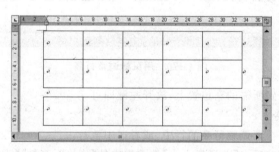

图 4-172　拆分表格

提示：将光标停在要拆分的那一行的任意单元格中，按 Ctrl＋Shift＋Enter 组合键可快速拆分表格。按 Delete 键删除中间那行空白可快速合并表格。

5. 拆分或合并单元格

（1）拆分单元格。

步骤一：选定要拆分的单元格。

步骤二：单击【布局】选项卡【合并】选项组中的【拆分单元格】命令，或在快捷菜单中选择【拆分单元格】命令,打开【拆分单元格】对话框,如图 4-173 所示。

步骤三:在对话框中的【列数】、【行数】微调框中输入或调整要拆分的列数和行数,单击【确定】按钮即可。

例如:将"邮编"后面的单元格拆分为 6 个单元格,拆分后的结果如图 4-174 所示。

(2) 合并单元格。

拆分和合并是两个相反的过程。

图 4-173 【拆分单元格】对话框

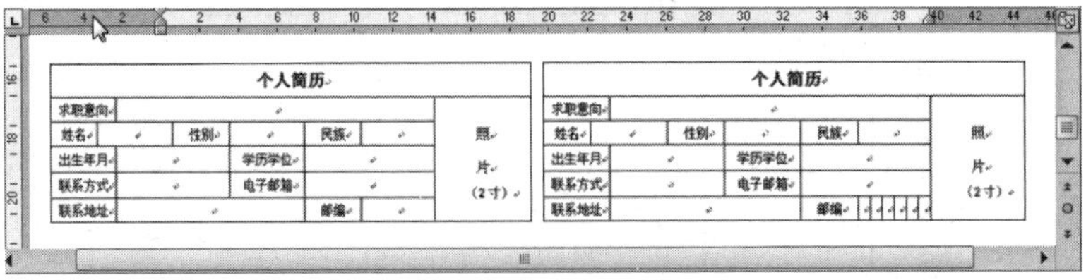

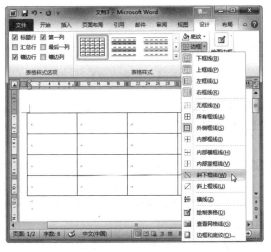

图 4-174 拆分单元格效果

步骤一:选定需要合并的单元格。

步骤二:单击【布局】选项卡【合并】选项组中的【合并单元格】命令,或在快捷菜单中选择【合并单元格】命令即可。

6. 绘制斜线表头

斜线表头可将表中的内容按类别分成多个项目,清晰地显示行与列的字段信息,斜线表头一般在表格的第一个单元格中。Word 2010 与之前的 Word 版本不同,取消了内置的斜线表头选项功能,因此,对于复杂的斜线表头(多于一条斜线),只能采用绘制的方式完成。

(1) 绘制一根斜线的二分表头。

① 使用【边框】命令。

步骤一:将光标停在首行第一个单元格中。

步骤二:单击【开始】选项卡【段落】选项组中【边框】命令右侧的下三角按钮,或者单击【设计】选项卡【表格样式】选项组中【边框】命令右侧的下三角按钮,打开【边框】下拉列表,如图 4-175 所示。

图 4-175 【边框】下拉列表

步骤三：在下拉列表中选择【斜下框线】选项即可，如图 4-176 所示。

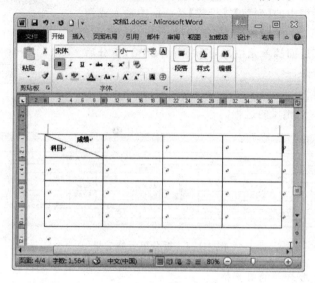

图 4-176　插入【斜下框线】

② 使用【边框和底纹】对话框。

步骤一：将光标停在首行第一个单元格中。

步骤二：在方法①中所述的【边框】下拉列表中选择【边框和底纹】选项，或者右击鼠标，在右键菜单中选择【边框和底纹】命令，打开【边框和底纹】对话框，如图 4-177 所示。

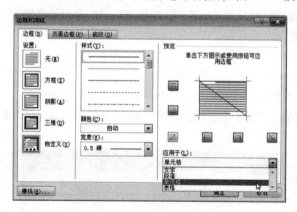

图 4-177　【边框和底纹】对话框

步骤三：在对话框右侧的【预览】区内单击右下角的 按钮，在【应用于】下拉列表中选择【单元格】选项，单击【确定】按钮即可。

③ 绘制斜线。

步骤一：单击【设计】选项卡【绘图边框】选项组中的【绘制表格】命令，此时鼠标指针变成 形状。

步骤二：在首行第一个单元格中绘制一条斜线即可，如图 4-178 所示。

（2）绘制两根、多根斜线的表头。

用上述③中绘制斜线的方法，可在表格第一个单元格中绘制两根或多根斜线的表头，且表头的样式可根据需要绘制。

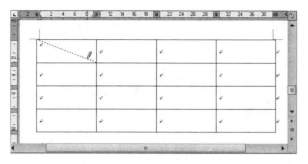

图 4-178　绘制斜线

4.4.3　表格中输入文本

表格中的文本输入与文档中其他地方的文本输入一样，每个单元格的内容都可以看成一个小文档。建立空表格后，用鼠标将光标移动到表格的单元格中，然后用输入文档的方法向该单元格内输入文本。除此之外，单元格中还可以插入图片、表格、绘画等其他信息。当输入的内容达到单元格的右边线时会自动换行，而当输入的内容或插入的图片超出一行时，单元格的行高会自动升高，除非被精确指定了行高。

输入文本后，表格中的文本排版与文档中的文本排版方法类似。首先要选定表格中需要排版的单元格区域，然后使用功能区中的文本排版命令，如【字体】、【段落】选项组中的格式命令等，对表格中的文本进行排版。

4.4.4　设置表格格式

设置表格的格式主要是为了对表格的外观进行修饰，使表格更加美观。在 Word 2010 提供的表格工具【设计】和【布局】选项卡中，可以对表格的样式、边框和底纹、对齐方式、文字方向及文字环绕方式等格式进行设置。

1. 设置表格样式

设置 Word 2010 的表格样式，可选择内置样式或自定义样式。内置的表格样式已经对表格的边框、字体、颜色等格式进行了设置，使用内置样式可以使设计表格更加简单、快捷。Word 2010 提供了 141 种内置样式，用户可以直接应用这些内置样式，也可以根据需要对样式进行修改和自定义。

（1）套用内置表格样式。

步骤一：当表格建立完后，将光标停在表格中的任意位置。

步骤二：单击【设计】选项卡【表格样式】选项组中的【其他】命令，打开下拉列表，如图 4-179 所示。

步骤三：在下拉列表中选择一种合适的内置样式即可。

选择时，将鼠标停在样式上面，会显示该样式的名称。例如：在下拉列表中选择"彩色型 2"，其效果如图 4-180 所示。

（2）修改表格样式。

套用了内置表格样式后，用户还可以对原有样式进行修改，修改方法如下：

① 使用【表格样式选项】选项组。

步骤一：将光标停在表格中。

225

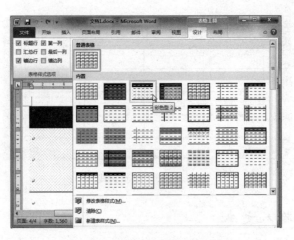

图 4-179 【表格样式】下拉列表

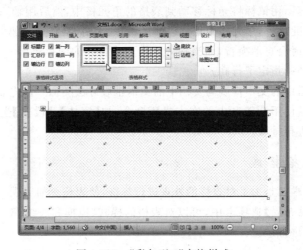

图 4-180 "彩色型 2"表格样式

步骤二：单击选中【设计】选项卡【表格样式选项】选项组中各命令前的复选框即可。

但这些命令中的行和列要针对有这些设置的内置表格样式,如果原有样式没有这些行和列的特殊格式,那么选择后也不会改变。比如,一种内置表格样式里没有【汇总行】的特殊格式,那么选择【汇总行】复选框,表格样式也不会发生改变。

【表格样式选项】选项组中各命令的功能如表 4-15 所示。

表 4-15 【表格样式选项】选项组中各命令功能

名　　称	功　　能
标题行	选择后,表格的第一行将显示特殊格式
汇总行	选择后,表格的最后一行将显示特殊格式
镶边行	选择后,表格中的奇数行与偶数行将分别显示不同的特殊格式
第一列	选择后,表格的第一列将显示特殊格式
最后一列	选择后,表格的最后一列将显示特殊格式
镶边列	选择后,表格中的奇数列与偶数列将分别显示不同的特殊格式

② 使用【修改样式】对话框。

步骤一：将光标停在表格中。

步骤二：单击【设计】选项卡【表格样式】选项组中的【其他】命令，打开下拉列表。

步骤三：在下拉列表中选择【修改表格样式】选项，打开【修改样式】对话框，如图 4-181 所示。

图 4-181 【修改样式】对话框

步骤四：在对话框中对【属性】和【格式】选项区进行设置即可，对话框中间可预览表格及查看表格目前格式。另外，单击左下角的【格式】按钮，可打开下拉列表，在里面还可以分别对表格的属性、边框和底纹、字体、文本效果等格式进行设置，如图 4-182 所示。

图 4-182 【格式】下拉列表

（3）自定义表格样式。

自定义表格样式与修改表格样式操作方法类似，不同的是修改表格样式是在已有的样式上进行修改，而自定义表格样式是基于普通表格样式设置，其设置方法如下。

步骤一：将光标停在表格中。

步骤二：单击【设计】选项卡【表格样式】选项组中的【其他】命令，打开下拉列表。

步骤三：在下拉列表中选择【新建表样式】选项，打开【根据格式设置创建新样式】对话框，如图 4-183 所示。

步骤四：在对话框中对【属性】和【格式】选项区进行设置即可，设置方法类似修改表格样式。

2. 设置边框和底纹

边框是表格中的横竖线条，底纹是表格中的背景，包括颜色和图案。除了内置表格样式自带的边框和底纹样式，Word 2010 还提供了 13 种边框样式及各种颜色的纯色底纹，用户可以根据需要设置适合的边框和底纹，设置方法如下：

（1）设置边框。

① 使用【边框】命令。

步骤一：选中需要设置边框的表格或单元格。

图 4-183 【根据格式设置创建新样式】对话框

步骤二：单击【设计】选项卡【表格样式】选项组中的【边框】命令，打开下拉列表。

步骤三：在下拉列表中选择一种内置样式即可。

② 使用【边框和底纹】对话框。

步骤一：选中需要设置边框的表格或单元格。

步骤二：单击【设计】选项卡【表格样式】选项组中的【边框】命令，打开下拉列表。

步骤三：在下拉列表中选择【边框和底纹】选项，或单击快捷菜单中的【边框和底纹】命令，打开【边框和底纹】对话框，如图 4-177 所示。

步骤四：在对话框的【边框】选项卡中设置边框的样式、颜色、宽度及应用范围即可，此选项卡的应用范围为表格或单元格。另外，在预览区有 8 个边框按钮，可通过单击选择或取消该按钮表示的边框线条，并通过预览区查看效果。设置后的效果如图 4-184 所示。

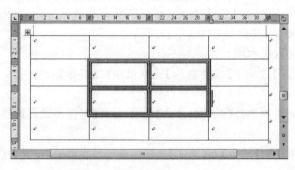

图 4-184 设置选定单元格边框

（2）设置底纹。

① 使用【底纹】命令。

步骤一：选中需要设置边框的表格或单元格。

步骤二：单击【设计】选项卡【表格样式】选项组中的【底纹】命令，打开下拉列表。

步骤三：在下拉列表中选择一种预置颜色即可，鼠标停留在颜色格里即可预览设置效果。

另外，如果预置颜色不能满足，还可以单击【其他颜色】选项，在弹出的【颜色】对话框中设置颜色即可。

② 使用【边框和底纹】对话框。

步骤一：选中需要设置边框的表格或单元格。

步骤二：单击【设计】选项卡【表格样式】选项组中的【边框】命令，打开下拉列表。

步骤三：在下拉列表中选择【边框和底纹】选项，或单击快捷菜单中的【边框和底纹】命令，打开【边框和底纹】对话框。

步骤四：在对话框的【底纹】选项卡中设置底纹的填充颜色、图案样式、图案颜色及应用范围即可，如图 4-185 所示。此选项卡的应用范围为表格或单元格。

图 4-185　【底纹】选项卡

底纹有纯色底纹和图案底纹两种。其中【填充】选项设置纯色底纹，【图案】选项区设置图案底纹，包括图案的样式和颜色，在预览区可查看设置效果。

例如：在选定单元格中设置图案底纹后效果如图 4-186 所示。

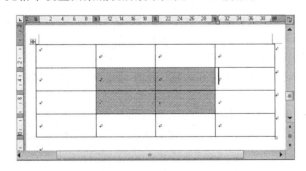

图 4-186　设置选定单元格底纹

3. 设置对齐方式

（1）表格中文字的对齐方式。

表格中的文本也可以像文档中的文本一样进行对齐。

步骤一：选中需要进行对齐操作的单元格。

步骤二：单击【布局】选项卡【对齐方式】选项组中的某种【对齐】命令即可。该选项组中共有 9 种对齐命令，将鼠标移动到相应命令上，即可显示该命令的名称。

另外右击鼠标，在快捷菜单中选择【单元格对齐方式】命令，再在打开的下拉列表中选择一种对齐方式即可。

例如：对 9 个单元格分别设置 9 种对齐方式，其效果如图 4-187 所示。

（2）设置文字方向。

在表格的编辑中，文本默认都是横向排列，但用户可根据需要重新设置文字的方向。

① 使用功能区命令。

步骤一：选择要改变文字方向的单元格。

步骤二：单击【布局】选项卡【对齐方式】选项组中的【文字方向】命令即可。

② 使用【文字方向-表格单元格】对话框。

步骤一：选择要改变文字方向的单元格。

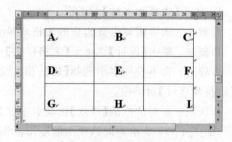

图 4-187 设置单元格对齐方式

步骤二：右击鼠标，在右键菜单中选择【文字方向】命令，打开使用【文字方向-表格单元格】对话框，如图 4-188 所示。

步骤三：在对话框中选择适合的文字方向即可，设置后效果如图 4-189 所示。

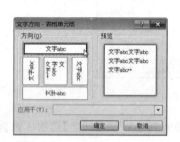

图 4-188 【文字方向-表格单
元格】对话框

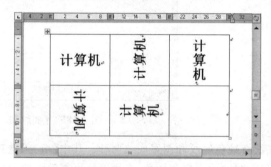

图 4-189 设置单元格文字方向

（3）设置单元格边距。

步骤一：选中要设置边距的单元格。

步骤二：单击【布局】选项卡【对齐方式】选项组中的【单元格边距】命令，打开【表格选项】对话框，如图 4-190 所示。

步骤三：在对话框中设置合适的边距和间距即可。

其中，单元格边距是指单元格中文本与单元格边框之间的距离，而单元格间距是指单元格之间的距离。

（4）设置表格对齐方式和文字环绕。

表格作为一个整体对象，也可以设置其在文档中的位置和文字环绕方式，设置方法如下：

步骤一：将光标停在表格内。

步骤二：单击【布局】选项卡【单元格大小】选项组中的【显示"表格属性"对话框】命令，或者右击鼠标，在快捷菜单中选择【表格属性】命令，打开【表格属性】对话框，如图 4-191 所示。

步骤三：在对话框的【表格】选项卡【对齐方式】选项区即可设置表格在文档中的对齐方式，在【文字环绕】选项区即可设置文字的环绕方式。

① 对齐方式有【左对齐】、【居中】、【右对齐】三种对齐方式，如果选择【左对齐】，则【左缩进】微调框变成可用状态，且可输入或调整左缩进的值。

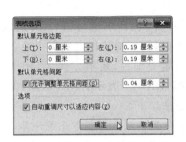

图 4-190　【表格选项】对话框　　　　　　图 4-191　【表格属性】对话框

② 文字环绕有【无】和【环绕】两个选项,选择【环绕】则【定位】按钮变成可用状态,单击可打开【表格定位】对话框,如图 4-192 所示,在对话框中可设置表格被环绕的位置。

4. 设置跨页断行和标题行重复

(1) 设置跨页断行。

当表格过长,超过文档页面时,可以对表格进行跨页断行设置,使其剩余部分继续存放在下一页,设置方法如下。

步骤一:选定需要设置跨页断行的表格。

步骤二:右击鼠标,在快捷菜单中选择【表格属性】命令,打开【表格属性】对话框。

步骤三:在对话框的【行】选项卡【选项】区域选中【允许跨页断行】复选框,单击【确定】按钮完成,如图 4-193 所示。

图 4-192　【表格定位】对话框　　　　　　图 4-193　【行】选项卡

(2) 设置标题行重复。

如果用户希望表格在新的一页中也显示标题行,需要把光标移动到第一页表格中标题行的单元格内或者选中标题行。在上述【选项】区域选中【在各页顶端以标题行形式重复出现】复选框,单击【确定】按钮完成。

4.4.5 表格中的数据处理

在 Word 2010 表格中，可运用公式或函数对表格中的数据进行加、减、乘、除和求平均值等简单运算。还可以通过排序功能按照一定的规律对表格中的数据进行排序。

1. 表格中数据的计算

Word 2010 表格中提供了多种函数来对数据进行计算，包括求绝对值(ABS)、求平均值(AVERAGE)、求和(SUM)、求最大值(MAX)、求最小值(MIN)、统计指定数据个数(COUNT)等，功能与 Excel 中的这些函数一致。计算时函数前一定要加=，表示方式为“=函数名(参数)”，如“=SUM(LEFT)”。其中 LEFT 表示左边的数据，RIGHT 表示右边的数据，ABOVE 表示上方的数据，BELOW 表示下方的数据。公式的计算方法如下：

提示： 在 Word 2010 表格中可以像在 Excel 中一样，使用单元格来参与公式计算，单元格用列标和行号来表示，如“=SUM(B2+C2)”，具体使用方法可参考 Excel 2010 的公式使用。

步骤一：选择要计算数据的单元格。

步骤二：单击【布局】选项卡【数据】选项组中的【公式】命令，打开【公式】对话框，如图 4-194 所示。

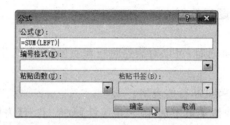

图 4-194 【公式】对话框

步骤三：在对话框的【公式】文本框中输入公式，或者在【粘贴函数】列表框中选择函数，在【数字格式】下拉列表框中选择数字的格式，单击【确定】按钮即可。

例如：以图 4-195 中的表格为例，要求计算“苹果”三季度的销售总量，计算后的结果如图 4-196 所示。

三季度水果销售情况（单位：千克）

月份/品种	七月	八月	九月	三季度
苹果	900	970	1020	
香蕉	780	760	810	
梨	830	790	770	
西瓜	1150	1580	1440	

图 4-195 计算前表格

三季度水果销售情况（单位：千克）

月份/品种	七月	八月	九月	三季度
苹果	900	970	1020	2890
香蕉	780	760	810	
梨	830	790	770	
西瓜	1150	1580	1440	

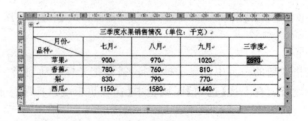

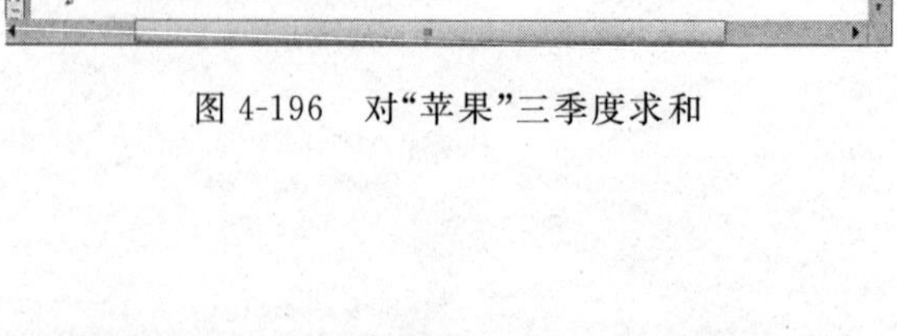

图 4-196 对“苹果”三季度求和

2. 表格内数据的排序

在表格 Word 2010 中，可以按递增或递减的顺序对单元格里面的内容进行排序。排序类型包括笔画、数字、日期和拼音。

步骤一：选择要排序的表格或单元格区域。

步骤二：单击【布局】选项卡【排序】选项组中的【排序】命令，打开【排序】对话框，如图 4-197 所示。

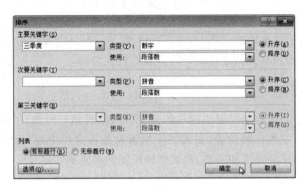

图 4-197 【排序】对话框

步骤三：在对话框中对关键字、类型、升降序，是否有标题行等选项进行设置即可。

① 当【主要关键字】相同时，可按【次要关键字】排序，如果【次要关键字】也相同，可再按【第三关键字】排序。

② 【升序】或【降序】是按选择的关键字和类型来递增或递减排列的。

③ 如果表格带有标题行，则可单击【有标题行】单选按钮，此时关键字列表中将显示各列的标题。如无标题，则关键字列表中显示的是列 1、列 2、列 3 等。

例如：将图 4-196 中所有水果“第三季度”的销售总量都计算出来后，对其按升序排序，结果如图 4-198 所示。

3. 将表格转换为文本

在前面“4.4.1 节表格的创建”中介绍了将文本转换为表格的方法，在 Word 2010 中还可以将表格转换为文本，使文本之间用分隔符来隔开。表格转换为文本的方法如下。

步骤一：选择需要转换的表格。

步骤二：单击【布局】选项卡【数据】选项组中的【转换成文本】命令，打开【表格转换成文本】对话框，如图 4-199 所示。

三季度水果销售情况（单位：千克）				
月份 / 品种	七月	八月	九月	三季度
香蕉	780	760	810	2350
梨	830	790	770	2390
苹果	900	970	1020	2890
西瓜	1150	1580	1440	4170

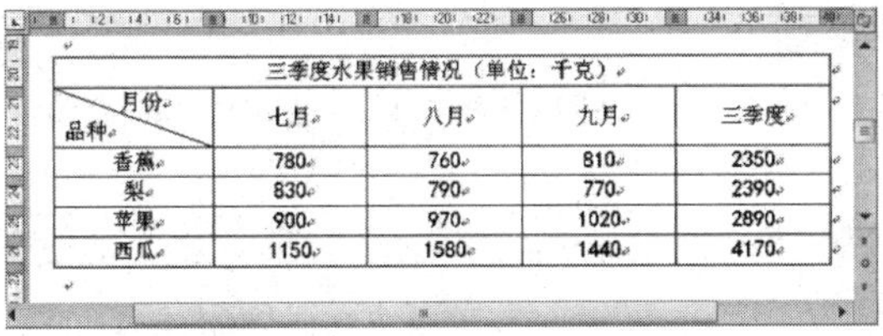

图 4-198 “三季度”升序排序

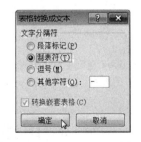

图 4-199 【表格转换成文本】对话框

步骤三：在对话框中选择用来分隔文字的分隔符，单击【确定】按钮即可。

① 选择【段落标记】，则将每个单元格的内容转换成一个段落。

② 选择【制表符】、【逗号】或【其他字符】，则每个单元格的内容转换成以选择的分隔符分隔的文本，且每行单元格的内容都将转换为一个段落。

4.5 长文档排版

当文档较长时，为了使文档格式统一、更具可读性，Word 2010 提供了书签、目录、分节、题注等高级排版功能，帮助用户对文档进行更好的排版处理。

4.5.1 使用书签

书签用于标识和命名指定的位置或选中的文字、图片、表格等对象。在文档中插入书签后，可以直接快速定位到书签所在的位置，而无须使用滚动条在文档中进行查找，这一点在长文档中非常实用。使用书签需要先添加书签，然后根据添加的书签进行定位。

1. 添加书签

步骤一：将光标停在要添加书签的位置。

步骤二：单击【插入】选项卡【链接】选项组中的【书签】命令，打开【书签】对话框，如图 4-200 所示。

步骤三：在对话框的【书签名】文本框中输入书签名，在【排序依据】选项区根据需要选择按【名称】还是【位置】排序，单击【添加】按钮即可。

提示：每个书签都有一个唯一的名称，书签名称一般以字母或文字开头，且名称中间不能有空格。如果书签的名称不连续，最好选择以【位置】为排序依据。

2. 删除书签

添加好书签后，在【书签】对话框的【书签名】列表框中就会显示添加的书签名称。添加的书签无法在文本中删除，只能通过【书签】对话框删除，删除方法如下。

步骤一：单击【插入】选项卡【链接】选项组中的【书签】命令，打开【书签】对话框。

步骤二：在【书签名】列表框中选择要删除的书签名，单击【删除】按钮即可，如图 4-201 所示。

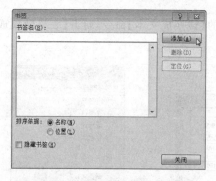

图 4-200 【书签】对话框

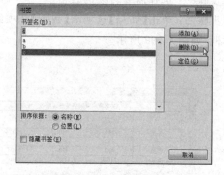

图 4-201 删除书签

3. 定位书签

定位书签可以通过【书签】与【查找和替换】对话框来实现。

① 使用【书签】对话框。

步骤一：单击【插入】选项卡【链接】选项组中的【书签】命令，打开【书签】对话框。

步骤二：在【书签名】列表框中选择要定位的书签名，单击【定位】按钮即可。

② 使用【查找和替换】对话框。

步骤一：单击【开始】选项卡【编辑】选项组中的【替换】命令，或者按 Ctrl＋H 组合键，打开【查找和替换】对话框。

步骤二：打开对话框的【定位】选项卡，在【定位目标】列表框内选择【书签】，在右侧即可出现【请输入书签名称】文本框，如图 4-202 所示。

步骤三：在文本框中输入要定位的书签名称，或者单击文本框右侧的下三角按钮，在下列列表中选择要定位的书签名称，单击【定位】按钮即可。

图 4-202　定位书签

4. 显示书签

添加书签后，默认情况下并不会在文档中显示书签，但用户可通过设置在文档中显示书签。

步骤一：单击【文件】选项卡中的【选项】命令，打开【Word 选项】对话框。

步骤二：在对话框中单击【高级】选项，在右侧的【显示文档内容】选项区选中【显示书签】复选框，单击【确定】按钮即可，如图 4-203 所示。

图 4-203　显示书签

4.5.2　使用格式刷与样式

在 Word 中使用样式或格式刷，可以减少重复性操作，快速统一文档的格式。但是两者的使用方法不一样，用户可根据需要，选择一种最便捷、最高效的方式来快速格式化文档。

1. 使用格式刷

格式刷是快速复制格式的工具，使用它可以把源区域的格式快速应用到目标区域中，从而省去了逐个设置格式的麻烦。格式刷可以复制文本格式、段落格式、基本图形格式（如边框、颜色、样式）等格式。

（1）复制文本格式。

复制文本格式主要是针对字体格式，如字体、字号、颜色、加粗等格式，而且在选择已设置好格式的文本时，只需要选择其中一部分即可，即使只有一个文字，其使用方法如下：

步骤一：选择已设置好格式的文本。

步骤二：单击或双击【开始】选项卡【剪贴板】选项组中的【格式刷】命令，如图 4-204 所示，此时鼠标指针变为刷子（🖌）形状。

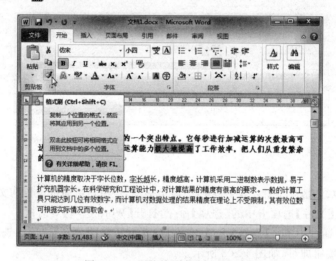

图 4-204　用格式刷复制文本格式

① 单击【格式刷】命令，则格式刷记录的文本格式只能被复制一次。

② 双击【格式刷】命令，则格式刷记录的文本格式可重复复制多次。

步骤三：按住鼠标左键拖选需要设置格式的文本，则格式刷刷过的文本将被应用被复制的格式，如图 4-205 所示。如果在步骤二中双击【格式刷】命令，则释放鼠标左键后，再次拖选其他文本，可实现同一种格式的多次复制，次数不限，当不需要再复制时，单击【格式刷】命令，或者按 Esc 键即可退出格式刷模式。

（2）复制段落格式。

复制段落格式包括了字体格式和段落格式，其中段落格式还包括了段落的缩进、对齐方式、间距等。复制段落的方法与复制字体格式基本相同，只是在步骤一中需选择整个段落，在步骤三中需拖拉整个段落。复制段落格式前后效果分别如图 4-206 和图 4-207 所示，此时设置后两个段落的格式是一致的，除了字体格式，还包括首行缩进及间距。

（3）复制基本图形格式。

复制图形的格式主要包括图形的边框、颜色、样式等格式。复制方法仍然与复制字体格式基本相同，只是在步骤一中需选择设置了格式的图形，在步骤三中直接单击被应用格式的图形即可。复制后的效果如图 4-208 所示，两个图形的颜色、边框、样式都一致。

提示：在使用格式刷时可使用快捷键：Ctrl＋Shift＋C（复制格式）和 Ctrl＋Shift＋V（粘贴格式）。

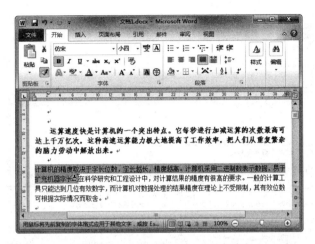

图 4-205　应用被复制的文本格式

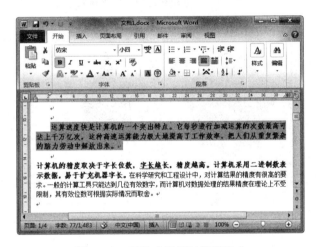

图 4-206　用格式刷复制段落格式

2. 使用样式

样式是一组命名的字符和段落格式,规定了文档中的字、词、句、段与章等文本元素的格式。使用样式可快速地格式化文档,确保文本格式的一致性。Word 2010 提供了标题样式、正文样式等内置样式,但用户可根据需要修改样式和新建样式。

(1) 使用内置样式。

步骤一:选择要应用样式的文本。

步骤二:单击【开始】选项卡【样式】选项组中的【其他】命令,打开下拉列表,如图 4-209所示。

步骤三:在下拉列表中选择适合的样式即可。

另外,单击【开始】选项卡【样式】选项组中的【显示"样式"窗口】命令,在【样式】界面中选择合适的样式也可以,如图 4-210 所示。

(2) 修改样式。

① 使用【更改样式】命令。

步骤一:选择要更改的样式。

图 4-207　应用被复制的段落格式

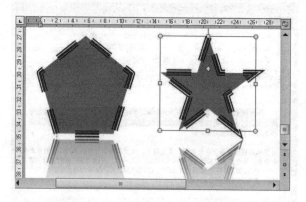

图 4-208　应用被复制的图形格式

图 4-209　【样式】下拉列表

步骤二：单击【开始】选项卡【样式】选项组中的【更改样式】命令，打开下拉列表。

步骤三：在下拉列表中选择要更改的【样式集】、【颜色】、【字体】或【段落间距】即可。

② 使用【修改样式】对话框。

步骤一：选择要更改的样式。

步骤二：单击【开始】选项卡【样式】选项组中的【其他】命令，或者右击鼠标，在快捷菜单中单击【样式】命令，打开下拉列表。

步骤三：在下拉列表中选择【应用样式】选项，弹出【应用样式】对话框，如图 4-211 所示。

图 4-210 【样式】界面

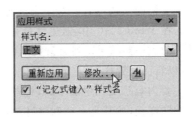

图 4-211 【应用样式】对话框

步骤四：在【应用样式】对话框中单击【修改】按钮，弹出修改样式对话框，如图 4-212 所示。

图 4-212 修改样式对话框

步骤五：在【修改样式】对话框中对样式的【属性】、【格式】选项区进行设置，单击【确定】按钮即可。在左下角的【格式】按钮里面可对【字体】、【段落】等格式进行设置。

另外,也可以直接在文档中修改好样式后,打开【应用样式】对话框,在对话框中对【样式名】重命名即可。

(3) 新建样式。

步骤一:单击【开始】选项卡【样式】选项组中的【显示"样式"窗口】命令,打开【样式】界面。

步骤二:在【样式】界面中单击【新建样式】按钮 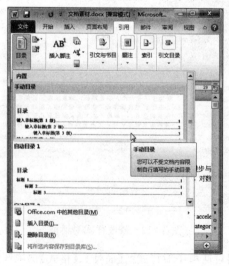,打开【根据格式设置创建新样式】对话框。

【根据格式设置创建新样式】对话框中的内容与【修改样式】对话框中的基本一样。

步骤三:在对话框中根据需要的格式进行设置即可。

提示:除了内置样式外,修改和新建的样式都会出现在【样式】下拉列表和【样式】界面中,在应用时只要先选中要应用的文字或段落,再单击该样式名称,即可将设置的样式应用到文字或段落里。

4.5.3 创建目录

目录可以将文档中的章、节标题及其页码按照页码的先后顺序显示出来,以便用户快速找到相关章节和了解文档的大致内容。对于书或论文等长文档,目录是不可缺少的,目录一般位于文档正文之前。在 Word 2010 中,创建目录有手动和自动两种方式,手动主要是利用内置的目录样式,包括【手动表格】和【手动目录】两种,而自动除了内置的【自动目录 1】和【自动目录 2】两种样式外,还可以自己设置样式。

由于目录的主要内容是文档中的章、节标题及其页码,所以在创建目录之前,一定要对各级标题设置相应的标题样式,尤其是自动创建目录,设置各级标题样式是关键,使用样式的方法在4.5.2 节已介绍,这里不再赘述。

1. 手动创建目录

手动目录,用户可以自己进行填写,不受文档内容的限制。

步骤一:将光标停在要创建目录的位置。

步骤二:单击【引用】选项卡【目录】选项组中的【目录】命令,打开下拉列表。

步骤三:在下拉列表内置的两种手动样式中选择一种,如图 4-213 所示。

图 4-213 【目录】下拉列表

步骤四：在创建的目录中对标题及页码进行编辑即可，如图 4-214 所示。

图 4-214　编辑手动目录

2．自动创建目录

① 使用内置样式。

步骤一：首先对文档中各级标题设置相应的标题样式。

步骤二：将光标停在要创建目录的位置。

步骤三：单击【引用】选项卡【目录】选项组中的【目录】命令，打开下拉列表。

步骤四：在下拉列表内置的两种自动样式中选择一种即可，如图 4-215 所示。

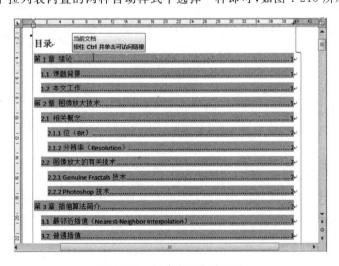

图 4-215　创建内置自动目录

② 插入目录。

插入目录，可以自己设置目录的样式，插入方法如下。

步骤一至步骤三：与方法①使用内置样式中的一致。

步骤四：在下拉列表中选择【插入目录】选项，打开【目录】对话框，如图 4-216 所示。

241

第4章

Word 2010

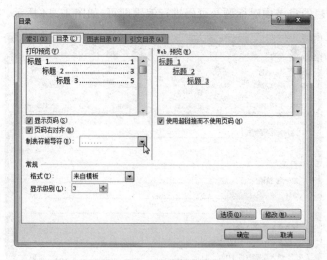

图 4-216 【目录】对话框

步骤五：在对话框中对目录样式进行设置即可。其中单击【选项】按钮可打开【目录选项】对话框，单击【修改】按钮可打开【样式】对话框，用户可根据需求分别在对话框中进行设置。

提示：自动创建目录后，单击目录则整个目录的文本下会出现灰色底纹。并且按住 Ctrl 键，再单击目录中的某一章节，光标就会自动跳转到该章节标题的开始处。

3. 更新目录

在创建自动目录后，如果又对文档中的章节和内容进行了修改，导致目录的章节标题和页码有所变化，那原目录就不准确了，需要对原目录进行更新。更新目录主要是针对自动创建的目录，如果目录是手动填写的，则必须手动进行更新。

步骤一：选择原目录。

步骤二：单击【引用】选项卡【目录】选项组中的【更新目录】命令，打开【更新目录】对话框，如图 4-217 所示。

步骤三：在对话框中根据需要选择【只更新页码】或【更新整个目录】，单击【确定】按钮即可。

另外，右击鼠标，在快捷菜单中选择【更新域】命令，或者直接按 F9 键都可以打开【更新目录】对话框。

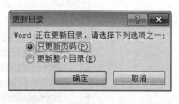

图 4-217 【更新目录】对话框

4.5.4 创建索引

索引是将文档中的关键词或符号等重要内容及其页码形成一条一条的记录，并按一定的顺序排列显示出来，以便用户查阅，是文档内容的地址标记和查阅指南。在创建索引之前，应先将关键词或符号标记成索引项。

1. 标记索引项

当用户将选中的文本标记成索引项后，Word 会自动添加一个特殊的 XE（索引项）域，该域包括已标记的主索引项以及用户选择包含的任何交叉引用信息。如选定内容"计算机"，标记后显示为"计算机{ XE·"计算机"·}"，具体标记方法如下。

步骤一：选中需要标记的文本。

步骤二：单击【引用】选项卡【索引】选项组中的【标记索引项】命令，弹出【标记索引项】对话框，如图 4-218 所示。

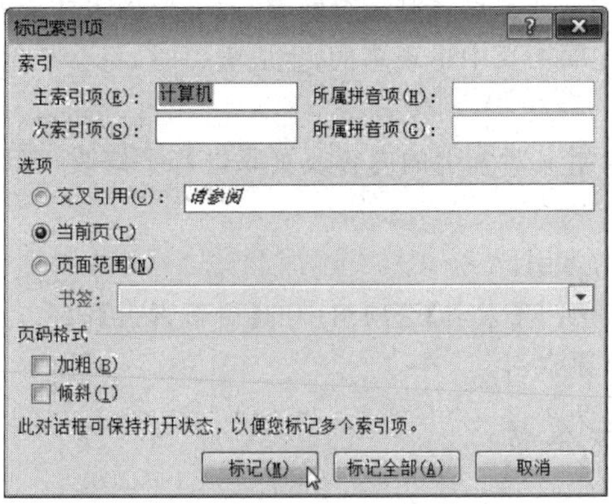

图 4-218 【标记索引项】对话框

步骤三：在对话框中设置【索引】、【选项】、【页码格式】选项区中的各索引项格式即可。

（1）单击【交叉引用】单选按钮，会在本文档的某个位置中引用另一个位置的内容。

（2）单击【当前页】单选按钮，会在当前页中插入索引项，且【标记全部】按钮变为可选状态。

（3）单击【页面范围】单选按钮，【书签】列表框变为可用状态，表示索引相关的内容跨越了多页，跨越范围可用书签来标记。

（4）单击【标记】按钮，只标记选中的文本；单击【标记全部】按钮，可标记与选中文本相同的全部文本。

提示：标记索引项后添加的域信息，可通过单击【开始】选项卡【段落】选项组中的【显示/隐藏编辑标记】命令，选择将其显示或隐藏。

2. 插入索引

步骤一：将光标停在要插入索引的位置。

步骤二：单击【引用】选项卡【索引】选项组中的【插入索引】命令，打开【索引】对话框，如图 4-219 所示。

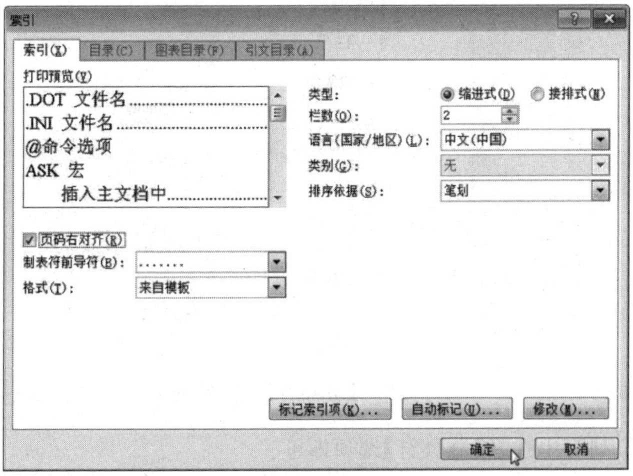

图 4-219 【索引】对话框

步骤三：在对话框中设置索引的【类型】、【栏数】、【语言】、【类别】、【排序依据】等格式即可。

（1）选中【页码右对齐】复选框后，【制表符前导符】下拉列表才会变成可用状态。

（2）如果一个索引项在同一页中出现多次，生成索引时，只会产生该索引项的一条记录。

3. 更新索引

在自动生成索引后，如果又对索引的内容或页码进行了修改，那原索引就不准确了，需要对原索引进行更新。

步骤一：单击要更新的索引。

步骤二：单击【引用】选项卡【索引】选项组中的【更新索引】命令，或者按 F9 键即可。更新索引后，新的索引将会覆盖掉原索引。

4.5.5　设置分页与分节

在 Word 2010 中，默认为当文档的内容填满一页时，才会对文档自动进行分页。但用户也可以通过插入分页符，在文档的任意位置进行强制分页，使分页符后面的内容转到新的一页。分节则可以将文档分成多个部分，每个部分可以有不同的页面设置，如页边距、页眉、纸张大小等。通过插入分节符可以在文档的任意位置实现分节。

1. 设置分页

使用分页符分页，不同于自动分页，分页符前后文档始终处于两个不同的页面中，不会随着字体、版式的改变合并为一页。在 Word 2010 中，有三种方式可在文档中插入分页符。

① 使用【页面设置】选项组。

步骤一：将光标停在需要分页的位置。

步骤二：单击【页面布局】选项卡【页面设置】选项组中的【分隔符】命令，打开下拉列表；如图 4-220 所示。

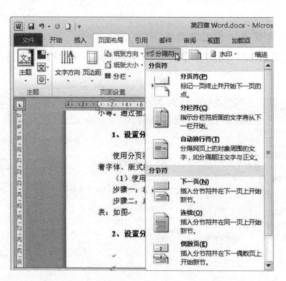

图 4-220　【分隔符】下拉列表

步骤三：在下拉列表中选择【分页符】选项即可。

② 使用【页】选项组。

步骤一：将光标停在需要分页的位置。

步骤二：单击【插入】选项卡【页】选项组中的【分页】命令即可。

③ 将光标停在需要分页的位置，直接按 Ctrl＋Enter 组合键即可。

2. 设置分节

在文档中，插入分节符的地方会有一条双虚线，该双虚线就是分节符。分节符也可以通过单击【开始】选项卡【段落】选项组中的【显示/隐藏编辑标记】命令，选择将其显示或隐藏。

步骤一：将光标停在需要分节的位置。

步骤二：单击【页面布局】选项卡【页面设置】选项组中的【分隔符】命令，打开下拉列表。

步骤三：在下拉列表的【分节符】选项区中选择一种分节符的类型即可。选项区中共有 4 种类型，其说明在列表中即可查阅，如图 4-221 所示。

图 4-221 【分节符】类型说明

4.5.6 使用题注、脚注和尾注

在 Word 2010 文档中，题注就是给图片、表格、图表、公式等项目添加的名称和编号。而当需要对文档的内容、引用的名人或语句进行标注或注释时，可以使用脚注与尾注功能。

1. 使用题注

使用题注功能可以保证长文档中的图片、表格或公式等项目能够顺序地自动编号。如果移动、插入或删除带有题注的项目，Word 2010 可以自动更新题注的编号，以保持编号的连续性。

步骤一：选择需要插入题注的图片、表格等对象。

步骤二：单击【引用】选项卡【题注】选项组中的【插入题注】命令，打开【题注】对话框，如图 4-222 所示。

图 4-222 【题注】对话框

步骤三：在对话框中对题注进行设置后，单击【确定】按钮即可。

对于【题注】对话框中各选项的说明如表 4-16 所示。

表 4-16 【题注】对话框中各选项说明

选项名称	说 明
题注	显示系统根据所选对象默认给出的标签及编号，用户不能对其直接进行更改，但可在后面输入对象名称
标签	用于选择题注的标签名称，单击右侧的下三角按钮，在下拉列表中默认有【表格】、【公式】等标签，如果没有合适的，可通过【新建标签】按钮新建

245

选项名称	说 明
位置	显示题注插入的位置,单击右侧的下三角按钮,在下拉列表中有【所选项目下方】和【所选项目上方】两个选项,选择对象后,【位置】才会变为可用状态
题注中不包含标签	选中此复选框,则题注中将不显示标签内容,只显示编号和用户输入的名称
新建标签	单击此按钮,打开【新建标签】对话框,如图 4-223 所示。在文本框中输入标签名称,单击【确定】按钮,即可新建标签,且新建标签将显示到【标签】下拉列表中
删除标签	对于新建的标签,可通过在【标签】下拉列表中选择后,单击此按钮删除
编号	设置题注中编号的格式,单击此按钮,打开【题注编号】对话框,如图 4-224 所示。在对话框中可选择编号的格式,是否包含章节号,用哪种分隔符等
自动插入题注	为文档中的图片、表格、公式等对象自动编号,单击此按钮,打开【自动插入题注】对话框,如图 4-225 所示。在对话框的【插入时添加题注】列表框中选中【Microsoft Word 文档】复选框后,在【选项】选项区进行设置即可

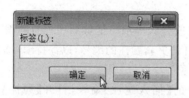

图 4-223 【新建标签】对话框

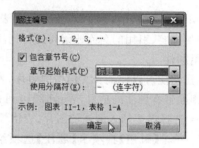

图 4-224 【题注编号】对话框

图 4-225 【自动插入题注】对话框

2. 使用脚注和尾注

脚注和尾注相似,都是对文本的一种补充说明。脚注一般位于页面的底部,可以作为文档某处内容的注释;尾注一般位于文档的末尾,列出引文的出处等。脚注和尾注都由两个关联的部分组成,包括注释引用标记和其对应的注释文本。在添加、删除或移动自动编号的注释时,Word 2010 将对注释引用标记重新编号。

(1) 插入脚注和尾注。

插入脚注与插入尾注的方法相同。

步骤一：选择需要插入脚注或尾注的文字。

步骤二：单击【引用】选项卡【脚注】选项组中的【插入脚注】或【插入尾注】命令即可。

例如：为《夜雨寄北》古诗插入脚注和尾注的效果如图 4-226 所示。

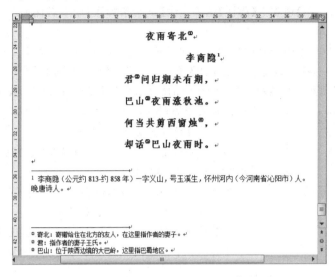

图 4-226　插入脚注和尾注后效果

(2) 设置脚注和尾注格式。

步骤一：单击【引用】选项卡【脚注】选项组中的【显示"脚注和尾注"对话框】命令，打开【脚注和尾注】对话框，如图 4-227 所示。

步骤二：在对话框中的【位置】选项区和【格式】选项区分别进行设置，单击【应用】按钮即可。

① 在【位置】选项区单击【脚注】单选按钮，可分别设置脚注的位置与编号格式。位置有【页面低端】和【文字下方】两个选项。

② 在【位置】选项区单击【尾注】单选按钮，可分别设置尾注的位置与编号格式。位置有【文档结尾】和【节的结尾】两个选项。

③ 设置完后如果单击【插入】按钮，则可以直接在光标所在位置插入脚注或尾注。

④ 单击【转换】按钮，可打开【转换注释】对话框，在对话框的三个单选项中选中一个，即可实现脚注和尾注的转换，如图 4-228 所示。

图 4-227　【脚注和尾注】对话框

图 4-228　【转换注释】对话框

（3）浏览脚注与尾注。

文档中插入了脚注或尾注后，可以对脚注或尾注进行逐条浏览，其方法如下：

① 使用【脚注】选项组。

步骤一：单击【引用】选项卡【脚注】选项组中【下一条脚注】命令右侧的下三角按钮，打开下拉列表。

步骤二：在下拉列表中选择适合的选项即可实现逐条浏览脚注或尾注。下拉列表中包括了【下一条脚注】、【上一条脚注】、【下一条尾注】、【上一条尾注】共 4 种选项。

另外，单击【引用】选项卡【脚注】选项组中的【显示备注】命令，在打开的【显示备注】对话框

图 4-229 【显示备注】对话框

中可选择要查看脚注区还是尾注区，如图 4-229 所示。

② 使用【选择浏览对象】按钮。

步骤一：单击位于滚动条下的【选择浏览对象】按钮 ○，打开【选择浏览对象】菜单。

步骤二：单击菜单中的【按脚注浏览】或【按尾注浏览】图标命令，则【前一页】与【下一页】按钮变为蓝色，且名称变为【前一处脚注】与【下一处脚注】，或【前一处尾注】与【下一处尾注】。

步骤三：单击这两个按钮即可实现脚注或尾注的逐条浏览。

4.5.7 使用批注和修订

批注和修订是用于审阅别人的 Word 文档的两种方法。批注是读者在阅读 Word 文档时所提出的注释、问题、建议或者其他想法，批注不会集成到文本编辑中，它只是对编辑提出建议。修订却是文档的一部分，记录对 Word 文档所做的插入、删除、移动等编辑操作的痕迹，可以查看插入或删除的内容、修改的作者，以及修改时间。

为了防止用户不经意地分发包含修订和批注的文档，在默认情况下，Word 2010 会显示修订和批注。在【审阅】选项卡【修订】选项组【显示以供审阅】命令的下拉列表中默认是"最终：显示标记"状态。

1. 使用批注

（1）插入批注。

批注默认显示在文档的右边距中，也可通过设置显示在【审阅窗格】中，或者以嵌入方式显示。插入方法如下。

步骤一：选择要插入批注的文本、图片等对象。

步骤二：单击【审阅】选项卡【批注】选项组中的【新建批注】命令。

步骤三：在批注框中输入需要批注的内容即可，如图 4-230 所示。

（2）浏览批注。

单击【审阅】选项卡【批注】选项组中的【上一条】和【下一条】命令即可逐条查看批注。另外，在【选择浏览对象】菜单中选择【按批注浏览】图标也可实现逐条查看批注，具体方法不再赘述。

（3）删除批注。

步骤一：选择要删除的批注。

步骤二：单击【审阅】选项卡【批注】选项组中的【删除】命令即可。

如果要删除更多批注，可单击【删除】下三角按钮，在下拉列表中根据需要选择【删除所有显示的批注】或【删除文档中的所有批注】即可。

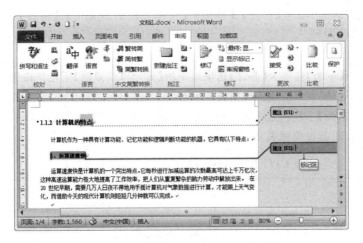

图 4-230　插入批注

2. 使用修订

（1）启用修订状态。

在使用修订功能之前，需要将文档状态设置为修订状态，这样才能看到以特殊颜色和特殊标记进行显示的修订内容。单击【审阅】选项卡【修订】选项组中的【修订】命令即可启用修订状态，再次单击【修订】命令又可取消修订状态。

（2）设置修订选项。

在修订状态中，所做的插入、删除、移动等编辑操作会以特殊格式显示，而这些特殊格式用户可自行设置。

步骤一：单击【审阅】选项卡【修订】选项组中的【修订】下三角按钮，打开下拉列表。

步骤二：在下拉列表中选择【修订选项】选项，打开【修订选项】对话框，如图 4-231 所示。

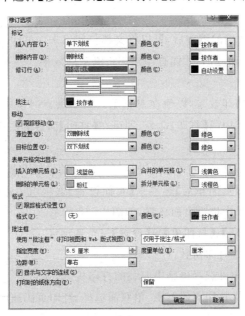

图 4-231　【修订选项】对话框

步骤三：在对话框中设置【标记】、【移动】、【表单元格突出显示】、【格式】、【批注框】等格式后，单击【确定】按钮即可。

（3）查看修订。

步骤一：单击【审阅】选项卡【修订】选项组中的【显示以供审阅】下三角按钮，打开下拉列表。

步骤二：在下拉列表中选择适合的选项即可。

在【显示以供审阅】下拉列表中包括【最终：显示标记】、【最终状态】、【原始：显示标记】、【原始状态】共 4 个选项，其说明如表 4-17 所示。

表 4-17 【显示以供审阅】下拉列表中各选项说明

选项名称	说　　明
最终：显示标记	显示修订后的文档内容与修订标记内容，是 Word 2010 中的默认选项
最终状态	显示修订后的文档内容，不显示修订标记内容
原始：显示标记	显示修订前的文档内容与修订标记内容
原始状态	显示修订前原始状态下的文档内容

（4）处理修订内容。

对于修订之后的文档，用户还需审核所有的修订内容，决定接受还是拒绝修订内容。

步骤一：选择需审核的修订内容。

步骤二：单击【审阅】选项卡【修订】选项组中的【接受】或【拒绝】下三角按钮，打开下拉列表。

步骤三：在下拉列表中选择需要的选项即可。

① 选项组中的【上一条】表示定位到文档中的上一条修订，以便接受或拒绝该修订。

② 选项组中的【下一条】表示定位到文档中的下一条修订，以便接受或拒绝该修订。

4.5.8 打印输出

当用户完成对 Word 文档的编辑后，可以将文档打印出来。打印之前需要对页面进行设置、预览打印效果，然后进行打印输出，才能打印出用户满意的效果。

1. 打印预览

打印之前需要先预览打印效果，以便在对预览效果不满意时及时对文档进行修改，避免浪费纸张。单击【文件】选项卡中的【打印】命令，即可在【打印】面板的右侧对文档进行预览。

2. 打印设置

如果用户对预览效果不满意，可对文档进行打印选项的设置和修改。打印选项的设置主要包括页面设置，除了可以在【页面布局】选项卡【页面设置】选项组中进行页面设置外，还可以在【文件】面板中的【打印】窗口中进行页面设置，如图 4-232 所示。

【打印】窗口包括了【打印】、【打印机】与【设置】三个选项区：

①【打印】微调框可设置打印份数。

②【打印机】下拉列表中可选择电脑中安装的打印机。

③【设置】选项区可设置打印页码范围、单双面选择、打印页码顺序、纸张方向、纸张大小、页边距、每版打印页数等项目。

设置完打印文档后，预览无误，就可以对文档进行打印了。

图 4-232 【打印】窗口

习 题 4

一、选择题

1. Word 2010 字形和字体、字号的默认设置值是( )。

    A. 加粗型、仿宋、4 号   B. 常规型、宋体、5 号

    C. 常规型、宋体、6 号   D. 常规型、仿宋、5 号

2. 在 Word 2010 中,如果要选定整个文档,先将光标移动到文档的最左侧,然后( )。

    A. 单击鼠标左键   B. 双击鼠标左键

    C. 连续击 3 下鼠标左键   D. 双击鼠标右键

3. Word 2010 具有的功能是( )。

    A. 绘制图形   B. 绘制表格   C. 自动更正   D. 以上三项都是

4. 在 Word 2010 文档中,用快捷键退出 Word 最快的方法是( )。

    A. Alt＋F4 组合键   B. Ctrl＋F4 组合键

    C. Alt＋F5 组合键   D. Ctrl＋Esc 组合键

5. 在 Word 2010 中编辑文档时,为了使文档更清晰,可以对页眉和页脚进行编辑,如编辑时间、日期、页码、文字等内容,但要注意的是页眉和页脚功能只允许在( )中使用。

    A. 页面视图   B. Web 版式视图

    C. 大纲视图   D. 草稿视图

6. 在 Word 2010 文档的编辑中,删除插入点右边的文字内容应按的键是( )。

    A. Backspace 键   B. Delete 键

    C. Enter 键   D. Esc 键

7. 在 Word 2010 文档中,设置页码应打开( )。

    A.【文件】选项卡   B.【插入】选项卡

    C.【页面布局】选项卡   D.【审阅】选项卡

8. 在 Word 2010 文档中,书签是用来(　　)的。

　　A. 快速复制文档　　　　　　　　　B. 快速移动文本

　　C. 快速浏览文档　　　　　　　　　D. 快速定位文档

9. 在 Word 2010 中,"段落"格式设置中不包括设置(　　)。

　　A. 对齐方式　　　　B. 段间距　　　　C. 字符间距　　　　D. 首行缩进

10. 在 Word 2010 中,下述关于分栏操作的说法,正确的是(　　)。

　　A. 任何视图下均可看到分栏效果

　　B. 可以将指定的段落分成指定宽度的两栏

　　C. 设置的各栏宽度与页边距宽度无关

　　D. 不能在栏与栏之间设置分割线

11. 在 Word 2010 中,选择某段文本,双击格式刷进行格式应用时,格式刷可以使用(　　)。

　　A. 1 次　　　　　　B. 2 次　　　　　　C. 10 次　　　　　　D. 无限次

12. 在 Word 2010 表格中,若光标位于表格外右侧的行尾处,按 Enter(回车)键,结果为(　　)。

　　A. 插入一行,表格行数改变

　　B. 光标移到下一行,表格行数不变

　　C. 在本单元格内换行,表格行数不变

　　D. 光标移到下一行

13. 在 Word 2010 表格中,可以用公式与函数计算表格中的数据。其中,粘贴函数中 COUNT 函数表示(　　)。

　　A. 计算和　　　　　　　　　　　　B. 计算积

　　C. 计算数据个数　　　　　　　　　D. 计算平均值

14. 在 Word 2010 表格中,可以在单元格中填入的信息(　　)。

　　A. 只限于文字形式

　　B. 只限于数字形式

　　C. 只限于文字和数字形式

　　D. 可以是文字、数字和图形等对象

15. 在 Word 2010 中,设置文档打印的份数,应打开(　　)。

　　A.【文件】选项卡　　　　　　　　　B.【开始】选项卡

　　C.【插入】选项卡　　　　　　　　　D.【页面布局】选项卡

二、填空题

1. 在 Word 2010 中编辑文档时,文本满一行会自动换到下一行,如果没有满也可以通过按_____键切换到下一行,按_____可以空出一个或多个字符。

2. 首字下沉分为_____与_____两种样式。

3. 在 Word 2010 中,利用_____功能,可以将文档分成多个部分,每个部分可以有不同的页面设置。

4. 在 Word 2010 中,_____可以将文档中的章、节标题及其页码按照页码的先后顺序显示出来。

5. 在 Word 2010 中,要在文档的光标处插入分页符,进行强制分页,则需按_____键。

6. 在 Word 2010 中,给选定的段落、表单元格、图文框及图形四周添加的线条称为_____。

7. 在 Word 2010 中,可以把预先定义好的多种格式的集合全部都应用在选定的文字上的特殊格式称为_____。

8. 在 Word 2010 中,脚注和尾注都是对文本的一种补充说明,_____一般位于文档的末尾,_____一般位于页面的底部。

9. 在 Word 2010 中,表格创建好以后,会在功能区新增表格工具的_____与_____选项卡,利用这两个选项卡可以根据需要对表格进行编辑和格式设置。

10. 在 Word 2010 中,打印页码 5-7,9,10 表示打印的页码是_____页。

三、判断题

1. 在 Word 2010 中,表格和文本是可以互相转换的。(   )

2. 在 Word 2010 中,当文档中插入图片对象后,可设置图片的文字环绕方式为"左右型"。(   )

3. 在 Word 2010 窗口的状态栏中,显示的信息包括字数和当前文件名。(   )

4. 在 Word 2010 中,使用【查找和替换】对话框查找的内容,可以是文本和格式,也可以是它们的任意组合。(   )

5. 在 Word 2010 中,如果在有文字的区域绘制图形,则绘制完图形后,文字不可能被覆盖。(   )

6. 在 Word 2010 中,在编辑"页眉和页脚"时可同时插入时间和日期。(   )

7. 在 Word 2010 中,可以同时显示水平标尺和垂直标尺的视图方式是页面视图。(   )

8. 在 Word 2010 中,制作的表格大小有限制,表格的大小不能超过一页。(   )

9. 在 Word 2010 表格使用中,设置边框和底纹,只能针对整个表格,不能单独设置单元格。(   )

10. 在 Word 2010 的【页面设置】中,默认的纸张大小规格是 A4。(   )

第 5 章　演示文稿制作

PowerPoint 2010 是微软公司 Office 2010 办公软件中的一个重要组成部分,用于制作具有图文并茂展示效果的演示文稿,演示文稿由用户根据软件提供的功能自行设计、制作和放映,具有动态性、交互性和可视性,广泛应用在演讲、报告、产品展示和课件制作等的内容展示上,借助演示文稿,可更有效地进行表达和交流。

演示文稿是由一系列的幻灯片组成的,本章主要介绍如何利用 PowerPoint 2010 设计、制作和放映演示文稿,通过本章学习,应掌握以下内容:

(1) 多样化的幻灯片板式和配色方案。

(2) 幻灯片上的文本、图片等对象均可设置显示动画和声音。

(3) 多样化的动画效果和时间轴设置。

(4) 可供各行业选择的幻灯片模板。

(5) 幻灯片可在计算机上直接播放,也可打印。

(6) 多媒体集成功能和剪辑管理器可丰富幻灯片内容。

(7) 演示文稿可以转换为 HTML 格式在 Internet 上播放。

(8) 可制作随身演示文稿,方便随时演示。

5.1　PowerPoint 2010 概述

PowerPoint 2010 作为演示文稿制作工具,提供了方便、快速建立演示文稿的功能,包括幻灯片的建立、插入、删除等基本功能,以及幻灯片版式的选用,幻灯片中信息的编辑及最基本的放映方式等。对于已建立的演示文稿,为了方便用户从不同角度阅读幻灯片,PowerPoint 2010 提供了多种幻灯片浏览方式,包括普通视图、浏览视图、备注页视图模式、阅读视图和母版视图等。为了更好地展示演示文稿的内容,利用 PowerPoint 2010 可以对幻灯片的页面、主题、背景及母版进行外观设计;对于演示文稿中的每张幻灯片,可利用 PowerPoint 2010 提供的丰富的对象编辑功能,根据用户的需求设置具有多媒体效果的幻灯片。PowerPoint 2010 提供了具有动态性和交互性的演示文稿放映方式,通过设置幻灯片中对象的动画效果、幻灯片切换方式和放映控制方式,可以更加充分地展示演示文稿的内容和达到预期的目的。演示文稿还可以打包输出和格式转换,以便在未安装 PowerPoint 2010 的计算机上放映演示文稿。

5.1.1　打开 PowerPoint

演示文稿是以.pptx 为扩展名的文件,文件由若干张幻灯片组成,按序号由小到大排列，启动 Microsoft PowerPoint 2010，就可以开始使用 PowerPoint。

打开 PowerPoint 的方式有两种，一是从程序选项卡中选择启动 PowerPoint，二是直接打开演示文稿。

打开 PowerPoint 的操作方法如下。

方法 1：移动鼠标到 Windows 任务栏，单击【开始】按钮，弹出选项卡以后，光标移动到"所有程序"，接着移动到右侧选项卡中选择 Microsoft Office，再从子选项卡中选择 Microsoft PowerPoint 2010，如图 5-1 所示。

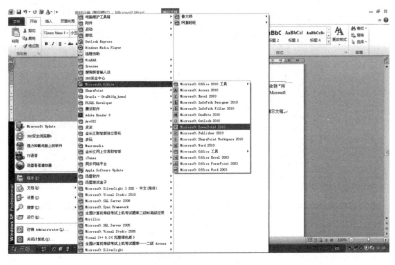

图 5-1　打开 PowerPoint(方法 1)

方法 2：双击文件夹中已存在的 PowerPoint 演示文稿，启动 PowerPoint 并打开该演示文稿，如图 5-2 所示。

图 5-2　打开 PowerPoint(方法 2)

第 5 章

演示文稿制作

方法3：双击桌面上的PowerPoint快捷方式图标或应用程序图标。

5.1.2　演示文稿操作环境

使用方法1和方法3，系统将启动PowerPoint，并在PowerPoint窗口中自动生成一个名为"演示文稿1"的空白演示文稿，如图5-3所示；使用方法2将打开已经存在的演示文稿，在此也可以建立空白演示文稿，界面显示如图5-3所示。

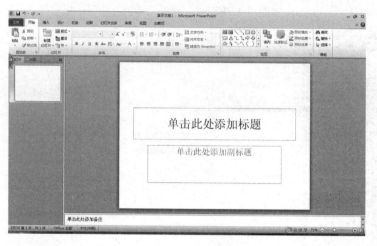

图5-3　PowerPoint空白演示文稿

PowerPoint的功能是通过其窗口实现的，启动PowerPoint即打开PowerPoint应用程序工作窗口，如图5-4所示。工作窗口由快速访问工具栏、标题栏、选项卡、功能区、幻灯片/大纲浏览窗口、幻灯片窗口、备注窗口、状态栏、视图按钮、显示比例按钮等部分组成。

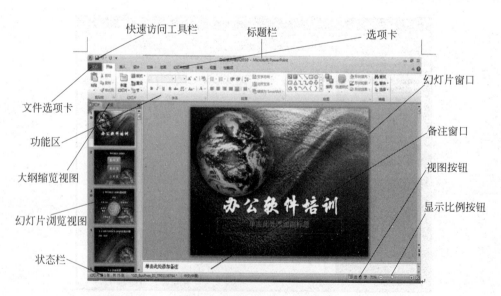

图5-4　PowerPoint工作窗口

1）快速访问工具栏

快速访问工具栏位于窗口的左端,通常由以图标形式  提供的【保存】、【撤销输入】、【重复适应文字】、【打开】和【新建】等按钮组成,便于快速访问。利用工具栏右侧的 【自定义快速访问工具栏】按钮,用户可以增加或改变按钮。

2）标题栏

标题栏位于窗口顶部,显示当前演示文稿文件名,右侧有【最小化】按钮、【最大化/向下还原】按钮和【关闭】按钮。标题栏的下面是【功能区最小化】按钮,单击该按钮,可隐藏功能区内的命令,仅显示功能区显示卡上的名称。拖动标题栏可以移动窗口,双击标题栏可最大化或还原窗口。

3）选项卡

选项卡位于标题栏的下面,通常有【文件】、【开始】、【插入】、【设计】、【切换】、【动画】、【幻灯片放映】、【审阅】、【视图】9个不同类型的选项卡,选项卡下面含有多个命令组,根据操作对象的不同,还会增加相应的选项卡,称为【上下文选项卡】。例如,只有在插入图片的时候,【图片工具-格式】选项卡才会出现。这些选项卡及其下面的命令组可以进行绝大多数PowerPoint操作。

4）功能区

功能区位于选项卡下面,当打开某选项卡的时候,其对应的多个命令组出现在其下方,每个命令组内含有多个命令。

5）演示文稿编辑区

演示文稿编辑区位于功能区下方,包括左侧的幻灯片/大纲缩览窗口、右侧上方的幻灯片窗口和右侧下方的备注窗口。拖到窗口之间的分界线或显示比例按钮可以调整整个窗口的大小。幻灯片窗口显示当前幻灯片,用户可以编辑幻灯片的内容。备注窗口中可以添加与幻灯片有关的注释内容。

6）视图按钮

视图按钮提供了当前演示文稿的不同显示方式,有【普通视图】、【幻灯片浏览】(图5-5)、【阅读视图】(图5-6)和【幻灯片放映】4个按钮,单击某个按钮就可以方便地切换到相应视图。

图 5-5　用【幻灯片浏览】视图模式

图 5-6　【阅读视图】模式

试一试：切换这几种视图，看看有什么区别。

7) 状态栏

状态栏可以告诉用户目前幻灯片的编辑状态，上图 5-4 的状态栏指明，这个 PowerPoint 文件一共有 75 页，现在是第 1 页。

5.1.3　退出 PowerPoint

退出 PowerPoint 的方法有三种，可以任选其一。

方法 1：双击窗口快速访问工具栏左侧的控制选项卡【关闭】图标按钮。

方法 2：单击【文件】选项卡【退出】命令。

方法 3：按 Alt＋F4 组合键。

退出时会弹出提示框询问用户是否保存演示文稿，按照用户需求进行相应选择。

5.2　开始制作演示文稿

建立新的演示文稿的时候可以利用内容提示向导来协助建立演示文稿，打开现有的演示模板或者是单纯地只打开一个空的演示文稿。

编辑区右侧是任务窗格，在其他 Office 组件中也可以看到这个部分，它可以随着任务的需要变化窗格内容，可以简化用户操作，是非常实用的功能。

5.2.1　新建演示文稿

新建演示文稿主要采用以下几种方式：新建空白演示文稿、根据主题、根据模板和根据现有演示文稿等，如图 5-7 所示。

5.2.2　幻灯片版式

PowerPoint 为幻灯片提供了多种幻灯片版式供用户根据需要进行选择，幻灯片版式主要是决定幻灯片内容的布局。选择【开始】选项卡下的【幻灯片】命令组的【版式】命令，可为

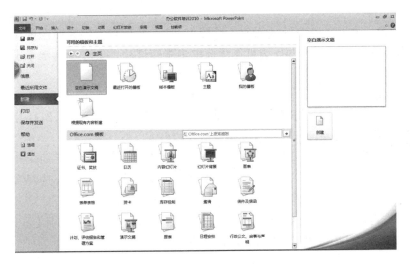

图 5-7 　新建演示文稿

当前幻灯片选择版式,如图 5-8 所示,默认的版式是"标题幻灯片"。

在选择了某种版式之后,就可以在相应位置上编辑文本、图片、表格、图表、图形等内容,如图 5-9 所示,为"比较"幻灯片版式。

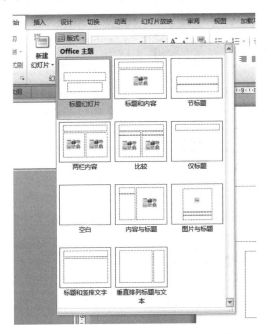

图 5-8 　幻灯片版式

图 5-9 　"比较"版式

5.2.3　插入和删除幻灯片

通常一份演示文稿包括多页幻灯片来传达用户信息,那么就需要插入和删除幻灯片操作,需要先选中当前幻灯片,代表插入位置(当前幻灯片之后)或者要删除的幻灯片。

1. 选中幻灯片

在幻灯片窗口左侧的幻灯片或大纲缩览图中,单击某当前幻灯片即选中该幻灯片。选中某当前幻灯片的同时按住 Shift 键可连续选中多张幻灯片;按住 Ctrl 键单击幻灯片可选择不连续的幻灯片。

2. 插入幻灯片

插入幻灯片可以插入新幻灯片也可插入当前幻灯片副本。插入新幻灯片需首先确定版式,插入副本则只需复制某幻灯片,将保留原来的格式。

方法 1:在【幻灯片/大纲浏览】窗口选中某幻灯片(在该幻灯片之后插入新幻灯片),然后单击【开始】选项卡的【幻灯片】命令组的【新建幻灯片】下拉按钮,选择某种版式,如图 5-10 所示。

方法 2:右击【幻灯片/大纲浏览】窗口中的缩略图,弹出选项卡选择【新建幻灯片】命令,如图 5-11 所示,则在选中缩略图后面插入一张幻灯片。

图 5-10　插入幻灯片方法 1　　　　　　图 5-11　插入幻灯片方法 2

方法 3:在【幻灯片浏览】视图下,移动光标到指定位置,单击右键,选择选项卡中的【新建幻灯片】命令,如图 5-12 所示。

图 5-12　插入幻灯片方法 3

3. 删除幻灯片

在缩略图中选中要删除的幻灯片,右键选中【删除幻灯片】或者直接按 Delete 键。

5.2.4　用空白幻灯片产生演示文稿

假如一开始并没有想好要应用什么设计模板,也可以选择建立空白的演示文稿,这样可以给后续的设计留有更大的余地。

用空白幻灯片产生演示文稿的方法如下。

步骤一:单击【文件】选项卡的【新建】选项,选择【空白演示文稿】,如图 5-13 所示。

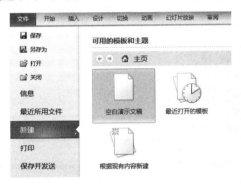

图 5-13　用空白幻灯片产生演示文稿 步骤一

步骤二:在【开始】选项卡中,打开【幻灯片】命令组中的【版式】下拉列表,再选择合适的版式,单击以后,得到选择的空白演示文稿,如图 5-14 所示。

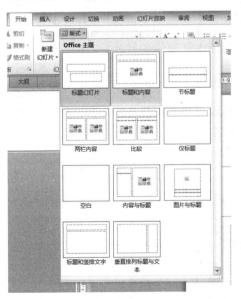

图 5-14　用空白幻灯片产生演示文稿 步骤二

PowerPoint 会根据用户选择的版式产生空白演示文稿。

5.2.5　打开现有的演示文稿

编辑好的演示文稿可以保存起来,方便用户随时调用。选择【文件】选项卡中的【保存】，或者直接单击【快速工具栏】中的 按钮，可以轻松保存文件。

　　单击工具栏中的 按钮，或者选择【文件】选项卡中的【打开】以后，选择正确的路径，可以看到能被 PowerPoint 打开的文件列表。双击图标可以打开文件，如图 5-15 所示。

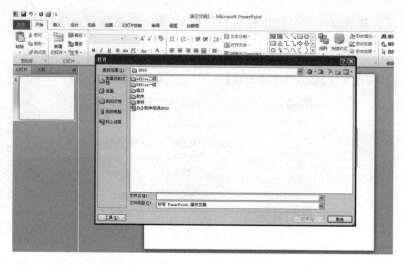

图 5-15　打开现有的演示文稿

5.3　制作幻灯片

　　幻灯片内容一般主要是由文字和图片组成，也可以添加影片、音乐等元素，让幻灯片更加丰富多彩。这一节开始讲授怎样制作幻灯片。

5.3.1　在幻灯片中添加文字

　　确定幻灯片板式以后可以开始在幻灯片中添加文字。添加文字的方法如下。

　　步骤一：将光标移动到需要添加文字的地方，单击左键，如图 5-16 所示。

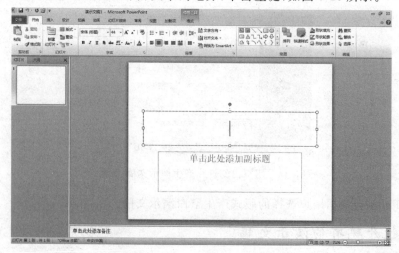

图 5-16　在幻灯片中添加文字 步骤一

步骤二：切换输入法，然后开始输入文字，输入完成以后在幻灯片外单击鼠标左键，如图 5-17 所示。

图 5-17　在幻灯片中添加文字 步骤二

步骤三：在幻灯片文字区域输入一段文字以后，按键盘上的 Enter 键可以换行；按 Tab 键可以降级，如图 5-18 所示。

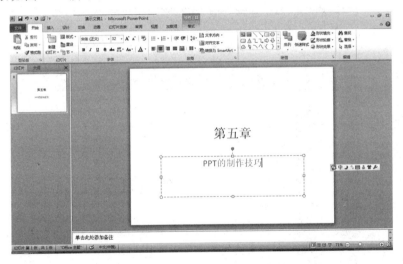

图 5-18　在幻灯片中添加文字 步骤三

小技巧：选中一段文字，按住 Shift＋Tab 键可以将该文字升级；按住 Tab 键可以将该文字降级。

5.3.2　设置文本格式

PowerPoint 中，文本格式的设置和 Word 比较类似，具体操作如下。

步骤一：选中要设置的文本，移动光标弹出字体列表，选择要使用的字体，如图 5-19 所示。需要注意的是，最好选择系统自带的字体，比如【宋体】、【黑体】等，以免出现在别的电脑上打开演示文稿显示不出字体的情况。

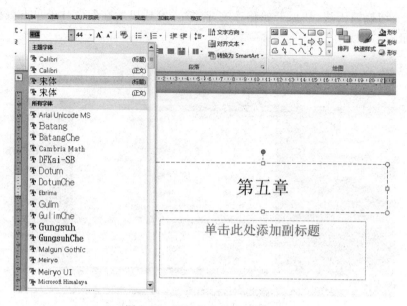

图 5-19 设置文本格式 步骤一

步骤二：和步骤一类似，移动光标，弹出字号列表，选择需要的字号，如图 5-20 所示。除了直接选择文本以外，还可以选择文本的外框，这样可以对框内的所有文字进行编辑。

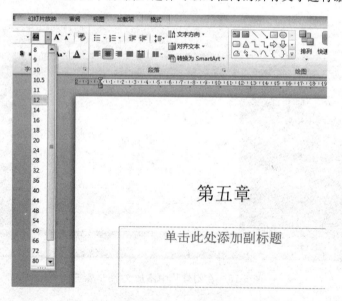

图 5-20 设置文本格式 步骤二

也可以选择好要编辑的文本后，直接在工具栏上单击 按钮，也可以调节文字的字号大小。

步骤三：对于文字的编辑，工具栏上还有很多工具可用，使用方法和 Word 类似，包括文字加粗、斜体、下划线等，如图 5-21 所示。

步骤四：选中文字在选中区域以后单击鼠标右键，在选项卡栏中也可以找到【字体】项目，也可以对文字进行编辑，如图 5-22 所示。

图 5-21 设置文本格式 步骤三　　　　　　　　图 5-22 设置文本格式 步骤四

5.3.3　应用已有的幻灯片设计

让幻灯片迅速改头换面的最简单方法就是应用 PowerPoint 已经有的幻灯片设计，具体方法如下。

步骤一：打开【设计】选项卡，如图 5-23 所示。

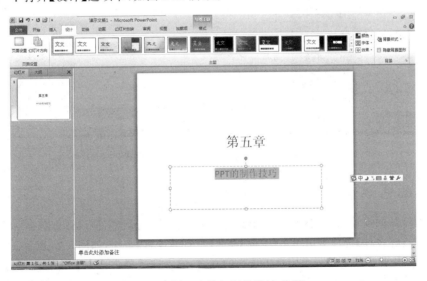

图 5-23 应用已有的幻灯片设计 步骤一

步骤二：在【主题】命令组中单击自己选定的幻灯片样式，马上会出现选定的模板，如图 5-24 所示。

步骤三：应用幻灯片设计以后，可以关闭【幻灯片设计】窗口。然后可以单击文本框，添加文

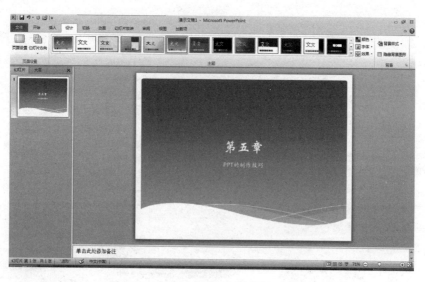

图 5-24　应用已有的幻灯片设计 步骤二

字。也可以增加新的幻灯片,新加的幻灯片都会沿用选定的风格,如图 5-25 所示。

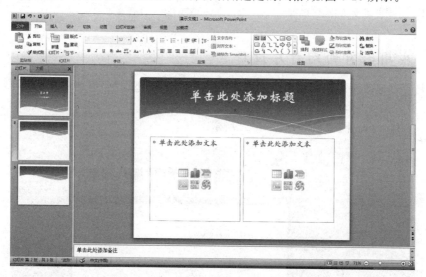

图 5-25　应用已有的幻灯片设计 步骤三

5.3.4　配色方案

选定幻灯片的设计以后,还可以对幻灯片的整体颜色进行调整,使设计更富有个性。

步骤一:在【设计】选项卡中单击【主题】命令组中的【颜色】按钮,如图 5-26 所示。

步骤二:从弹出的下拉列表中单击选择的方案,或者在选择方案上单击右键,再选择【应用于所选幻灯片】,或者【应用于所有幻灯片】,如图 5-27 所示。选择【应用于所选幻灯片】只会改变当前选择的一张幻灯片,而选择【应用于所有幻灯片】则可以改变所有幻灯片的设计。

每一种幻灯片设计的配色方案都不尽相同,用户可以先选择一组自己喜欢的幻灯片设计,再来调节配色,这样就能得到自己需要的幻灯片了。

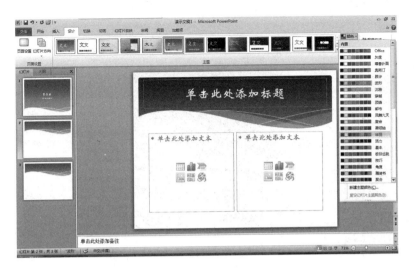

图 5-26　配色方案 步骤一

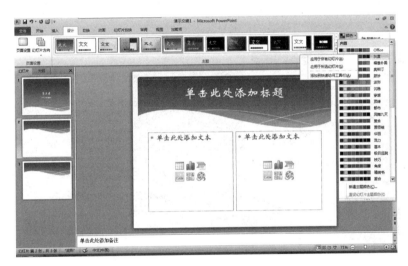

图 5-27　配色方案 步骤二

5.4　整理演示文稿中的幻灯片

在演示文稿中,可以随时添加新的幻灯片,或者删除不需要的幻灯片,还可以复制出一样的幻灯片。

5.4.1　插入新的幻灯片

通常新建好的幻灯片都只有一个页面,如果想增加新的内容就要插入新的幻灯片。

步骤一:选择需要插入新幻灯片的位置,然后单击 按钮,如图 5-28 所示。

步骤二:出现新的幻灯片以后,在 版式 中选择需要的板式,如图 5-29 所示。

如果直接选择的是幻灯片,那么 PowerPoint 会默认在该幻灯后面插入新的幻灯片,比如选

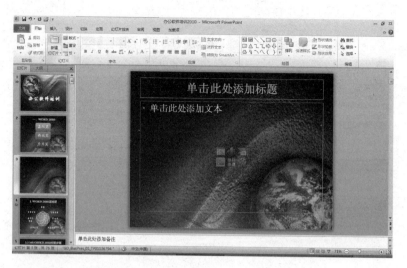

图 5-28　插入新的幻灯片 步骤一

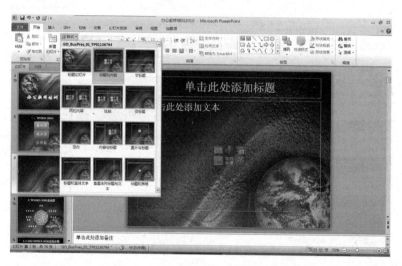

图 5-29　插入新的幻灯片 步骤二

择幻灯片 5,单击 以后新的幻灯片会是第 6 张。

5.4.2　复制幻灯片

如果新的幻灯片和已经编辑好的幻灯片有很多类似的地方,就可以采用复制的方式,完成以后再进行细节修改,这样可以节省很多时间。

步骤一:选中要被复制的幻灯片,然后单击【新建幻灯片】按钮,如图 5-30 所示。

步骤二:在弹出的下拉列表中选中【复制所选幻灯片】,如图 5-31 所示。

5.4.3　删除幻灯片

删除不需要的幻灯片能够让演示文稿更简洁更精炼。

步骤一:拖动滚动条,选择要被删除的幻灯片,如图 5-32 所示。

步骤二:单击右键,选中【删除幻灯片】,如图 5-33 所示。

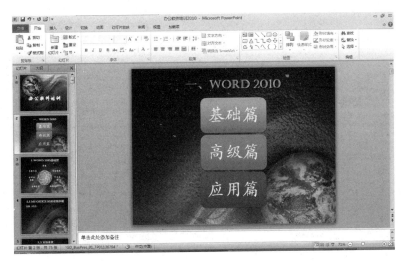

图 5-30　复制幻灯片 步骤一

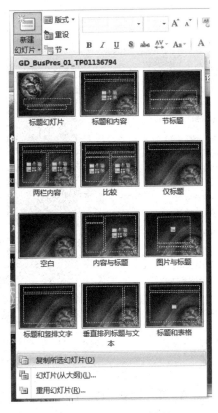

图 5-31　复制幻灯片 步骤二

除了这种方法,还可以选中需要被删除的幻灯片以后直接按键盘上的 Delete 键,这样也可以很方便地删除幻灯片。

对于新建、复制和删除幻灯片。除了刚才所说的方法还可以直接在幻灯片缩略图上单击右

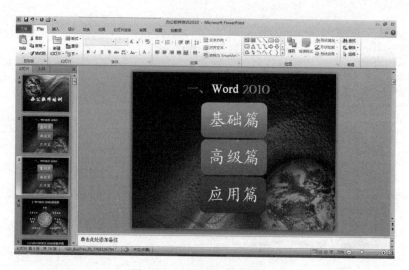

图 5-32　删除幻灯片 步骤一

键,如图 5-34 所示,利用相应的选项也可以得到人们想要的结果。

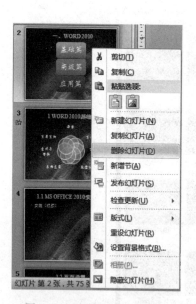

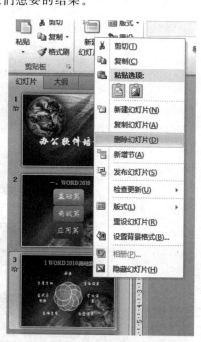

图 5-33　删除幻灯片 步骤二　　　　　图 5-34　在幻灯片缩略图上单击右键

5.5　建 立 母 版

PowerPoint 中的母版是一种特殊的幻灯片,它用于设置演示文稿中的每一张幻灯片的预设格式,包括:标题和正文的字体、字号、位置、颜色等。母版分为幻灯片母版、标题母版和备注母版。

5.5.1 幻灯片母版

幻灯片母版专门为非标题幻灯片设计版式。对幻灯片母版的编辑有以下步骤。

步骤一：建立幻灯片母版，如图5-35所示。执行【视图】|【母版视图】|【幻灯片母版】命令，进入幻灯片母版视图，如图5-36所示。

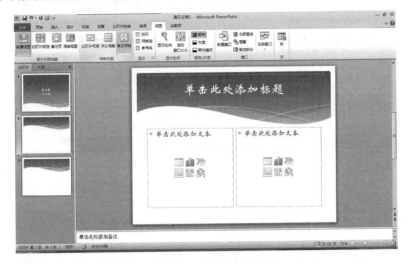

图5-35　建立幻灯片母版

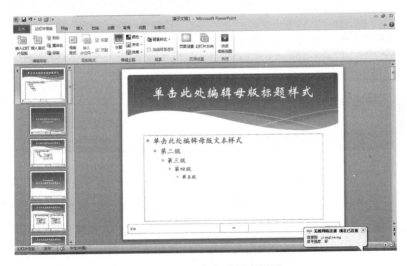

图5-36　进入幻灯片母版视图

步骤二：在进入幻灯片母版以后，可以对标题以及文字的样式进行编辑，选择自己需要的颜色、字号、字体等，如图5-37所示。

步骤三：如果想要在幻灯片中插入幻灯的页码以及时间可以在母版下端的【日期区】、【页脚区】或者数字区插入相应的信息。插入日期可以直接填写自己想要的日期，但是插入页码可以在单击【页脚区】或者【数字区】以后再选择【插入】|【灯片编号】，这样就能够显示相应的页码了，如图5-38所示。

步骤四：如果想要给幻灯片加上图片背景可以选择【插入】|【图片】，再选择需要的背景图

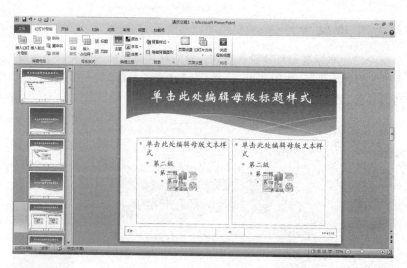

图 5-37　编辑母版视图

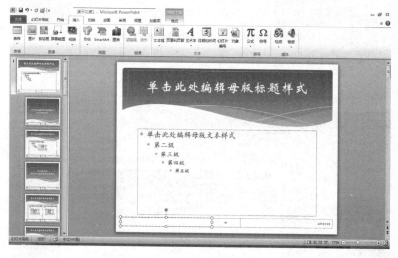

图 5-38　插入页码和时间

片。插入的图片会盖住文字,需要改变其叠放次序,放置在最下层。这些都做好以后单击 ![] ,
回到普通视图,如图 5-39 所示。输入自己想要的文字,会发现字体和颜色都是刚才设置好的样
式,页脚也有页码出现。这样能够大大提高制作幻灯片的效率。

5.5.2　讲义母版

　　讲义母版用于将多张幻灯片制作到一张讲义上,并设定讲义的格式。建立讲义母版的操作
步骤如下。

　　步骤一:执行【视图】|【母版视图】|【讲义母版】命令,如图 5-40 所示,进入讲义母版视图,如
图 5-41 所示。

　　步骤二:PowerPoint 默认情况是页眉区、日期区、页脚区、数字区都会显示出来。如果用户
不想显示某一区域只需要鼠标单击选中某一区域,按 Delete 键即可。

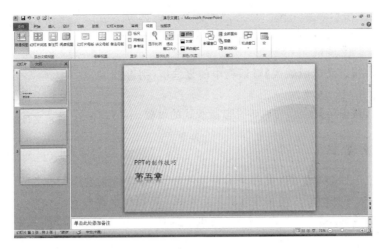

图 5-39　关闭母版视图回到普通视图

图 5-40　如何进入讲义母版视图

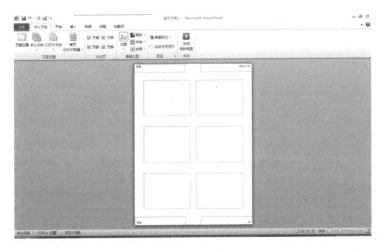

图 5-41　讲义母版视图

步骤三：如果用户想显示某一区域只需要右击讲义母版的正文区，选择【讲义母版版式】选项，弹出【讲义母版版式】对话框，如图5-42所示。

步骤四：选中【讲义母版版式】对话框中的复选框，则讲义母版视图显示相应的区域。

步骤五：单击【确定】按钮，完成讲义母版版式的设置。

图5-42 【讲义母版版式】对话框

5.5.3 备注母版

备注主要用于在演示的过程中为演示者提供提示，备注母版的作用就是设置备注的格式，使演示文稿中的大多数幻灯片的备注有统一的外观。其操作步骤如下。

步骤一：执行【视图】|【母版视图】|【备注母版】命令，如图5-43所示，进入备注母版视图，如图5-44所示。

图5-43 如何进入备注母版

步骤二：备注母版由6个区域组成，分别是页眉区、日期区、幻灯片缩略图区，备注文本区，页脚区和数字区。用户可以设置显示或者隐藏其中的某些区域，设置方法与讲义母版中的设置方法相同，不再赘述。

5.6 制作多媒体幻灯片

PowerPoint提供了对多媒体文件的支持，可以很方便地插入声音和视频文件让自己的演示文稿更加生动，让观众多方位地接收信息。

5.6.1 应用声音

在制作幻灯片的过程中，用户可以根据需要插入声音文件，向观众传递声音信息，增强幻灯片的感染力。插入声音的方法有两种：插入剪贴画音频、录制音频和插入文件中的音频。

图 5-44　备注母版视图

1. 插入剪辑管理器中的声音

向幻灯片中插入剪辑管理器中的声音,操作步骤如下。

步骤一:执行【插入】|【媒体】|【剪贴画音频】命令,然后任务窗格列出剪贴画音频,如图 5-45 所示。

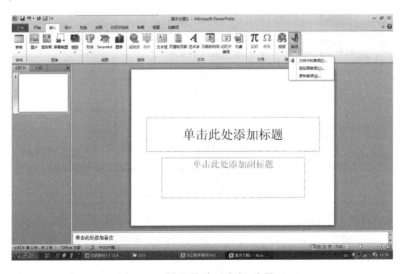

图 5-45　插入剪贴画音频 步骤一

步骤二:单击【剪贴画音频】会出现剪贴画音频中的声音列表,选择想要插入的声音文件,双击以后,会出现如图 5-46 所示的界面。

步骤三:如果希望在播放幻灯片的时候自动播放声音则单击对话框中的【自动】按钮,如果希望能够控制声音的开始播放,可以选择【单击时】,这样播放幻灯时会出现 ◀ 的图标,如图 5-47 所示,单击这个图标声音就可以开始播放了。

2. 插入文件中的音频

如果剪贴画音频中的声音不能满足人们需求,还可以选择插入计算机内的声音文件,其操作步骤如下。

演示文稿制作

图 5-46　插入剪贴画音频 步骤二

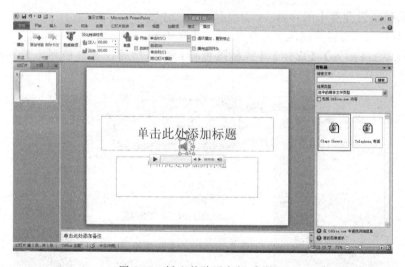

图 5-47　插入剪贴画音频 步骤三

步骤一：执行【插入】|【媒体】|【文件中的音频】命令，弹出如图 5-48 所示的对话框。

步骤二：选择音频文件的路径，单击【确定】按钮插入，完成从文件插入音频文件的操作。

3. 插入录制音频

如果前面的声音不能满足人们需求，还可以选择插入录制的声音文件，其操作步骤如下。

步骤一：执行【插入】|【媒体】|【录制音频】命令，弹出如图 5-49 所示的对话框。

步骤二：录制完声音后，单击【确定】按钮插入，完成从录制音频插入声音的操作。

4. 设置声音属性

当用户插入一个声音以后，页面上会出现 ◄ 图标，用户可以任意移动该声音的位置，也可以改变图标的大小。

单击播放按钮可以预听声音内容，再次单击声音图标可以暂停播放，单击图标以外的区域则可以停止预听。

右键单击 ◄ 图标，选择【剪裁音频】命令，弹出如图 5-50 所示的对话框。

图 5-48　插入文件中的音频 步骤一

图 5-49　插入录制音频 步骤一

图 5-50　【剪裁音频】对话框

如果用户选中【循环播放，直到停止】，如图 5-51 所示，在幻灯片播放过程中声音会一直循环播放直到下一张幻灯片开始或者停止播放为止。

图 5-51　播放属性设置

单击【声音音量】按钮，弹出下拉列表，选中高中低选项，也可以选择【静音】选项关闭声音。如果选择【放映时隐藏】复选框，在放映这张幻灯时将不显示声音图标。

5.6.2　应用视频

插入视频的方式和插入声音类似，也有三种方式：插入剪贴画视频、来自网站的视频和插入文件中的视频。步骤和插入声音文件基本相同,此处不再赘述。

插入幻灯片中的视频会自动停留在第一帧的画面。双击视频,可以预览播放视频内容。在预览的时候单击视频播放暂停,再次单击视频则又开始继续播放。单击幻灯片其他区域可以停止预览视频。

如果用户选中了【循环播放,直到停止】复选框,在放映幻灯片的过程中,视频会一直循环播放下去直至播放下一张幻灯片为止。

如果用户选择【播放完返回开头】复选框,当播放完视频以后,画面会停留在第一帧。如果没有选中该复选框,播放完以后画面停留在最后一帧。

如果用户选择【未播放时隐藏】复选框,视频在不播放时将不会被显示。

如果用户选中【全屏播放】复选框,在播放时,幻灯片自动将视频显示为全屏。

5.7 放映幻灯片

PowerPoint 2010 为用户提供了多种放映幻灯片和控制幻灯片的方法。用户可以选择自己喜欢的放映方式,使演示文稿更顺畅、更清晰、更吸引人。

5.7.1 放映设置

在放映幻灯片之前需要对放映进行设置,达到满意的效果。

1. 设置放映方式

下面简单介绍设置幻灯片放映方式的方法,操作步骤如下。

步骤一:执行【幻灯片放映】|【设置】中的【设置幻灯片放映】命令,弹出如图 5-52 所示的对话框。

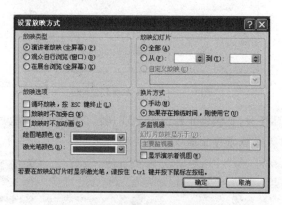

图 5-52 【设置放映方式】对话框

步骤二:设置放映类型,可选的有三种类型:演讲者放映(全屏幕)、观众自行浏览(窗口)、和在展台浏览(全屏幕)。

演讲者放映。是默认的放映类型,也是最常用的放映类型,它将幻灯片进行全屏放映。通常用于演讲者放映演示文稿时,此时演讲者具有完整的控制权,可以采取自动或者人工的方式进行放映。

观众自行浏览。这种放映类型适用于小规模演示。在这种放映类型下,演示文稿会出现在小型窗口内。用户可以在放映的同时复制、编辑及打印幻灯片。

在展台浏览。此放映类型可以自动运行演示文稿，适用于展台等无人管理的地方。使用此种放映方式时，正在放映幻灯片时大多数选项和命令都不可用，并且在放映完毕以后重新放映。

步骤三：【放映选项】栏有三个复选框，分别是【循环放映，按 Esc 键终止】、【放映时不加旁白】和【放映时不加动画】，通过名字可以知道它们的用处。【绘图笔颜色】下拉列表中可以选择绘图笔的颜色。

步骤四：在【放映幻灯片】一栏中可以选择放映哪些幻灯片。选择【全部】选项将放映当前演示文稿中所有的幻灯片；选择【从…到…】选项，并在两个文本框中分别输入起始的幻灯片号和末尾的幻灯片号，就可以仅放映这几张幻灯片。

步骤五：【换片方式】一栏有两个选项【手动】以及【如果存在排练时间，则使用它】，一般默认选择第二项。

步骤六：【多监视器】一栏用于设置使用多个监视器放映幻灯片的情况。

设置好以后，单击【确定】就可以开始放映了。

2. 设置切换方式

设置切换效果是指在幻灯片放映的过程中，由一张幻灯片切换到下一张幻灯片时的视觉效果。下面对演示文稿设置切换效果，具体操作步骤如下：

步骤一：单击要添加切换效果的幻灯片。

步骤二：执行【切换】|【切换到此幻灯片】命令组中的选项，如图 5-53 所示。

图 5-53　幻灯片切换

步骤三：单击【切换到此幻灯片】列表中的切换效果，当前幻灯片便应用于该切换效果。每单击一次便可以预览一次幻灯片的切换效果。

步骤四：在【持续时间】中设置幻灯片的切换速度。

步骤五：在【声音】中设置幻灯片切换时的配音。

步骤六：在【换片方式】栏中设置幻灯片的切换方式。选中【单击鼠标时】复选框，则单击切换到下一张幻灯片。选中【设置自动换片时间】复选框，则幻灯片定时切换到下一张。

步骤七：如果希望将当前幻灯片的切换效果应用于演示文稿中的所有幻灯片，只需单击【全部应用】按钮。

3. 排练计时

排练计时是指用户模拟演讲过程，系统将每张幻灯片的放映时间记录下来，并应用于以后的放映。对于记录下的每张幻灯片的放映时间，用户可以在【幻灯片切换】任务窗格中进行更改。其操作步骤如下。

步骤一：执行【幻灯片放映】中的【排练计时】命令，进入排练计时状态，如图 5-54 所示。

步骤二：在排练计时过程中，幻灯片放映屏幕左上角出现【预演】工具栏，该工具栏显示当前

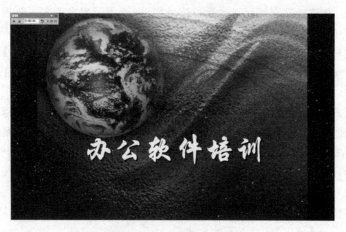

图 5-54 排练计时状态

幻灯片的放映时间和演示文稿的总放映时间。

步骤三：单击切换到下一张幻灯片，直至排练结束为止。此时弹出如图 5-55 所示的对话框，询问是否保留新的排练时间。

图 5-55 询问是否保留新的排练时间对话框

步骤四：单击【是】按钮，则进入幻灯片浏览视图模式，并且每张幻灯片下显示放映该幻灯片所用的时间，如图 5-56 所示。

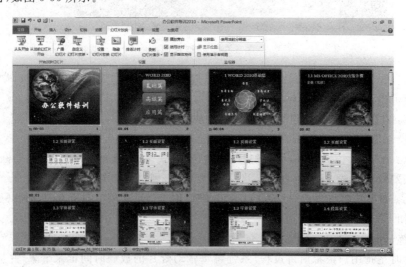

图 5-56 排练计时结果

步骤五：用户在下次放映幻灯片的时候，可以在【设置放映方式】对话框中选择是否用设置好的排练计时。系统在默认情况下会选中【如果存在排练时间，则使用它】。单选此按钮，此时如果演示文稿中含有排练时间，则幻灯片自动换片。如果用户单击【手动】单选按钮，则排练计时不起作用。

5.7.2　动画设置

为了使幻灯片更加吸引观众,可以给幻灯片增加动画效果。PowerPoint 可以分别对文本框、图片和艺术字等对象设置动画效果。

PowerPoint 为用户提供了许多动画方案,能够满足大多数用户的需求,并且节省很多的时间,用户不满足于这些系统提供的动画方案时,PowerPoint 允许用户自定义动画,从而使用户对动画的设置有更多的控制权。

1. 使用动画方案

PowerPoint 提供了【动画】选项卡,如图 5-57 所示,方便读者设置动画效果。

图 5-57　【动画】选项卡

在【动画】选项卡的【动画】列表中列出了可应用于演示文稿的动画方案。单击列表中指定的动画方案,该动画方案将应用于当前所选的幻灯片,同时在演示文稿窗口显示出该动画方案的预览。

2. 自定义动画

在 PowerPoint 中,用户可以对幻灯片上的对象的显示顺序以及播放时间等进行自定义,从而制作出符合用户要求的动画方案。

步骤一:选中需要设置动画的单元,可能是文本、图片或者艺术字等,如图 5-58 所示。

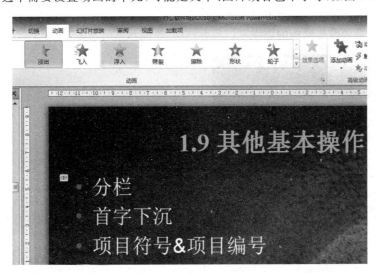

图 5-58　自定义动画 步骤一

步骤二:执行【动画】中的【计时】命令,如图 5-59 所示。

步骤三:选择【对动画重新排序】中的【向前移动】或【向后移动】(选择其他选项也可以),选择以后出现图 5-60。文本框左上角的数字表示动画的顺序。

演示文稿制作

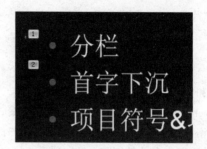

图 5-59　自定义动画 步骤二　　　　　　　　图 5-60　自定义动画 步骤三

步骤四：这时在【添加效果】下拉列表中选中路径，如图 5-61 所示。

步骤五：对【开始】、【持续时间】、【延迟】三个选项分别进行设置，如图 5-62 所示。

图 5-61　自定义动画 步骤四　　　　　　　　图 5-62　自定义动画 步骤五

步骤六：对另外两个文本框重复上面的操作，可以得到三个文本框的动画，如图 5-63 所示。

步骤七：如果要改变动画的顺序可以前后移动，改变动画的顺序，如图 5-64 所示。

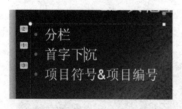

图 5-63　自定义动画 步骤六　　　　　　　　图 5-64　自定义动画 步骤七

3．添加动作按钮

在 PowerPoint 中，用户可以添加动作按钮，方便地从当前幻灯片跳转到任意其他幻灯片，操作步骤如下。

步骤一：在普通视图模式下，单击【插入】选项卡中【形状】按钮，此时弹出多个动作按钮图样，如图 5-65 所示。单击某一动作按钮，此时指针变为十字形。

步骤二：按住鼠标左键不放并拖动指针，即绘出了动作按钮，并弹出图 5-66 的对话框。

步骤三：选中【超链接到】单选框，并在其下拉列表框中选择链接到的位置。

步骤四：选中【播放声音】复选框，并在其下拉列表框中选择单击时的声音效果。

步骤五：单击【确定】按钮，完成动作按钮的设置。

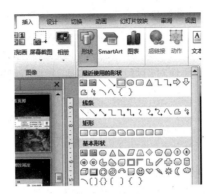

图 5-65　添加动作按钮 步骤一

4．放映幻灯片

完成幻灯片的放映设置后，就可以开始正式放映幻灯片了。具体方法有以下几种。

（1）执行【幻灯片放映】|【开始放映幻灯片】中的命令，如图 5-67 所示。

（2）使用快捷键 F5 放映幻灯片。

（3）单击右下角的【幻灯片放映】按钮 🖳 。

图 5-66　添加动作按钮 步骤二

图 5-67　幻灯片播放

习　题　5

一、选择题

1．演示文稿储存以后，默认的文件扩展名是（　　）。

    A．pptx　　　　　　　B．exe　　　　　　C．bat　　　　　　　D．bmp

2．PowerPoint"视图"这个名词表示（　　）。

    A．一种图形　　　　　　　　　　　B．显示幻灯片的方式

    C．编辑演示文稿的方式　　　　　　D．一张正在修改的幻灯片

3．幻灯片中占位符的作用是（　　）。

    A．表示文本长度　　　　　　　　　B．限制插入对象的数量

    C．表示图形大小　　　　　　　　　D．为文本、图形预留位置

4. 幻灯片上可以插入（　　）多媒体信息。

    A. 声音、音乐和图片 　　　　　　　　　B. 声音和影片

    C. 声音和动画 　　　　　　　　　　　　D. 剪贴画、图片、声音和影片

5. 在（　　）视图下，可以方便地对幻灯片进行移动、复制、删除等编辑操作。

    A. 幻灯片浏览 　　　　　　　　　　　　B. 幻灯片

    C. 幻灯片放映 　　　　　　　　　　　　D. 普通

6. 要在选定的幻灯片版式中输入文字，可以（　　）。

    A. 直接输入文字

    B. 先单击占位符，然后输入文字

    C. 先删除占位符中的系统显示的文字，然后输入文字

    D. 先删除占位符，然后输入文字

7. 幻灯片放映过程中，单击鼠标右键，选择【指针选项】中的【绘图笔】命令，在讲解过程中可以进行写画，其结果是（　　）。

    A. 对幻灯片进行了修改

    B. 没有对幻灯片进行修改

    C. 写画的内容留在了幻灯片上，下次放映时还会显示出来

    D. 写画的内容可以保存起来，以便下次放映时显示出来

9. 在 PowerPoint 演示文稿中，将某张幻片版式更改为【垂直排列标题与文本】，应打的选项卡是（　　）。

    A. 视图 　　　　　　B. 插入 　　　　　　C. 开始 　　　　　　D. 幻灯片放映

10. 在 PowerPoint 中，不能对个别幻灯片内容进行编辑修改的视图方式是（　　）。

    A. 大纲视图 　　　　　　　　　　　　　B. 幻灯片浏览视图

    C. 幻灯片视图 　　　　　　　　　　　　D. 以上三项均不能

二、填空题

1. PowerPoint 中，在浏览视图下，按住 Ctrl 键并拖动某幻灯片，可以完成_____操作。

2. 如要终止幻灯片的放映，可直接按_____键。

3. PowerPoint 中，在_____视图中，用户可以看到画面变成上下两半，上面是幻灯片，下面是文本框，可以记录演讲者讲演时所需的一些提示重点。

4. PowerPoint 的演示文稿具有幻灯片、幻灯片浏览、备注、幻灯片放映和_____5 种视图大纲。

5. 对于演示文稿中不准备放映的幻灯片可以用_____中的【隐藏幻灯片】命令隐藏。

6. 利用 PowerPoint 制作幻灯片时，幻灯片在_____区域制作。

7. PowerPoint 中，_____视图显示主要的文本信息。

8. PowerPoint 中，_____视图模式用于查看幻灯片的播放效果。

9. PowerPoint 中，插入图片操作在插入选项卡中选择_____命令。

10. 在 PowerPoint 中，对于已创建的多媒体演示文档可以用【文件】选项卡中的_____命令转移到其他未安装 PowerPoint 的机器上放映。

三、判断题

1. 在幻灯片视图中，单击【幻灯片放映】视图按钮，将从当前幻灯片开始全屏放映剩余的幻灯片。（　　）

2. 母版对幻灯片有绝对的控制权，每页幻灯片都受它的控制。（　　）

3. 如果向幻灯片中添加文字,除了在预留区中直接输入外,还可以用文本框。(　　)

4. 如果给图形添加文字,可以选中该图形后直接输入文字。(　　)

5. 单击剪贴画,然后选择【绘图工具栏】|【取消组合】命令,可以将剪贴画转换为 PowerPoint 对象,这样就可对其进行编辑或自定义了。(　　)

6. 艺术字是特殊文本效果,是一种绘图对象,不能作为文本,不能在大纲视图中查看文本效果,或是按普通文本检查拼写。(　　)

7. 对于插入的剪贴画,可以改变它的位置和大小,但不能改变它的组成。(　　)

8. 将对象组合时,等于将它们合并在一起,作为单一对象加以处理。(　　)

9. 只能为演示文稿设置相同的切换方式。(　　)

演示文稿制作

第6章 认识 Excel 2010

Excel 2010 是微软公司推出的 Office 2010 系列办公软件中的一员,它是一种电子表格软件,使用它可以简便、快速地对表格数据进行记录、计算、统计和分析,简化人们在工作生活中处理大量数据时的繁杂任务,并且 Excel 2010 还可以将数据绘制成统计图表以便直观地分析数据趋势。目前,与 Excel 类似的其他电子表格软件主要有:美国甲骨文公司(Oracle)的 OpenOffice 产品中的 Spredsheet 组件,美国国际商业机器公司(IBM)的 Lotus 产品中的 Lotus 1-2-3 组件,中国金山公司的 WPS 产品中的表格组件。这些 Excel 的竞争对手,各有特色,或免费或开源或功能强大,它们之间的竞争共同推动了电子表格软件功能的完善和性能的提高。

6.1 Excel 功能简介

6.1.1 Excel 功能简介

Excel2010 具有以下主要功能。

试算表(Spredsheet):这是 Excel 2010 中最基本的功能,具有工作表的建立、数据的编辑、运算处理、档案存取管理和打印等功能。它与平常生活和工作中画的表格很相似,但功能更强大、修改更便利、管理更容易。

统计图表:将电子表格中的数据以图形的形式进行显示,便于用户直观地观察和分析数据,如直线图、折线图、饼图、条形图、柱形图以及三维图表等。另外,Excel 2010 还可以添加图片,丰富电子表格中的内容。

数据分析:将电子表格中的数据进行统计、排序、过滤,还可进行数据透视图等分析操作。

另外,Excel 2010 在保留以前版本优点的基础上,还对某些功能进行了改进和增强。

(1) 任务窗格:Excel 2010 中新增了任务窗格,包含【开始工作】、【帮助】、【搜索】、【剪贴画】、【信息检索】、【共享工作区】和【XML 源】等,使用户可以快速地在不同功能间切换,提高工作效率。

(2) 增强信息交流:Excel 2010 中,用户可以通过【共享工作区】将自己的文档与团队其他成员交流,提高团队合作效率。通过与微软的 Rights Management Services (RMS)功能的结合使用,还可以控制其他成员对电子表格的转发、复制或打印等操作进行控制,从而保护知识产权或商业机密,从而保护个人或公司财产。

(3) 统计函数的增强:在统计方面增强了共线性检测、方差汇总计算、正态分布和连续概率分析等函数,为用户提供更为强大的数据统计与分析功能。

（4）XML 支持：Excel 2010 支持工业标准的 XML，使得与其他系统的交互更加简单，也使得跨不同组织间交流文档的过程更加顺畅。

6.1.2　Excel 主要用途

Excel 是微软 Office 办公套装软件的重要组成部分，通过它的数据处理、统计和图表等功能，被广泛地应用于企业与公司的数据管理和金融统计等，例如行政人员常用它来做公司的资产管理、客户信息管理，财务人员常用它来做公司的会计报表、财务统计，销售人员常用它来做销售业绩分析，学校常用它来管理班级信息和学生成绩信息等。

6.1.3　认识 Excel 的界面

Excel 的界面如图 6-1 所示。

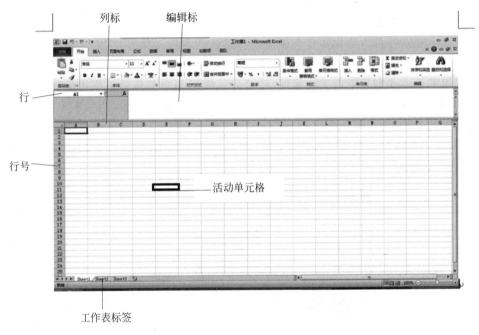

图 6-1　Excel 2010 主界面

列标：用于显示列数，使用字母表示，先是一位字母从 A 开始依次递增到 Z，然后变成两位字母从 AA 开始依次递增到 IV 结束。

行号：用于显示行号，使用数字表示，从 1 开始依次递增到 65 536 结束。

名称框：用于显示所选中的单元格的名称，名称默认由列标和行标组合而成，列标在前行标在后，例如：A1 代表第一列第一行的单元格，B3 代表第二列第三行的单元格。此外，名称框也可用于修改单元格（或选中的一片单元格）的名称，例如，可以把 B3 改名为 MySampleCell 等。

编辑栏：用于显示或修改所选中的单元格中的数据（或公式）。

工作表标签：由于一个 Excel 文件可以包含多个工作表，每个标签代表一个工作表，可以通过单击标签在各个工作表之间进行切换。

6.2 Excel 2010 基本操作

6.2.1 工作簿基本操作

一个 Excel 的文件就称之为"工作簿",它是组织各种数据的基本单位,工作簿文件的扩展名是.xlsx,例如"学生名单.xlsx"。在进行数据处理之前,需要掌握创建、编辑和保存工作簿的方法与技巧。

1. 创建工作簿

在 Excel 2010 中有多种方式可以创建一个默认的工作簿。

方法一:打开【文件】选项卡,选择【新建】选项项。

方法二:在屏幕左上的快速访问工具栏中单击【新建】。

方法三:按键盘快捷键 Ctrl+N。

按照以上任意一种方法操作将会创建一个默认的空白工作簿,它的名称以 book 开头,后面自动跟随一个数字,需要由用户保存后重新对工作簿命名。

除了以默认方式创建空白工作簿外,还可以从模板创建工作簿。模板的作用就是减少重复劳动,例如有些单位要求所有 Excel 工作簿都必须是灰色背景,四号字形的字,并且还有一些统一的表头,为了避免每次都从空白工作簿开始做起,可以根据单位的要求做好模板,将来新建工作簿时直接从模板创建,而不必从空白开始做。Excel 2010 自带了很多个模板,如图 6-2 所示。

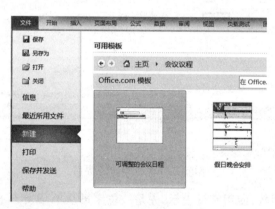

图 6-2 模板

可以根据需要选择,如果觉得模板不够丰富,还可以从微软公司提供的 Office Online 网站下载其他用户共享出来的数百个模板,如图 6-3 所示。

打开网上模板的方法是:

步骤一:打开【文件】选项卡,选择【新建】选项。

步骤二:在屏幕右侧的任务窗格中单击 Office.com 模板 中的某种模板。

接下来将弹出窗口,如图 6-3 所示,根据操作提示下载即可。

2. 打开工作簿

要查看或编辑现有的工作簿时,第一步是打开工作簿文件。这个看上去很容易的操作也非常有技巧,掌握好之后可以让人们事半功倍,尤其对管理大量 Excel 工作簿的人而言更

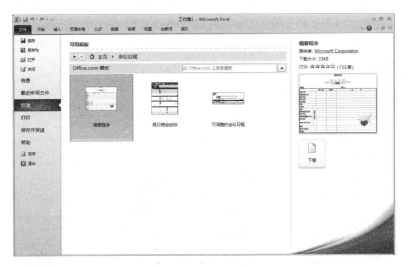

图 6-3　Office Online 网站提供的模板

是福音。

　　打开工作簿最简单的方式，是通过 Windows 的文件浏览器，找到 Excel 工作簿文件后，双击鼠标或者用鼠标右键单击文件后选择【打开】，如图 6-4 所示。

图 6-4　通过文件浏览器打开工作簿

（1）打开工作簿的基本方法。

　　另一种常用的打开工作簿的方法是首先启动 Excel，然后单击 Excel 的【打开】（或按快捷键 Ctrl＋O，或单击快速访问工具栏上的【打开】按钮 ），此时将弹出【打开】对话框，如图 6-5 所示。

　　在【打开】对话框中，左边是查找范围，便于人们从常用的几个位置选择文件，提高效率，各位置含义如下。

　　① 我最近的文档：在右侧列出当前用户最近打开过的文件。

　　② 桌面：在右侧列出桌面上的文件。

　　③ 我的文档：在右侧列出【我的文档】目录中的文件。

　　④ 我的电脑：在右侧列出本机各个硬盘盘符。

　　⑤ 网上邻居：在右侧列出网络邻居里别的用户共享的文件。

图 6-5 【打开】对话框

当打到需要打开的文件后，选中该文件，然后单击【打开】对话框右下角的【打开】按钮，即可打开文件。

（2）打开最近的工作簿的方法。

在默认情况下，在【文件】选项卡下方列出了最近打开过的 4 个工作簿文件，用鼠标单击文件名即可打开。如果觉得最近 4 个工作簿太少了，可以修改 Excel 的配置增大，操作如下：

① 选择【文件】选项卡里的【最近所有文件】选项。

② 单击窗口下方的 ☑ 快速访问此数目的 "最近使用的工作簿"：[ ] 即可修改文件数量。

3. 保存工作簿

为了将 Excel 工作簿的内容保存下来以便以后查看，需要保存工作簿。保存的方法与 Office 其他组件如 Word 等一样，有以下三种方式。

方法一：选择【文件】选项卡里的【保存】命令组。

方法二：单击快速访问工具栏中的【保存】按钮 🖫 。

方法三：使用键盘快捷键 Ctrl＋S。

为了防止意外情况（例如停电）发生时工作簿内容丢失，最好养成经常保存的习惯，而不要等到完成所有工作后才保存。Excel 也提供了贴心的功能，即每过一段时间自动保存工作簿，默认是 10 分钟，如果想要修改这个时间间隔，方法是：

步骤一：选择【文件】选项卡里的【选项】选项，将打开【选项】窗口，如图 6-6 所示。

步骤二：打开对话框中的【保存】选择卡，在【保存自动恢复信息时间间隔】右边即可修改时间间隔，如图 6-7 所示。

如果取消选择该复选框，则表示禁用自动保存的功能。

4. 关闭工作簿

在完成对某个工作簿的工作后，需要关闭工作簿。关闭的方法有：

方法一：选择【文件】选项卡里的【关闭】选项。

方法二：单击窗体最右边的【关闭窗口】按钮 ✕ 。

图 6-6　选项设置

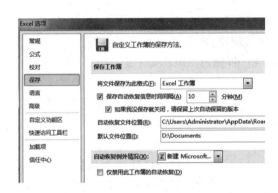

图 6-7　自动保持时间设置

如果关闭工作簿时,还有未保存内容,则 Excel 将提示用户是否需要保存,选择【是】则保存后退出 Excel,选择【否】则不保存并退出 Excel,选择【取消】也是不保存,但将返回 Excel 继续编辑。

6.2.2　工作表基本操作

工作簿用于管理大量数据文件,而工作表则更细,它是一张具体的数据表。默认情况下,一个新工作簿包含三个工作表,它们的默认名称是 Sheet1、Sheet2 和 Sheet3,如图 6-8 所示。

1. 工作表管理

图 6-8 中,当前正在编辑的工作表是 Sheet1,用白色背景标识了出来,通过鼠标单击 Sheet2 可以切换到该工作表进行编辑。如果工作表太多在屏幕上无法全部显示,则可以通过单击工作表标签左边的 4 个箭头按钮滚动标签。

默认的工作表名不足以表达用户的意思,所以往往需要对它们改名。改名的方法是用鼠标右击工作表标签,选择【重命名】,如图 6-9 所示。

在图 6-9 中可以发现,除了【重命名】,还可以进行其他操作:

(1)【插入】命令组,可以在当前工作簿中添加一个新的工作表。

(2)【删除】命令组,删除当前工作表。

(3)【移动或复制工作表】命令组,将当前工作表标签移动到其他位置,例如移动到右边。这是为了查看方便而设计的,根据人的心理,往往把最重要、最常用的工作表标签放在最左边,把最不重要的东西放在最右边。

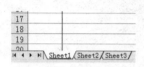

图 6-8　默认工作表

图 6-9　修改工作表的名称

(4)【选定全部工作表】命令组,选定全部工作表后,所有工作表标签将被虚线框选,然后再单击鼠标右键可以全部删除,或全部更改背景色等。

(5)【查看代码】命令组,将弹出 Microsoft Visual Basic 窗口进行宏的编写。

2. 行与列的操作

当在工作表中输入了大量数据后,经常会发现需要在中间添加一行或一列,因此需要熟练掌握行与列的基本操作,以便灵活修改。

(1)增加行。

有时,需要在工作表中间添加一个空行以便增加数据,默认情况下,新的行将出现在当前选择行或选中单元格的上方。例如,若选中第 3 行,则新增一行后,新行变为第 3 行,而原有的第 3 行变为第 4 行。增加行的方法有:

① 通过选项卡增加。单击某一行的行号选中该行,选择【开始】选项卡的【单元格】命令组里的【插入工作表行】,如图 6-10 所示。

图 6-10　插入工作表行

② 通过行右键选项卡增加。用鼠标右键单击某一行的行号,将弹出一个右键快捷菜单,选择【插入】选项即可,如图 6-11 所示。

③ 通过单元格右键选项卡增加。在单元格处用鼠标右键单击,将弹出一个右键选项卡,选择【插入】命令组,将弹出【插入】对话框,如图 6-12 所示,单击其中的【整行】按钮,并单击【确定】按钮。

以上操作每次仅增加一行,若想一次增加多行,有以下方法:

① 通过选项卡增加。选中多行或在同一列中选中多个单元格,选择 Excel【开始】选项卡的【单元格】命令组中的【插入工作表行】。这样,若选中 3 行,将新增 3 行,若选中 4 行将新增 4 行。

② 通过行右键增加。用鼠标选中多行的行号,单击鼠标右键,在弹出的菜单中选择【插入】项,这样将插入与所选行数对应的空白行。

图 6-11　右键插入行　　　　　　图 6-12　【插入】对话框

③ 通过单元格右键增加。选择多个单元格，用鼠标右键单击，在弹出的快捷菜单中选择【插入】命令组，将弹出【插入】对话框，如图 6-12 所示，单击其中的【整行】按钮，并单击【确定】按钮。

（2）增加列。

与增加行类似，有时需要在已有内容的工作表中增加一列或多列。默认情况下，新增加的列将出现在当前选择列或选择单元格的左侧。其操作方式与增加行类似，在此不再赘述。

（3）删除行和列。

有时需要删除多余的内容，根据需要可能是删除整行、整列或某几个单元格。删除与增加的方法类似，都可以通过选项卡、行标或列标的右键快捷菜单或单元格的右键快捷菜单来操作。

要删除整行，需要用鼠标单击行标选择欲删除的行，通过选项卡或右键弹出菜单选择【删除】选项，此时，选中的行整个消失，该行下的行自动向上，其后的行标也将相应变化，如图 6-13 所示。

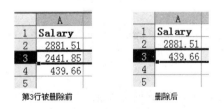

图 6-13　删除行的演示

删除列的操作方法与删除行类似。如果不小心误删除时，可单击工具栏中的【撤销】按钮  来恢复。

3. 单元格的操作

单元格是数据的基本容纳单位，默认情况下，单元格的大小全部相同，然而数据可能多种多样，数据长短也各不相同，因此有时需要对单元格的大小进行调整以保持数据的良好展现。每个单元格都由高度和宽度构成,默认情况下,同一行的单元格有相同的高度值,同一列的单元格有相同的宽度,因此把单元格的高度称为行高,而单元格的宽度称为列宽。

4. 设置行高和列宽

行高与列宽的设置方法类似,这里以设置行高为例来进行说明。设置行高通常有两种方法,一种是使用鼠标拖动,另一种是使用选项卡。

如图 6-14 所示,当想修改第 2 行的行高为 30 时,操作方法如下。

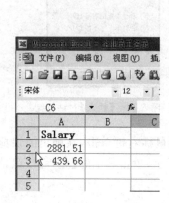

图 6-14　用鼠标修改行高

图 6-15　通过右键选项卡设置行高

步骤一:将鼠标移到左侧的行号处,第 2 行的底部线条位置,也就是第 3 行的顶部线条位置,鼠标指针变为带上下箭头的十字形状。

步骤二:按住鼠标左键,在光标的右上方会显示出第 2 行的当前行高。

步骤三:向上或向下移动鼠标,会发现光标右上方显示的高度值在变化,同时光标当前所在位置的水平位置会显示一条虚线,表示第 2 行的底部将被拖动到什么位置。

步骤四:拖动鼠标直到光标右上方显示的行高值变为 30 时释放鼠标。该行的行高就被修改为 30 了。

步骤五:用鼠标选中第 2 行,然后用鼠标右键单击该行,在弹出的菜单中选择【行高】选项。

步骤六:在弹出的【行高】对话框中,输入想设置的数字,例如 30,然后单击【确定】按钮即可,如图 6-16 所示。

5. 合并单元格

默认情况下,每一行的单元格都是对得很整齐的,但某些时候可能希望一行的某个单元格的宽度与下一行的几个单元格一样宽,这种情况经常出现在报表中,如图 6-17 所示。

图 6-16　行高设置对话框

图 6-17　合并单元格示例

在图 6-17 中,"开题分组"所在的单元格占了 2 行 4 列的位置,作为报表的标题这样比较醒目,要达到这种效果就需要通过【合并单元格】功能来完成,具体操作如下。

步骤一:如图 6-18 所示,拖动鼠标从 A1 至 D2 共选中 8 个单元格。

步骤二:单击【开始】选项卡的【对齐方式】命令组中的【合并后居中】按钮 。

图 6-18　合并单元格前

合并后的结果如图 6-17 所示。需要注意的是,合并后的单元格虽然占用了多个单元格的位置,但它的名称以合并前左上角的单元格为准,对于该例子而言,图 6-17 中合并后的单元格的名称为 A1。

6. 查找与替换

在编辑大量数据的工作表时,光靠眼睛查找某个数据显示是低效和辛苦的,这时可以借助 Excel 中的查找功能快速找到想要的数据。有时需要修改工作表中的类似数据,这时就可以借助查找与替换功能,减轻工作量,提高效率。

以图 6-19 为例,若想找到成绩为 95 的单元格,选择【开始】选项卡下的【编辑】命令组中的【查找和选择】,将会弹出【查找和替换】对话框,在【查找内容】处填写 95,然后单击【查找下一个】按钮,工作表中的 E11 单元格立即被选中;若继续单击【查找下一个】按钮,将继续向后查找包含 95 的单元格。

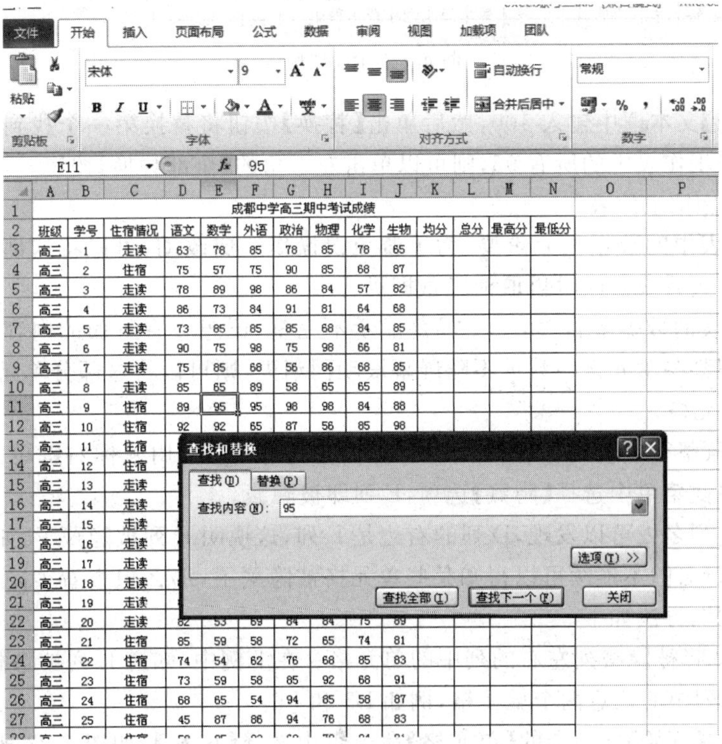

图 6-19　Excel 查找

如果希望将95修改为100，则可以在图6-19中单击【替换】标签，切换到如图6-20所示的界面。

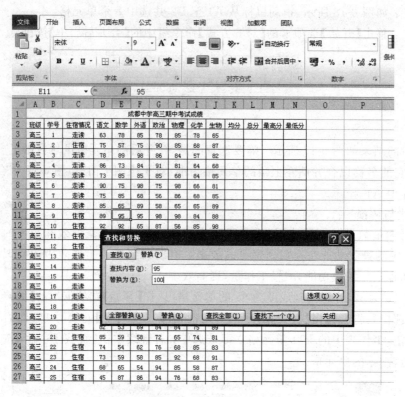

图6-20　Excel替换

在【替换为】文本框中输入100，然后单击【替换】按钮将替换第一个找到的单元格的内容，若想替换该工作表中的所有95，则可以单击左下角的【全部替换】按钮。

7. 隐藏与冻结工作表

有时工作表中的数据十分重要，为了避免误操作造成改动，可以将这部分数据隐藏起来，在真正需要查看或修改时再取消隐藏即可。

有些工作表的数据非常多，一个屏幕显示不完整，要想查看下面的内容就必须滚动屏幕，但有时希望某些单元格的数据不随屏幕滚动而消失，则可以将这部分单元格冻结起来。

① 隐藏单元格。

一般会隐藏整行或整列，如图6-21所示，若想隐藏E列，用鼠标右键单击E列的列名处，在弹出的快捷菜单中选择【隐藏】选项，E列即被隐藏。

隐藏后，从列名处可以发现，D列的右边是F列，这说明E列被隐藏了，如图6-22所示。

从列名或行名的不连续可以得知某些单元格被隐藏了，那么想查看被隐藏的内容时就需要"取消隐藏"，方法如下。

步骤一：选择被隐藏列左右的列中的单元格。在上例中，知道E列被隐藏了，那么需要选择D列和F列中的任意两个单元格，例如D5和F5。

步骤二：在【开始】选项卡的【单元格】命令组中选择【格式】，如图6-23所示，在下拉列表中选择【隐藏和取消隐藏】，最后选择【取消隐藏列】，E列即被显示出来。

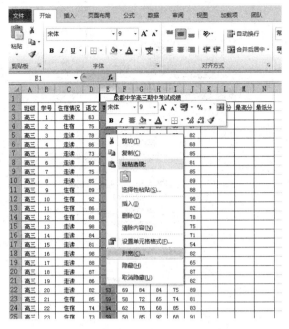

图 6-21　隐藏单元格

班级	学号	住宿情况	语文	外语	政治	物理	化学	生物	均分	总分	最高分	最低分
高三	1	走读	63	85	78	85	78	65				
高三	2	住宿	75	75	90	85	68	87				
高三	3	走读	78	98	86	84	57	82				
高三	4	走读	86	84	91	81	64	68				
高三	5	走读	73	85	85	68	84	85				
高三	6	走读	90	98	75	98	66	81				
高三	7	走读	75	68	56	86	68	85				
高三	8	走读	85	85	58	65	69	88				
高三	9	住宿	89	95	98	98	84	88				
高三	10	住宿	92	65	87	58	69	98				

成都中学高三期中考试成绩

图 6-22　隐藏 E 列后

技巧：当打印工作簿时，隐藏的单元格不会被打印，因为它们的尺寸实际上被设置成了零。

② 冻结单元格。

当查看数据量较大的工作表时，需要用鼠标拖动滚动条才能看到下面的数据，但是，当拖到底部时，顶部的标题栏已经看不见了，这样不便于了解单元格的内容是什么。在图 6-24 中，希望第 2、第 3 行总是可见的，而不管拖动到哪个位置，方法如下。

步骤一：用鼠标选中 G4 单元格。

步骤二：选择【视图】选项卡的【窗口】命令组的【冻结窗格】中的【冻结拆分窗格】，这时有部分单元格即被冻结，如图 6-24 所示。

从图 6-24 中可以发现，在 G4 单元格的左侧垂直方向有一条黑色细边框，在它上方水平方向也有一条黑色边框。试着向下拖动滚动条，可以发现月份那一行始终固定不会消失，如

图 6-23　取消隐藏的方法

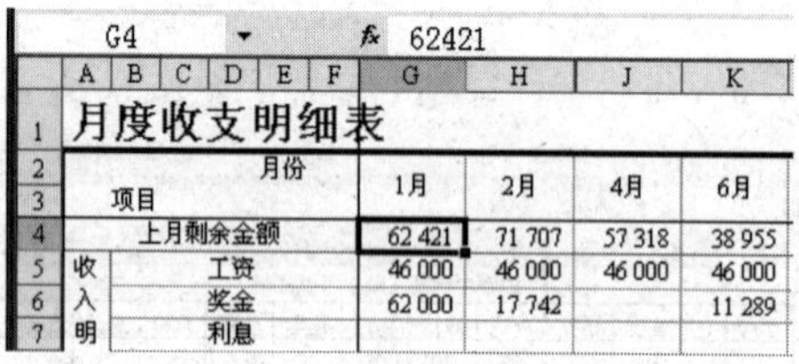

图 6-24　冻结窗格后

图 6-25 所示。试着向右拖动滚动条,也会发现左侧的项目类别也是始终固定不会消失的,如图 6-26 所示。

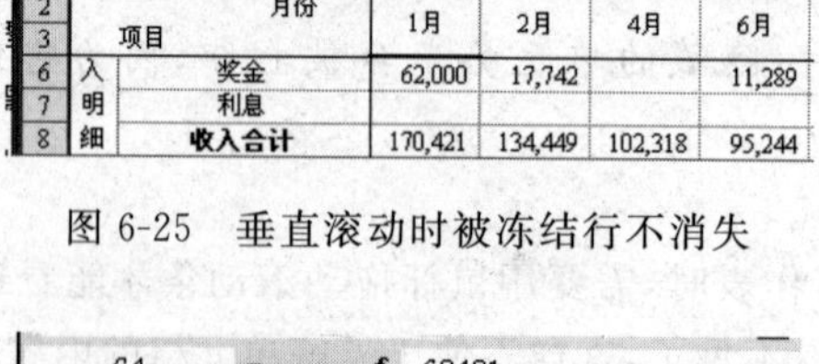

图 6-25　垂直滚动时被冻结行不消失

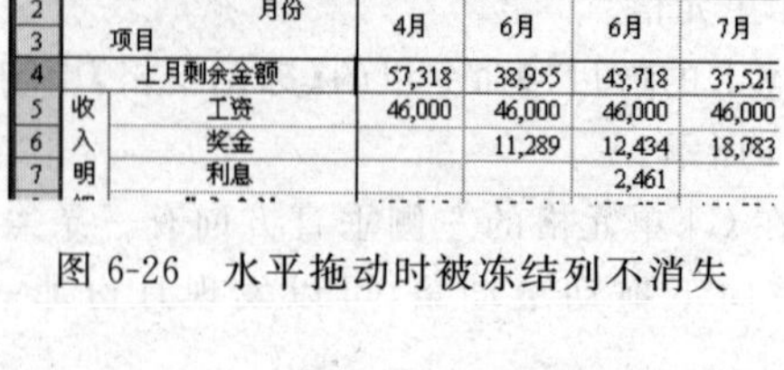

图 6-26　水平拖动时被冻结列不消失

从上例可以总结出,当选择【冻结窗格】命令时,以被选中的单元格为中心,该中心以上的所有行将被冻结(即固定不消失),该中心以左的所有列也将被冻结,并且,被冻结与未被冻结的单元格之间有一条细黑线分隔,以便提示冻结情况。

当取消冻结时,可以选择任意单元格,然后单击选择【视图】选项卡的【窗口】命令组的【冻结窗格】中的【取消冻结窗格】即可,取消后,用于指示被冻结单元格所在位置的细黑色线条将会消失。

6.2.3　数据基本操作

数据是 Excel 管理的核心内容,所以对数据的操作也成为一项重要的内容。Excel 能处理的数据类型多种多样,如财务数据、员工档案、资产数据等。从计算机的角度来区分,这些数据可以分为字符型数据、数值型数据、日期时间型数据,其中数值型数据又可以分成许多小类别,后面再详细讲解。

1. 输入数据的基本方法

要在单元格中输入数据,首先要选择单元格。可以使用鼠标单击选中单元格,或通过键盘的方向键在选中的单元格间移动,凡是被选中的单元格周围以黑色粗线框表示,如图 6-27 所示。

若要在选中的单元格中输入数据,可以直接输入,也可单击列标上方的编辑栏来输入。对于普通的字符与数值而言,这两种输入方式差不多,但对于有公式的单元格而言,有时使用编辑栏就会更方便。

在图 6-27 中会发现 G7 单元格的内容是“本月暂时没有”,它超出了本单元格,还占用了旁边的空间。这说明,当单元格中的数据宽度超过单元格的宽度时,若该单元格右边的单元格没有数据,则该单元格的数据会“溢出”,看起来好像旁边的内容一样,但它实际上都属于原来输入数据的那个单元格。

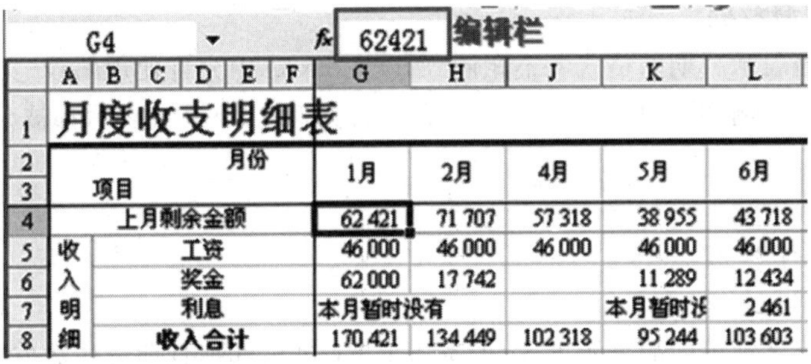

图 6-27　编辑数据

在图 6-27 中 K7 单元格的内容也是“本月暂时没有”,但它并没有显示完整。这说明,当单元格的数据宽度超过本单元格的宽度时,若该单元格右边已有内容,则原单元格的内容中超出部分将被“遮挡”起来,无法完整显示。若想查看完整的内容,一是加宽该单元格,二是用鼠标选中该单元格,然后在“编辑栏”中即会出现完整的内容。

通常在输入数据时都是连续输入同一行或同一列的数据,例如,输入了 1 月的工资,接着输入 2 月的工资,然后输入 3 月的工资;而有的时候,输入了 1 月的工作,接着输入 1 月的资金,然后输入 1 月的利息。Excel 考虑到了各种不同的需求,力求提高大家输入数据的效率,所以在输入完某个单元格的数据后,有以下几种方式移动到下一个单元格。

方法一:按 Enter 键,移动到相邻的下方的单元格。

方法二：按 Tab 键，移动到相邻的右边的单元格。

Enter 键的方向也可以自定义，打开【文件】选项卡，选中【选项】，再选择【高级】，则弹出如图 6-28 所示的对话框。在对话框中可以修改 Enter 键移动的方向，包括上、下、左和右 4 个方向。

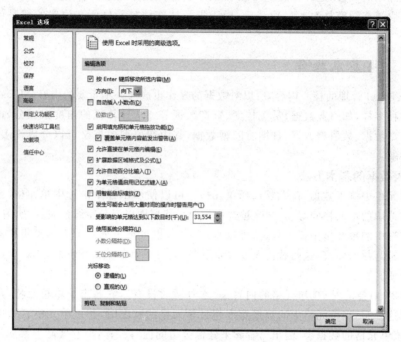

图 6-28　Excel 选项对话框

2. 输入日期型数据

由于全球各地表示日期的格式各不相同，所以在 Excel 中允许使用斜线、文字和短横线来分隔日期的不同部分。例如，以日期 2011 年 4 月 17 日为例，以下几种表示都被允许：

① 2011-4-17。

② 4/17/2011。

③ 2011 年 4 月 17 日。

④ 17-Apr-2011。

虽然可以使用多种不同的显示方式，但本质上 Excel 内部把日期当作数值来存储，以便对日期进行加减等数值运算。所以不论日期以何种方式显示在单元格中，在编辑栏中都以默认格式显示日期，如图 6-29 所示。

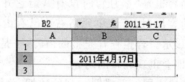

图 6-29　编辑栏中的日期总是默认格式

由于 Excel 内部总是把日期当作数值来存储，所以在单元格中的显示效果实际上是可以根据需要来调整而不影响数据的变化的。在实际使用中，也往往使用最简单的方式输入日期（例如 2011-4-17），然后通过调整单元格日期格式使其符合查看的需求（例如显示为 2011 年 4 月 17

日星期日）。设置日期格式的方法如下。

步骤一：选中需要调整日期格式的单元格。

步骤二：选择【开始】选项卡下的【数字】命令组中右下角的对话框启动器，将弹出【设置单元格格式】对话框（如图 6-30 所示）。

步骤三：在左边的【分类】中选择【日期】，在右侧的【类型】中选择合适的格式即可。

图 6-30　日期格式对话框

3. 设置数据有效性

在实际工作中，往往会限制某些单元格只能输入数值，而某些单元格只能输入字符。为了满足这种要求，Excel 允许限制单元格的内容，这称之为"数据有效性"。

以一个实例来讲解这个功能，如图 6-31 所示，根据实际情况，一般认为各课程的成绩只能从 0 到 100 才有效，太大或太小都不是合理的成绩。

要实现以上限制，方法如下：

（1）选择要限制的单元格。

（2）选择【数据】选项卡下的【数据工具】命令组中的【数据有效性】，再选择其中的【数据有效性】，将弹出【数据有效性】对话框，如图 6-31 所示。

（3）打开【设置】选项卡，从【允许】下拉列表中选择【整数】；从【数据】下拉框中选择【介于】；在【最小值】中输入 0；在【最大值】中输入 100。最后单击【确定】按钮即可。

然后来测试一下"数据有效性"的生效情况，在 D3 中输入 340，显然这个成绩不符合之前的规定，于是 Excel 弹出错误框提示用户，如图 6-32 所示。

图 6-32 中提示用户"输入值非法"还不够直观便于理解，可以根据本身的业务来给用户更友好、更容易理解的提示信息。

（1）自定义错误提示信息。

为了更有效地提示用户输入合理数据，可以设计提示信息来帮助用户选择合适的数据。以上面的成绩单为例，设置方法如下。

步骤一：在上例中弹出的【数据有效性】对话框中打开【出错警告】选项卡（图 6-33）。

步骤二：勾选【输入无效数据时显示出错警告】复选框。

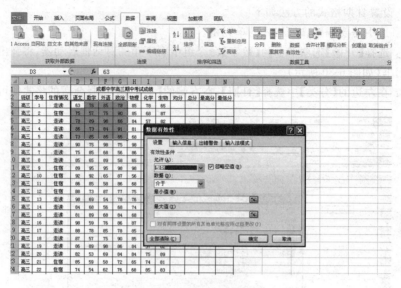

图 6-31 设置数据有效性

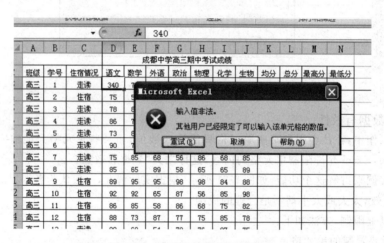

图 6-32 输入无效数据时的提示

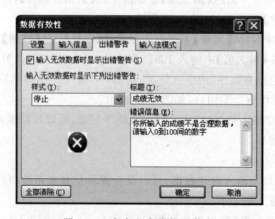

图 6-33 自定义出错提示信息

步骤三：在【样式】下拉框中有三种不同行为，选择【停止】，其具体含义如下。

① 停止：表示一旦用户输入错误数据就中止用户继续操作，必须输入正确的数据。

② 警告：表示即使用户输入错误数据也允许，但会警告用户。

③ 信息：表示若用户输入错误数据，会提示一下用户，但并不重要。

步骤四：在【标题】下输入【成绩无效】。

步骤五：在【错误信息】下输入"你所输入的成绩不是合理数据，请输入 0 到 100 间的数字"。

然后输入一个无效的数字 234，则出现以下错误提示，可以发现，它正是之前定义的提示信息，如图 6-34 所示。

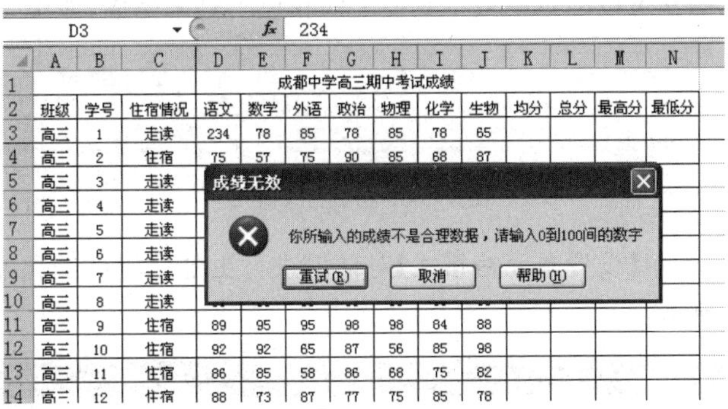

图 6-34　自定义的出错提示

4. 自动填充数据

当数据输入的过程中有大量相同数据，或数据之间有简单的规律时，可以使用 Excel 的自动填充功能帮助人们提高输入效率。自动填充是根据当前单元格中的数据，自动填写其他单元格中的数据的一种功能，可以大大提高办公效率。

例如，要制作一张报表，里面会连续输入"星期一"到"星期五"，如果手工录入则会比较耗时，而这些数据间有递增关系，所以可以借助自动填充来减少打字，提高效率，具体方法如下。

步骤一：先在一个单元格中输入"星期一"，选中该单元格。

步骤二：在该单元格右下角有一个小方块，称之为填充柄，移动鼠标指针到填充柄位置，这时鼠标指针变为十字形状。

步骤三：按住鼠标左键并向下拖动，直到拉出 4 个单元格为止，松开鼠标就会发现"星期一"到"星期五"已自动填好，如图 6-35 所示。

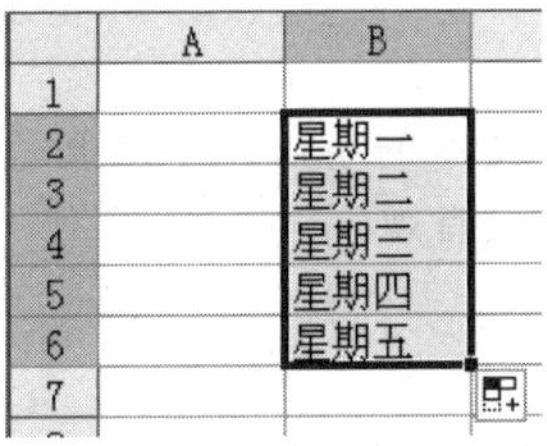

图 6-35　自动填充增长序列

自动填充功能能够自动识别单元格中数据的规律并填充新的单元格。例如，若选中的单元格的值分别是 1 和 3，自动填充出来的数据则是 1，3，5，7，9。

仔细观察图 6-35 中的自动填充单元格右下角还有个小图标，它被称为【自动填充选项】按

认识 Excel 2010

钮,单击它会出现填充选项,其含义如下。

① 复制单元格:复制原单元格的数据到新单元格,不自动计算其增长规律。

② 以序列方式填充:自动猜测规律来填充新单元格。

③ 仅填充格式:仅将原单元格的格式设置应用到新单元格,而不改变新单元格的值。

④ 不带格式填充:仅填充原单元格中的数据而不使用原来的格式设置。

6.3 使用格式美化工作簿

对工作表的美化操作可以通过格式工具栏上的相应工具来完成,如图 6-36 所示。

图 6-36 格式工具栏

同时,也可以通过使用【设置单元格格式】对话框进行更加完善的美化操作。按快捷键命令 (Ctrl+1),如图 6-37 所示。

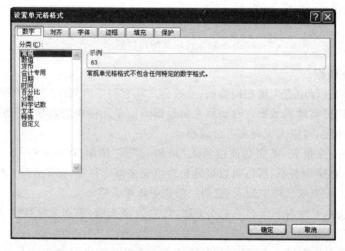

图 6-37 【设置单元格格式】对话框

6.3.1 设置字符格式

字符格式的设置,即对单元格中文本的字体、字号、颜色等进行格式化的操作,目的是为了使表格的标题或重要的数据更加醒目、直观。

1. 设置字体

(1) 使用【字体】设置字体。

步骤一:选定要设置字体的单元格或单元格区域,如图 6-38 所示。

步骤二:若想把选中的字体改为【黑体】,则在【字体】命令组的【字体】下拉列表框中选择【黑体】,被选区域中的内容格式会自动变为【黑体】格式。如图 6-39 所示。

注意:在中文版 Excel 2010 中,【字体】下拉列表框中显示的字体名称,本身已经用相应的字体格式化,用户可以很容易找到自己所要的字体。

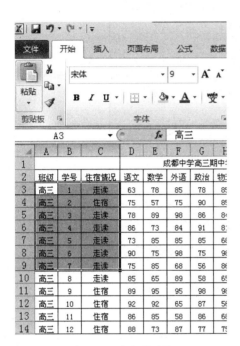

图 6-38 选定单元格

图 6-39 选择字体

（2）使用对话框设置字体。

① 选定要设置字体的单元格或单元格区域，如图 6-40 所示。

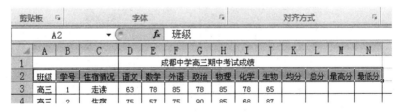

图 6-40 选择需设置的单元格

② 按快捷键命令（Ctrl＋1），在弹出的【设置单元格格式】对话框中打开【字体】选项卡，在【字体】列表框中选择【黑体】选项，如图 6-41 所示。

③ 单击【确定】按钮，结果如图 6-42 所示。

2．设置字号

（1）使用命令组设置字号。

步骤一：同样先选定要设置字体的单元格或单元格区域。

步骤二：打开【字体】命令组中的字号下拉框，根据自己的需要选择合适的字体大小，如图 6-43 所示。

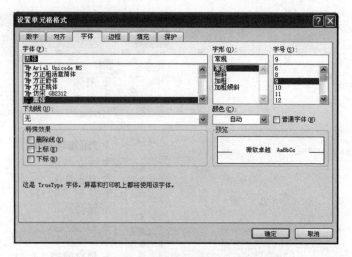

图 6-41　利用单元格格式对话框修改字体

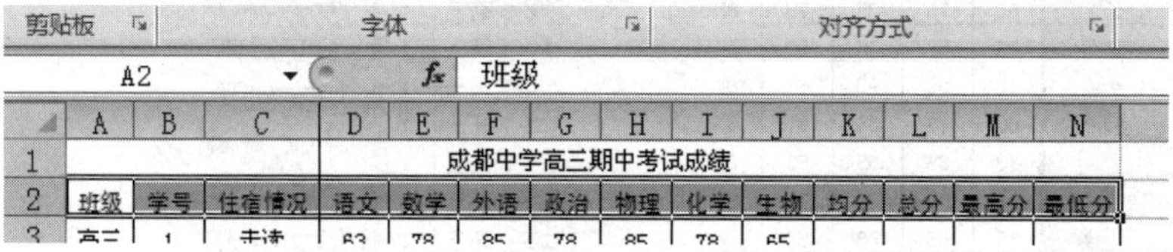

图 6-42　修改字体后显示结果

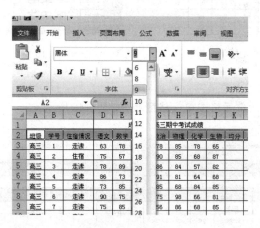

图 6-43　选择字号

（2）使用对话框设置字号。

步骤一：先选定要设置字体的单元格或单元格区域。

按快捷键命令（Ctrl＋1），在弹出的【设置单元格格式】对话框中打开【字体】选项卡，在【字号】列表框中选择想要的字号，如选择 20 字号选项，如图 6-44 所示。

步骤二：单击【确定】按钮后，结果如图 6-45 所示。

3. 设置字形

在一篇文章中，有时为了强调一些文字，经常需要改变文字的字形。改变字形可以将文字设置为粗体或斜体、添加下划线等，操作步骤如下：

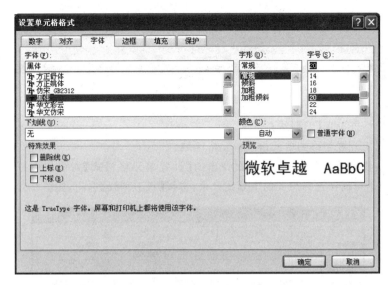

图 6-44　通过设置单元格格式对话框设置

班级	学号	住宿情况	语文	数学	外语	政治	物理	化学	生物	均分	总分	最高分	最低分

图 6-45　显示结果

（1）使用命令组设置字形。

步骤一：选定设置字形的单元格或单元格区域，如图 6-46 所示。

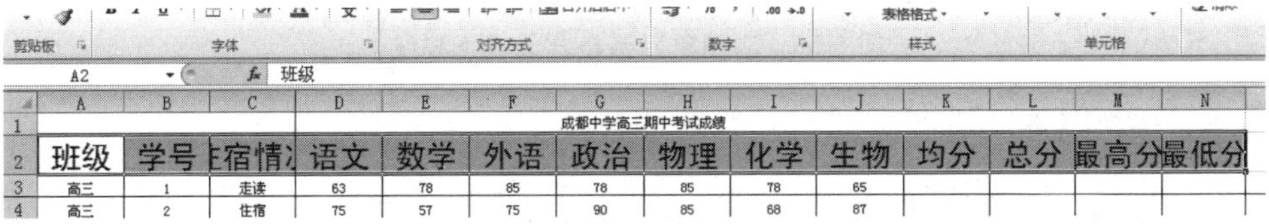

班级	学号	住宿情况	语文	数学	外语	政治	物理	化学	生物	均分	总分	最高分	最低分
高三	1	走读	63	78	85	78	85	78	65				
高三	2	住宿	75	57	75	90	85	68	87				

图 6-46　选定区域

步骤二：单击【字体】命令组中相应的快捷工具按钮，如图 6-47 所示。

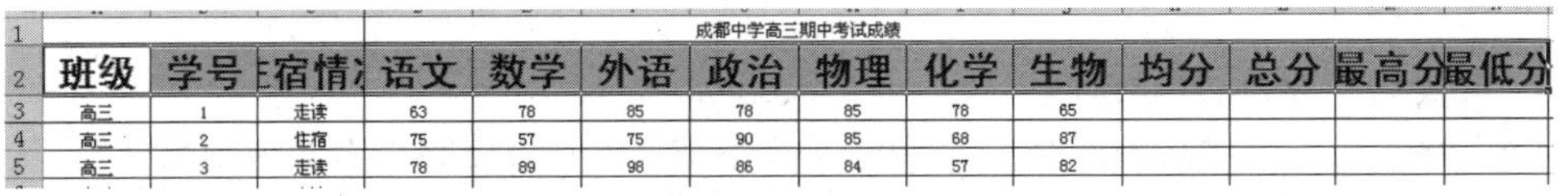

班级	学号	住宿情况	语文	数学	外语	政治	物理	化学	生物	均分	总分	最高分	最低分
高三	1	走读	63	78	85	78	85	78	65				
高三	2	住宿	75	57	75	90	85	68	87				
高三	3	走读	78	89	98	86	84	57	82				

图 6-47　加粗效果

除"加粗"效果，图 6-48 和图 6-49 将列示"斜体"、"下划线"效果。

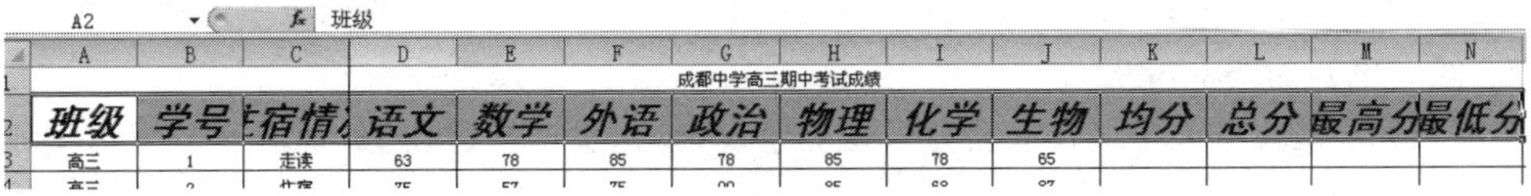

班级	学号	住宿情况	语文	数学	外语	政治	物理	化学	生物	均分	总分	最高分	最低分
高三	1	走读	63	78	85	78	85	78	65				

图 6-48　斜体效果

认识 *Excel 2010*

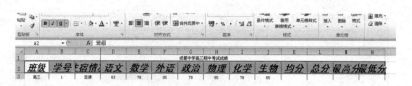

图 6-49　下划线效果

（2）使用对话框设置【下划线】。

步骤一：选定设置字形的单元格或单元格区域。

步骤二：按快捷键命令（Ctrl＋1），在弹出的【设置单元格格式】对话框中打开【字体】选项卡，在【下划线】下拉框中选择想要的下划线效果，选择【双下划线】选项，如图 6-50 所示。

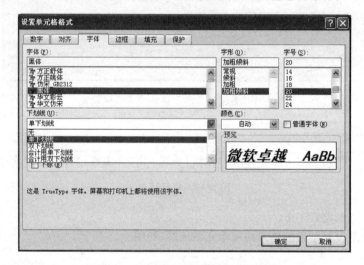

图 6-50　利用单元格格式设置下划线

步骤三：单击【确定】按钮后，得到的效果如图 6-51 所示。

图 6-51　双下划线效果

4. 设置文字颜色、背景颜色

有的时候，为了突出某些重点文字，可以对文字或文字所在表格的背景做颜色设置，具体步骤如下：

（1）使用命令组设置文字颜色或背景。

步骤一：选定需要突出的文字或文字所在的表格。

步骤二：单击【字体】命令组中的【字体颜色】下拉按钮，在弹出的调色板中选择需要的颜色，这里选择【红色】，如图 6-52 所示。

步骤三：若是要对文字所在表格背景做颜色设置，这里选择【黄色】，如图 6-53 所示，则设置和结果如图 6-54 所示。

（2）使用对话框设置文字颜色。

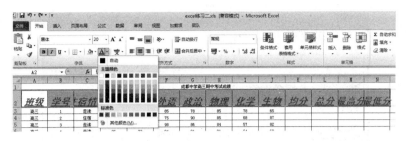

图 6-52 设置字体颜色为红色

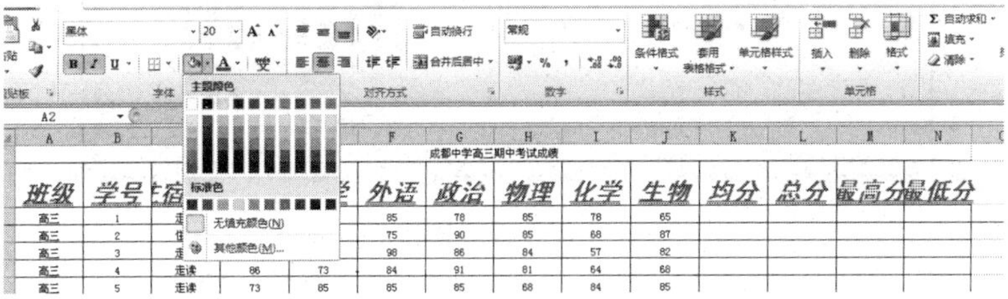

图 6-53 设置字体背景色为黄色

图 6-54 黄色字体背景色效果

步骤一：同样选定要设置颜色的文字。

步骤二：然后在选定的区域中单击鼠标右键，在出现的菜单中选择【设置单元格格式】，如图 6-55 所示，弹出【设置单元格格式】对话框，单击【颜色】下拉列表右侧的下拉按钮，如图 6-56 所示，在弹出的调色板中选择需要的颜色，这里选择的是【紫色】，结果如图 6-57 所示。

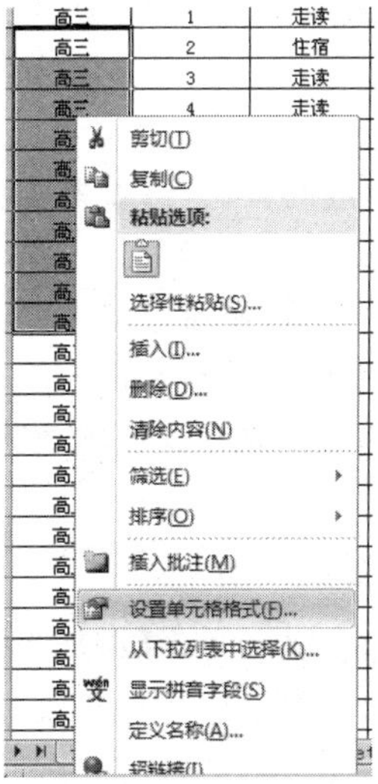

图 6-55 进入选择单元格格式选项卡

认识 Excel 2010

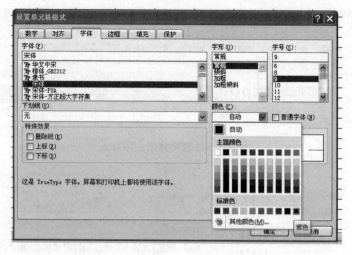

图 6-56　在调色板中选择所需颜色

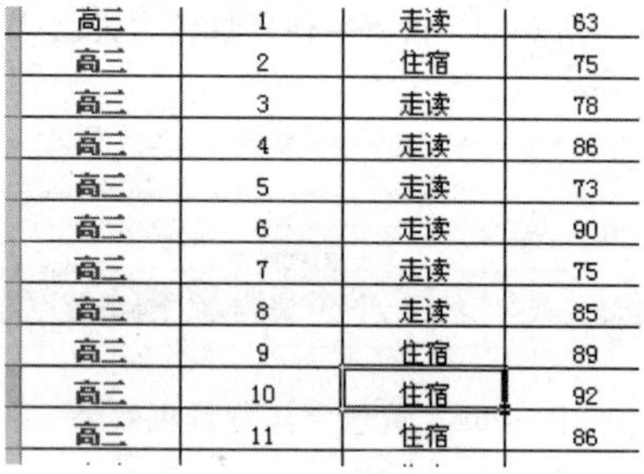

高三	1	走读	63
高三	2	住宿	75
高三	3	走读	78
高三	4	走读	86
高三	5	走读	73
高三	6	走读	90
高三	7	走读	75
高三	8	走读	85
高三	9	住宿	89
高三	10	住宿	92
高三	11	住宿	86

图 6-57　显示字体颜色设置结果图

6.3.2　设置数字格式

在 Excel 2010 中,常用的数字格式大概包含了常规、数值、货币、会计专用、日期、时间、百分比、分数、科学技术、文本、特殊以及自定义等。

1. 使用命令组设置数字格式

有的时候,在命令组中,找不到相应的按钮,可以先从快捷菜单命令组的下拉按钮打开【自定义功能区】,会弹出一个对话框,如图 6-58 所示。

选中列表中的快捷键后单击添加按钮,在命令组中就会显示相应的图标。一般情况下,数字格式默认都是常规格式,下面将列举部分设置类型:

① 同样地要先选择需要设定的单元格或单元区域,然后单击相应的格式工具栏按钮。

② 设置【货币样式】，如图 6-59 所示。

③ 设置【千位分隔样式】，如图 6-60 所示。

④ 设置【增加/减少小数位数】，单击【增加小数位数】按钮后则在原本数字的小数位数增加一位,反之,如图 6-61 所示。

2. 使用对话框设置数字格式

步骤一:选中需要设置数字格式的单元格或单元区域。

图 6-58　自定义功能区

工资	津贴	奖金	水电费	实发工资
212	66	68	￥ 19	
263	68	85	￥ 26	
347	65	89	￥ 34	
335	84	88	￥ 33	
303	85	98	￥ 41	
263	75	82	￥ 24	
311	96	87	￥ 30	
299	65	86	27.5	

图 6-59　货币样式

单价	七月	八月	九月
2 500	58	86	63
2 400	64	45	47
2 450	97	70	46
2 350	76	43	73

图 6-60　千位分隔样式

工资	津贴	奖金	水电费	实发工资
212	66	68	￥ 19.40	
263	68	85	￥ 26.20	
347	65	89	￥ 34.00	
335	84	88	￥ 32.70	
303	85	98	￥ 40.50	
263	75	82	￥ 23.60	
311	96	87	￥ 30.10	

图 6-61　增加小数位数

步骤二：按快捷键命令（Ctrl＋1），在弹出的【设置单元格格式】对话框中打开【数字选项卡】，在【分类】列表中选择【数值】选项，根据自己所需设置参数，这里演示【科学计数】设置，如图 6-62 所示。

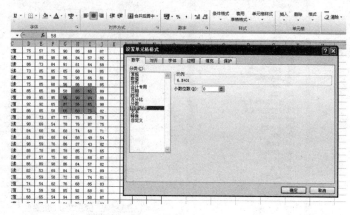

图 6-62　单元格格式设置数字格式

步骤三：单击【确定】按钮后，结果如图 6-63 所示。

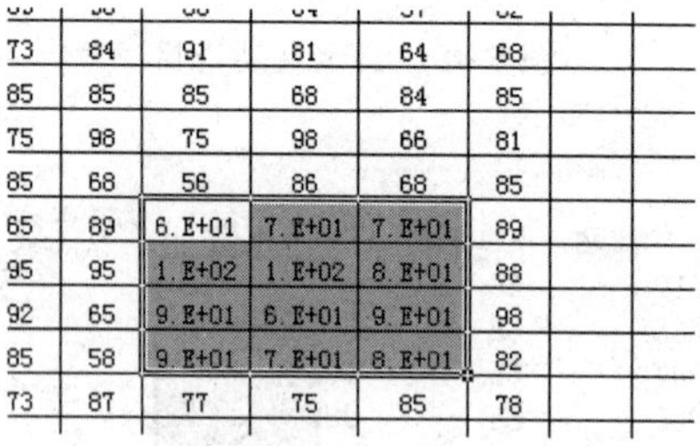

73	84	91	81	64	68
85	85	85	68	84	85
75	98	75	98	66	81
85	68	56	86	68	85
65	89	6. E+01	7. E+01	7. E+01	89
95	95	1. E+02	1. E+02	8. E+01	88
92	65	9. E+01	6. E+01	9. E+01	98
85	58	9. E+01	7. E+01	8. E+01	82
73	87	77	75	85	78

图 6-63　科学计数格式

3. 使用【自定义】设置数字格式

步骤一：同样地要先选择需要设定的单元格或单元区域，然后在选定区域单击鼠标右键，在弹出选项卡中单击打开【设置单元格格式】对话框。

步骤二：在【数字】选项卡的【分类】列表中，找到【自定义】设置，如图 6-64 所示。

图 6-64　自定义格式设置

步骤三：确定后，结果如图 6-65 所示。

图 6-65 自定义格式设置结果

注意：在【自定义】选项中，【类型(T)】里面的部分常用代码含义如下。

只显示有意义的数字而不显示无意义的零。

0   显示数字，如果数字位数少于格式中零的个数，则显示无意义的零。

?   为无意义的零在小数点两边添加空格，以便使小数点对齐。

,   为千位分隔符或者将数字以千倍显示。

6.3.3 调整行高与列宽

1. 使用鼠标修改行高或列宽

若要改变一行或一列的高度，则可将鼠标指向行/列号间的分割线，鼠标这时呈十字形，按住鼠标左键，并上下/左右拖动，在鼠标旁边会显示出行/列宽度提示，将其调整到自己满意的尺度即可，如图 6-66 所示。

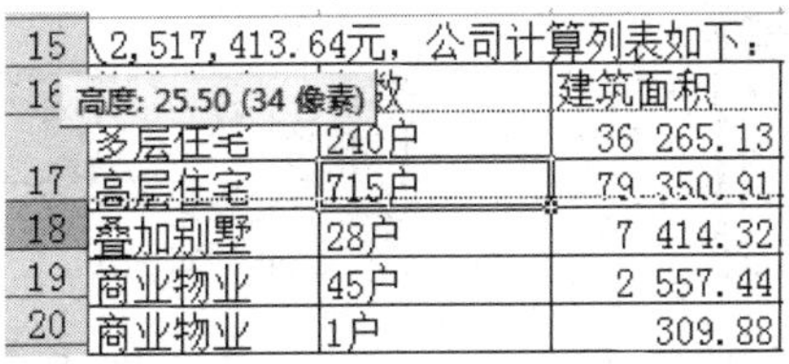

图 6-66 拖动鼠标修改行高

图 6-66 中，鼠标指向 17 行到 18 行之间的行分割线，按住鼠标向下拖动，则可以见到 17 行的行宽变宽了。同样对于列宽，也可以如此操作，如图 6-67 所示中，加宽了 D 列的列宽。

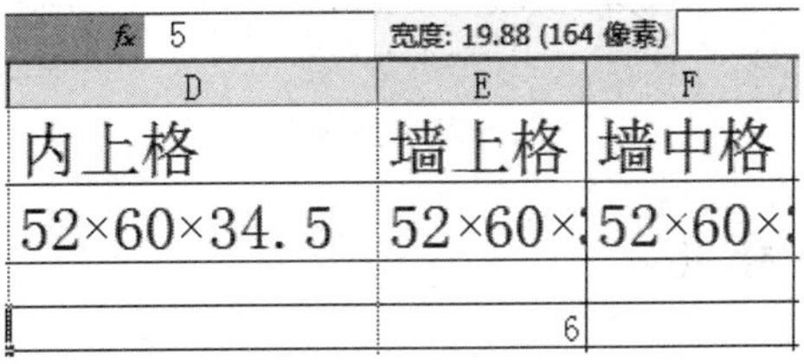

图 6-67 鼠标修改列宽

注意：用鼠标双击行/列之间的分割线时，Excel 2010 将根据该行/列中的最大字体，而自动调整行高/列高。

2. 精确改变行/列高

步骤一：选定需要改变的行/列，如图 6-68 所示。

20	商业物业	45户	2 557.44	2.8
21	商业物业	1户	309.88	5
22	商业物业	1户	578.51	4.15
23			126 476.19	

图 6-68　选定修改目标行

步骤二：单击选中的【行】|【列】，单击右键，选择【行高】|【列高】命令，在弹出的【行高】|【列高】对话框中输入想要的数值，这里以设置行高为例，如图 6-69 所示。

步骤三：设置完后单击【确定】按钮，结果如图 6-70 所示。

图 6-69　设置精确行高

20	商业物业	45户	2 557.44	2.8
21	商业物业	1户	309.88	5
22	商业物业	1户	578.51	4.15

图 6-70　精确修改行高后结果

注意：有时，为了方便编辑数据而需要隐藏某些行/列，以行为例，可以通过图 6-70 设置精确行高，将行高数值设置为 0，则该行将被隐藏。如图 6-71 所示，第 20 行已经隐藏。

19	香加别墅	28户	7 414.32	1.8
21	商业物业	1户	309.88	5

图 6-71　隐藏行

6.3.4　设置边框与背景

1. 给单元格边添加框

在 Excel 2010 中，同样可以使用【字体】命令组或者【设置单元格格式】对话框中相应的命令来设置单元格边框，具体步骤如下：

① 使用【字体】命令组设置边框。

步骤一：选定要添加边框的单元格或单元格区域。

步骤二：找到【字体】命令组中的【边框】按钮 ，单击按钮旁的下拉按钮，在弹出的选项框中选择需要的选项,如图 6-72 所示。

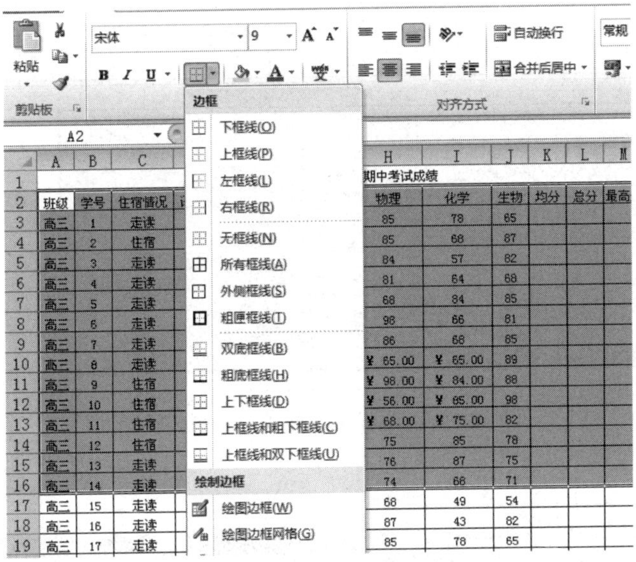

图 6-72 画出选定区域所有框线

步骤三:这里选择【所有框线】,选择后,结果如图 6-73 所示。

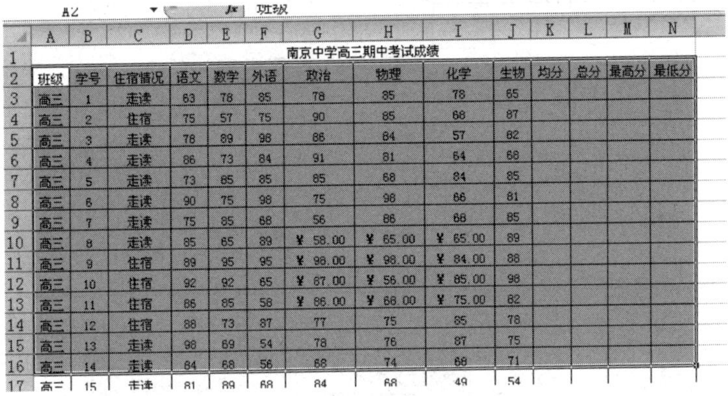

图 6-73 所有框线效果图

② 使用对话框添加边框。

步骤一:选择需要添加边框的单元格或单元格区域,如图 6-74 所示。

步骤二:选中快捷键 Ctrl+1,在【设置单元格格式】对话框的【边框】选项卡中进行相应设置,这里单击【斜边框】按钮,线条样式单击【虚线】,颜色选择【橙色】,如图 6-75 所示。

步骤三:单击【确定】按钮后,效果如图 6-76 所示。

2. 使用对话框添加背景颜色

在之前的课程中,使用过【字体】命令组添加背景颜色,这里将介绍如何用对话框添加背景颜色。

步骤一:选定需要添加背景颜色的单元格或单元格区域后,在此区域单击鼠标右键,并在弹出选项卡中单击【设置单元格格式】,如图 6-77 所示。

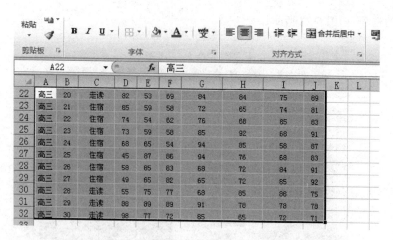

图 6-74　选择单元格或单元格区域

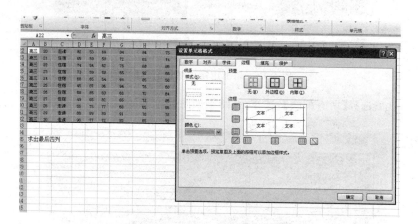

图 6-75　用选项卡命令设置边框

图 6-76　斜线边框设置效果图

　　步骤二：在【设置单元格格式】对话框中选择【填充】，这里设置底纹颜色为"浅绿"，图案为"6.25%灰色"，如图 6-78 所示。

　　步骤三：单击【确定】按钮后，效果图如图 6-79 所示。

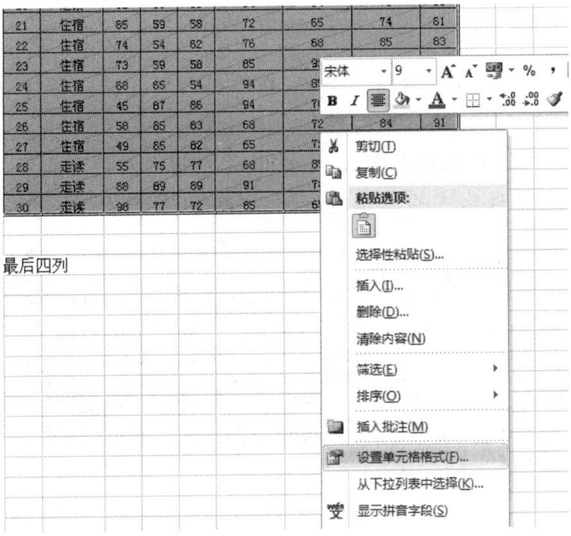

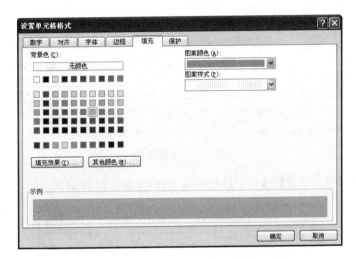

图 6-77　选项卡命令设置单元格底纹

图 6-78　选择底纹颜色和图案

	A	B	C	D	E	F	G	H	I	J
22	高三	20	走读	82	53	69	84	84	75	89
23	高三	21	住宿	65	59	58	72	65	74	81
24	高三	22	住宿	74	54	62	76	68	85	63
25	高三	23	住宿	73	59	58	85	92	68	91
26	高三	24	住宿	68	65	54	94	85	58	87
27	高三	25	住宿	45	67	66	94	76	68	83
28	高三	26	住宿	58	65	63	68	72	84	91
29	高三	27	住宿	49	65	62	65	72	85	92
30	高三	28	走读	55	75	77	68	85	88	75
31	高三	29	走读	88	89	89	91	78	78	78
32	高三	30	走读	98	77	72	85	65	72	71

图 6-79　添加底纹效果图

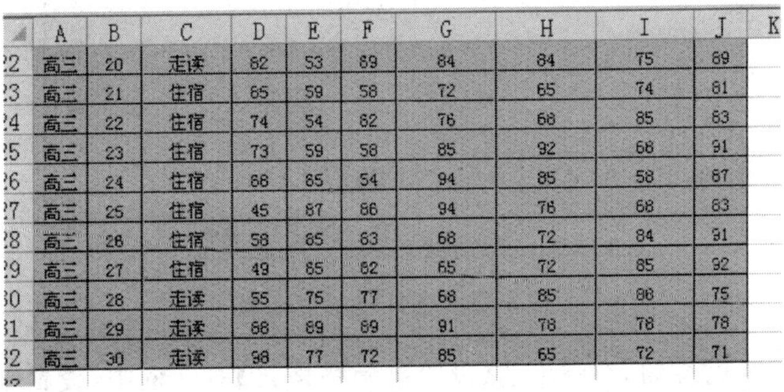

6.3.5 使用条件格式

条件格式是指根据单元格的值等特定条件,自动修改单元格的字体、颜色和底纹等,一般在需要突出计算结果或要监视单元格的值时使用条件格式。

下面以成绩单实例来说明,假设分数在 70~80 分之间用蓝色字表示,具体方法如下。

步骤一:选定要设置条件格式的单元格范围,如图 6-80 所示。

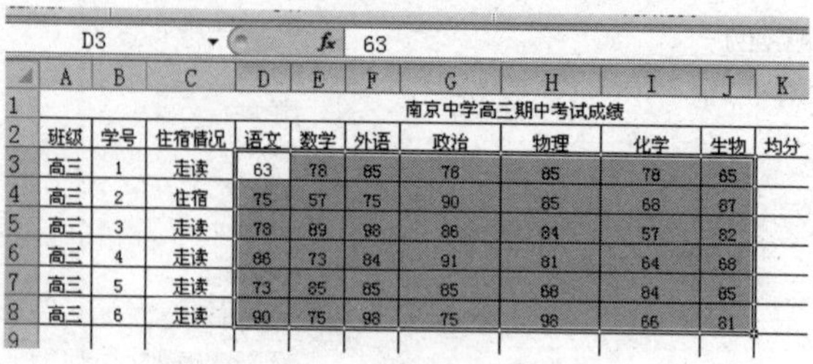

图 6-80 选定单元格范围

步骤二:单击【开始】选项卡下【样式】命令组中的【条件格式】按钮,在弹出的下拉列表中选择【突出显示单元格规则】中的【其他规则】选项,如图 6-81 所示。

图 6-81 条件格式

步骤三:设置【单元格值】为【介于】70 与 80 之间,如图 6-82 所示。

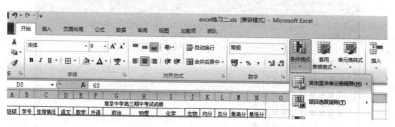

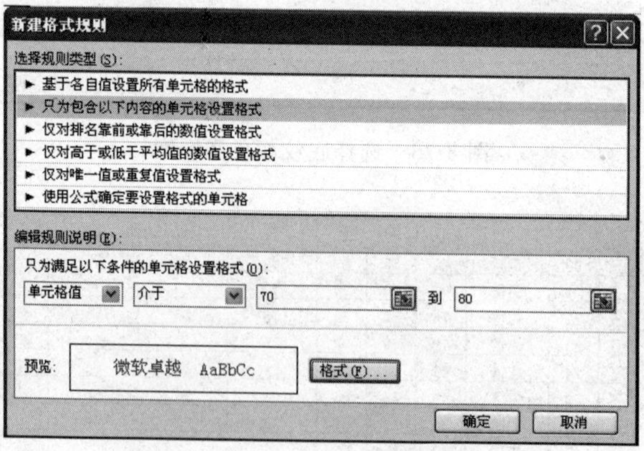

图 6-82 条件格式对话框

步骤四:单击【格式】按钮,在弹出的【设置单元格格式】对话框中,设置字体颜色为蓝色,单击【确定】按钮。

若要删除条件格式,必须先选中单元格范围,单击【开始】选项卡下的【样式】命令组中的【条件格式】按钮,在弹出的下拉列表中选择【清除规则】中的【清除所选单元格的规则】选项,如

图 6-83 所示。

图 6-83　删除条件格式

6.4　图　　表

6.4.1　图表的基本概念

在大多数人的印象中,Excel 只能用来编辑和处理数据,事实不是这样的,它还可以用来绘制图表。那什么是图表呢？图表就是将 Excel 表格中的数据用图形表示出来,即数据的可视化。

通过图表,用户可以很容易看出 Excel 表格中的数据的大致走向,并总结出数据的规律或者从图表中很快得出自己需要的结论,而抽象的数据是不具备这样的特性的。不仅如此,Excel 还提供了多种图表类型,这些图表类型都各有特点,例如在本节将会介绍 Excel 图表有 14 种标准类型,可根据实际的需要选择这些图表类型。除了 Excel 提供的标准类型以外,还可以自定义图表类型。在实际工作中,用户经常会遇到一些重复绘制同样图表的情况,就可以使用 Excel 图表功能,从而提高工作效率。在本节中,将介绍 Excel 图表的基本绘制方法。

6.4.2　创建图表

Excel 可以创建两种数据图表,一种是嵌入式图表,即图表作为源数据的对象插入源数据所在的工作表当中,用于源数据的补充；另一种是工作表图表,即在 Excel 工作簿中,为数据图表另建一个独立的工作表。

数据图表是根据工作表数据建立起来的,当工作表数据改变时,图表也会随之改变,如图 6-84 所示。

在图 6-84 中,这个 Excel 图表就属于嵌入式图表。源数据在 A1 到 B7 这个区域,数据图表根据工作表源数据建立并与其共处一个工作表中。源数据与数据图表之间的相关性如图 6-85 所示。

1. 创建图表

使用图 6-84 中的数据来创建图表,操作步骤如下。

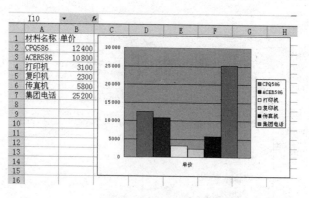

图 6-84 图表改变

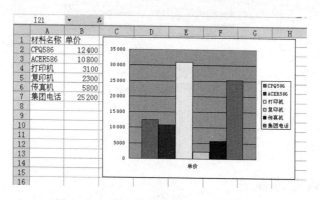

图 6-85 源数据与数据图表之间的相关性

步骤一：选中用于创建图表的数据，这里选择单元格区域 A1:B7。

步骤二：创建数据图表方法是通过【插入】选项卡中的命令来完成的，具体操作是：鼠标单击【插入】，再单击【图表】命令组中的某种图标类型，如图 6-86 所示。

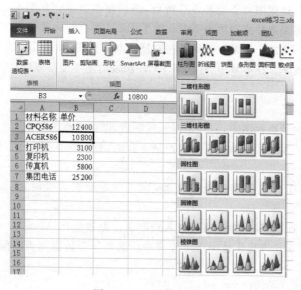

图 6-86 选择图表类型

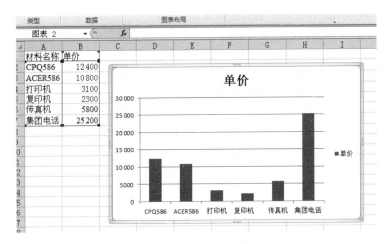

图 6-87　创建的图表

步骤三：接下来会弹出如图 6-87 所示的结果，单击【切换行/列】按钮，结果如图 6-88 所示。

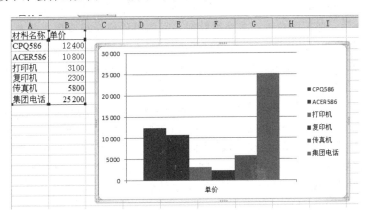

图 6-88　切换行/列

在 Excel 中提供了 14 种标准图表类型和 20 种用户自定义图表类型，各种图表类型在表达数据时的特点如下。

（1）柱形图：柱形图显示一段时间内的数据变化或者图示项目之间的比较情况。水平方向是类别，垂直方向是数值，强调时间方向上的变化。堆积柱形图显示个别项目与整体之间的关系。三维柱形图显示柱形图的三维视图（有两种变体）：简单三维柱形图和三维透视柱形图。简单三维柱形图沿 X 轴（或类别轴）显示列标记。三维透视柱形图沿两个坐标轴比较数据点：X 轴和 Y 轴（或系列轴）。在这两个图表变体中，数据系列沿着 Z 轴绘制。此图表类型允许用户更容易地比较某一数据系列内的数据，同时仍可以按类别查看数据。

（2）条形图：条形图显示个别项目之间的比较情况。垂直方向是类别，水平方向是数值，重点在于比较数值大小而不太强调时间。堆积条形图显示个别项目与整体之间的关系。三维条形图强调在特定时间个别项目的数值或者绘制项目之间的比较情况。子类型堆积和百分之百堆积条形图显示与整体之间的关系。

（3）折线图：折线图等间距显示数据趋势。虽然折线图类似于面积图，但折线图强调时间流和变化速度，而不强调变化的量或数值的大小。三维折线图以三维条带显示折线图的三维视图。此图表类型通常用于以生动的演示方式显示数据。

（4）饼图：饼图显示组成数据系列的各项目与项目总和的大小比例。它总是只显示一个数据系列，在用户希望强调重要元素时它很有用。若要使一些小的扇形更易于查看，可以将它们在饼图中组合为一个项目，然后在主要图旁边将该项目分为更小的饼图或条形图。

（5）*XY*散点图：*XY*散点图显示若干数据系列中的数值之间的关系，或者将两组数字绘制为一个*XY*坐标系列。它以不均匀的间隔或簇显示数据，常用于科学数据。当排列数据时，要将*X*值放在一行或一列内，然后在相邻的行或列中输入相应的*Y*值。

（6）面积图：面积图强调在时间方向上的变化量。通过显示绘制值的总和，面积图还显示部分与整体之间的关系。

（7）圆环图：与饼图相似，圆环图显示部分与整体之间的关系。不同的是，它可以包含多个数据系列。圆环图中的每个环都表示一个数据系列。

（8）雷达图：在雷达图中，每个类别都有自己的数值轴，由中心点向外放射。线条连接同一系列中的所有数值。雷达图比较多个数据系列的合计值。

（9）曲面图：当希望查找两组数据之间的最佳组合时，曲面图很有用。与在地形图中一样，颜色和模式表明位于同样数值范围的区域。三维曲面图显示曲面图（看似在三维柱形图上伸展的胶皮）的三维视图。曲面图对于查找两组数据之间的最佳组合很有用。此图表用于显示本来难以查看的大量数据之间的关系。与在地形图中一样，颜色或模式表明具有同样数值的区域。颜色不标记数据系列。线框格式以黑白两色显示数据。封闭图格式提供上面的数据的二维视图，与二维地形图类似。

（10）气泡图：气泡图是一种*XY*散点图。数据标记的大小表示第三个变量的值。若要排列数据，请将*X*值放在一行或一列内，然后在相邻的行或列中输入相应的*Y*值和气泡大小。

（11）股市图：股市图通常用于图示股票价格。此图表也可以用于科学数据，例如，表示温度变化。必须按正确的顺序组织数据，才能创建这种及其他股市图。量度成交量的股市图有两个数值轴：一个用于量度成交量的列，一个用于表示股票价格。可以在盘高-盘低-收盘图或开盘-盘高-盘低-收盘图中包括成交量。

（12）圆锥、圆柱和棱锥图表类型：圆锥、圆柱和棱锥数据标记可以给三维柱形和条形图带来生动的效果。

（13）自定义图表类型：自定义图表类型包含20种内部自定义图表类型，如彩色折线图、彩色堆积图和管状图等。这些类型是上述类型的扩展，可根据需要从中选择所需类型制成相应的图表。

6.4.3 编辑图表

前面介绍了如何绘制图表，但是无论是通过图表向导还是图表工具栏创建，得到的图表都是比较粗糙的，往往不能达到需要的效果。本节将介绍如何编辑图表，通过编辑图表可以使图标的外观更加完美，使图表更加具有实用性和可视性。在编辑图表之前必须先熟悉图表的组成以及选择图表对象的方法。

1. 图表的组成

图表是用图形表示的，它是由图表区、绘图区、图标标题、图例、垂直轴、水平轴、数据系列以及网格线等组成的，如图6-89所示。

下面对图表的各个组成对象做一个介绍。

（1）图表区：是图表最基本的组成部分，是整个图表的背景区域，图表的其他组成部分都汇

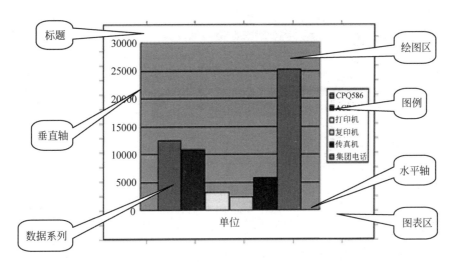

图 6-89　图表的组成

集在图表区中，例如图表标题、绘图区、图例、垂直轴、水平轴、数据系列以及网格线等。

（2）绘图区：绘图区是图表的重要组成部分，它主要包括数据系列和网格线等。

（3）图表标题：图表标题主要用于显示图表的名称。

（4）图例：图例用于表示图表中的数据系列的名称或者分类而指定的图案或颜色。

（5）垂直轴：可以确定图表中垂直坐标轴的最小和最大刻度值。

（6）水平轴：水平轴主要用于显示文本标签。

（7）数据系列：根据用户指定的图表类型以系列的方式显示在图表中的可视化数据。

2. 选定图表对象

与其他对象的操作一样，要编辑图表或者图表对象，首先必须选定图表对象。选定图表对象的方法有以下两种：

（1）单击图表对象。

可以利用鼠标单击图表对象的方法来选定。当鼠标指针停留 2 秒钟左右时，就会自动弹出一个说明框，说明框中说明的是指针所在的位置。比如对图表单击鼠标左键，该图表的四周就会出现黑色边框，在该黑色边框上会出现 8 个控制点。鼠标指针停落在其中某一个控制点时，就会出现双向箭头指针。拖动鼠标，就可以对图表进行移动、复制、删除等操作。此时，选项卡栏中的数据选项卡会变成图表选项卡，并且视图、插入、格式等选项卡中的选项也会发生相应的变化。

同理，对图表对象单击鼠标左键，该图表对象周围或两端也会出现控制点，利用出现的控制点，就可以完成对该对象相应的操作。

（2）利用图表工具栏。

首先选定要操作的图表，然后单击图表工具栏中的图表对象框右侧的下拉按钮，在弹出的下拉列表框中选择要选定的图表对象，如图 6-90 所示。

3. 移动图表与更改图表的大小

为了给用户提供有效的数据并改善工作表的外观，可以改变图表的位置和尺寸。

一旦创建了图表，用户就可以决定图表在工作表中的位置、改变图表的大小或者彻底删除图表。通常将图表放置在数据之前或者之后。为了方便阅读，可以放大复杂图表和缩小简单的图表。针对这些情况，可以选择以下操作：

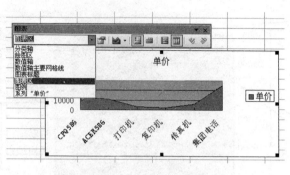

图 6-90　选定图表对象

（1）更改图表的大小。

操作步骤如下。

步骤一：单击创建好的图表，使图表处于被激活状态。在图表周围出现 8 个黑色的小方块。

步骤二：将光标移动到右下角的小方块上，这时鼠标指针变成双向箭头。

步骤三：按下鼠标左键并向外或者向内拖动鼠标，这时在图表的周围出现一个虚线框，鼠标指针也变成了十字形。这条虚线框表示图表放大或者缩小后的位置。将虚线定位到合适的位置，松开鼠标左键即可放大或者缩小图表。

（2）移动图表的位置。

操作步骤如下。

步骤一：单击要移动位置的图表，使图表处于激活状态。

步骤二：按住鼠标左键，拖动鼠标，在图表周围会出现一个矩形虚线框，拖动鼠标到合适的位置，然后松开鼠标左键即可。

4. 更改图表类型

如果对当前图表的图表类型不满意，可以按照以下步骤更改图表类型。

步骤一：单击需要更改的图表，使其处于激活状态。

步骤二：单击选项卡栏中的【图表工具】选项，选中【设计】选项，再选中【更改图表类型】选项。然后根据自己的需要设定相应的图表类型及子类型。

5. 处理图表数据

图表数据是绘制图表的基础，使用图表就是想用图表来表示数据之间的关系，因此没有数据，绘制图表就没有意义了。有时在绘制完图表之后，想再向图表中添加一些新数据，使多组数据进行比较，这就需要用到添加数据的知识。下面就介绍一下添加和删除图表中数据的方法。

（1）使用鼠标添加数据。

使用鼠标添加数据的操作步骤如下。

步骤一：输入新数据。在图 6-84 中输入需要比较的新数据，如图 6-91 所示。

步骤二：单击图表，拖动蓝色数据区域到 B13，结果如图 6-92 所示。

（2）使用【选择性粘贴】对话框添加数据。

使用【选择性粘贴】对话框添加数据的操作步骤如下。

步骤一：输入新数据，见图 6-91。

步骤二：选择数据。

步骤三：按快捷键 Ctrl+C，复制数据。

步骤四：激活图表，在图表区处单击鼠标，在选项卡栏中打开【开始】选项卡，在【剪贴板】中

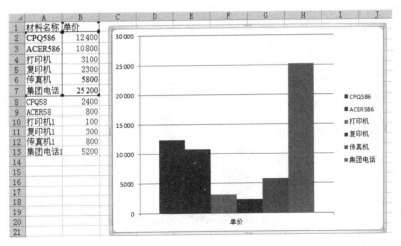

图 6-91　输入数据

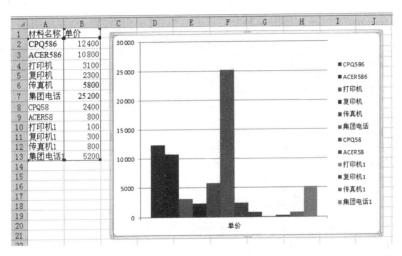

图 6-92　增加数据结果

选择【选择性粘贴】选项。

步骤五：在弹出的【选择性粘贴】对话框上设定相应的参数，如图 6-93 所示，然后单击【确定】按钮。最终可以实现数据的添加，如图 6-94 所示。

（3）使用源数据对话框添加数据。

上面的两种方法都可以实现对数据添加，可是对一些细节的添加不是很令人满意，比如数据的名称。这里再介绍一种更完善的添加数据的方法，使用数据源对话框添加数据，它可将一些细节添加到图表中。

图 6-93　【选择性粘贴】对话框

具体的操作步骤如下。

步骤一：在图表区单击鼠标，选择【图表工具】选项卡的【数据】命令组中的【选择数据】选项，如图 6-95 所示。

步骤二：打开【选择数据源】对话框，如图 9-96 所示。

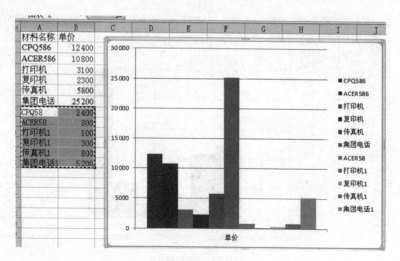

图 6-94　结果

步骤三：重新定义【图表数据区域】到 A1：B13，单击【确定】按钮，结果如图 6-97 所示。

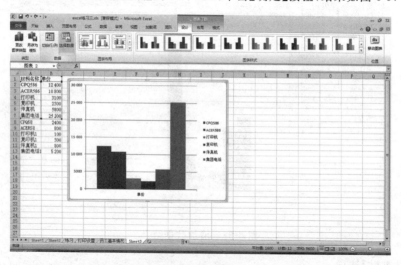

图 6-95　选择数据

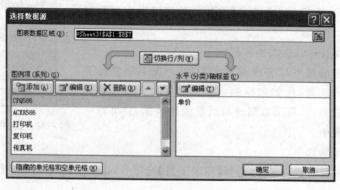

图 6-96　【选择数据源】对话框

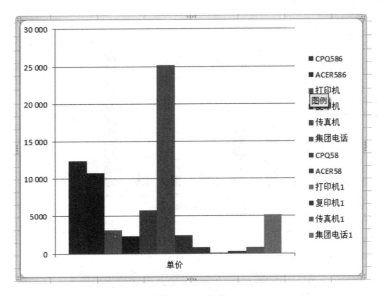

图 6-97 结果

（4）删除数据。

如果出现了不需要的数据，则需要删除，具体操作如下。

步骤一：右击需要删除的数据系列，弹出快捷菜单。

步骤二：在此快捷菜单中选择【清除】选项，就可以删除多余的数据。

6. 设置各种图表选项

创建图表后，如果对图表不满意，还可以对图表的各种选项进行修改。

现在来把图 6-84 中的图表进行以下修改：给分类轴添加标题【材料名称】，给数值轴添加标题【单价】，在分类轴上添加网格线，将图列显示在图表上方，操作步骤如下。

步骤一：选定要编辑的图表。

步骤二：在图表区单击，在弹出的选项卡中选择【布局】，打开如图 6-98 所示的命令组。

图 6-98 图表选项

步骤三：全部设置完后，单击【确定】按钮，更改后的效果如图 6-99 所示。

7. 更改图标的位置

如果要将嵌入式图表改为工作表图表，首先选定要更改位置的图表，然后选择【图表工具】选项卡中的【设计】，在【位置】命令组中选择【移动图表】选项。

弹出如图 6-100 所示的对话框。

单击【新工作表】单选按钮，在后面的对话框中输入工作表图表所在的工作表名称，单击【确定】按钮，这样嵌入式图表就转变为工作表图表。结果如图 6-101 所示。

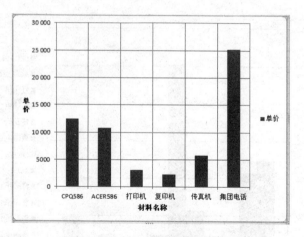

图 6-99　添加的图表

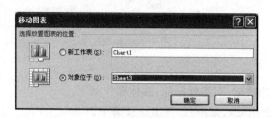

图 6-100　【移动图表】对话框

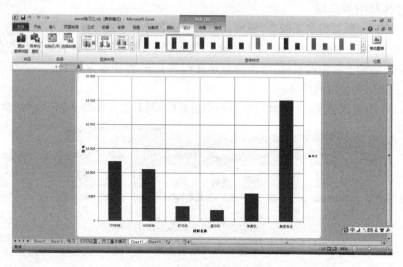

图 6-101　移动图表结果

6.5　管理数据

Excel 不仅可以在工作表中进行快速有效的公式和函数运算,而且还具有数据库的基本功能,即对数据进行管理维护以及检索功能,这些基本功能是通过数据清单来实现的,通过数据清单可以完成数据排序、数据筛选、数据的分类汇总、数据透视表等。

6.5.1 数据清单

随着时间的推移,工作表中的数据会不断增加,所包含的数据量会越来越多,而有可能在一定时间内只需要使用其中的一部分数据。数据清单将工作表中的数据按照行和列进行逻辑划分和组织,以便于用户的使用。

1. 数据清单的基本概念

在 Excel 中,可以通过创建数据清单来管理数据。数据清单是一个二维的表格,是由行和列构成的,数据清单与数据库相似,每行表示一条记录,每列代表一个字段。

数据清单具有以下几个特点:

① 第一行是字段名,其余行是清单中的数据,每行表示一条记录;如果本数据清单有标题行,则标题行应与其他行(如字段名行)隔开一个或多个空行。

② 每列数据具有相同的性质。

③ 在数据清单中,不存在全空行或全空列。

如图 6-102 所示,就是一个数据清单。

	A	B	C	D	E	F	G	H	I
1	记录号	部门代号	姓名	性别	出生日期	工作日期	职称	基本工资	
2	53	T01	李建宁	男	16897	24304	高工	989	
3	26	T02	张虹	男	25537	24381	工程师	695	
4	1	T02	李莉	男	16899	24638	高工	799	
5	23	T01	程晓	男	18639	25481	高工	778	
6	49	T02	戴宁	男	19040	25728	高工	820	
7	10	T02	黄俊高	男	19071	25751	高工	722	
8	47	T02	王志欣	男	17940	25954	高工	872	
9	56	T01	李燕	男	19371	26096	高工	873	
10	72	T03	郑序明	男	18556	26183	高工	738	
11	75	T03	李红兵	男	20191	26823	高工	929	
12	44	T03	孙庆棋	男	19249	27459	高工	818	
13	9	T03	严红兰	男	20188	28105	高工	965	
14	37	T01	闷建霞	男	21647	28279	高工	862	
15	48	T01	浦靖	男	21806	28535	高工	722	
16	62	T03	张丹	男	19444	28559	高工	896	
17	12	T03	黄春会	男	21742	29197	高工	879	
18	57	T03	沈恒度	男	22750	30597	高工	854	
19	74	T01	陆明霞	男	21501	30801	高工	952	
20	19	T03	马安玲	男	23719	32131	高工	993	
21	76	T01	曹远高	男	25510	32407	技术员	383	
22	69	T01	张清	男	25647	33054	高工	741	
23	38	T03	陈菲	男	27429	34005	工程师	722	
24	33	T02	苏文	男	26348	34345	技术员	391	
25	4	T03	刘天飞	男	27661	34605	工程师	510	
26	3	T02	程韬	男	25531	34662	工程师	667	
27	60	T01	周涛	男	27440	34664	技术员	316	
28	27	T03	冷志鹏	男	27322	34896	工程师	509	

图 6-102　数据清单

在这张数据清单中,每一列称为一个字段,共 8 各字段,每一列的列标题称为字段名,分别为:工号、姓名、性别、出生日期、工资、津贴、水电费等。表中的每一行称为一条记录,共 24 条记录。

2. 数据清单的建立

建立数据清单与工作表的建立基本相同,只是应注意数据清单与一般的工作表在结构上有所不同,前者在数据的组织上具有一定的逻辑性。

在工作表中建立数据清单时,要注意以下事项:

① 避免在一个工作表上建立多个数据清单,因为数据清单的某些处理功能(如筛选等),一次只能在同一工作表的一个数据清单中使用。

② 在工作表的数据清单与其他数据间至少留出一个空白列和一个空白行。在执行排序、筛选或插入自动汇总等操作时,这将有利于 Microsoft Excel 检测和选定数据清单。

③ 避免在数据清单中放置空白行和列,这将有利于 Microsoft Excel 检测和选定数据清单。

④ 避免将关键数据放到数据清单的左右两侧。因为这些数据在筛选数据清单时可能会被隐藏。

6.5.2 使用记录单管理数据

数据清单可以与普通工作表一样,直接在单元格中进行输入、修改、删除数据等操作,但是如果要删除数据清单中的记录,直接就可以删除,不会有任何提示,为了避免在输入数据时发生误操作,可以在工作表中用记录单来输入数据,这样在录入数据时比较直观,也不易出错,特别是格式不容易出错,而且在查找、管理数据时也比较方便。

下面以"员工基本情况表"为例,介绍如何利用记录单浏览、查找、修改、增加和删除数据记录。

1. 使用记录单浏览数据记录

利用记录单可以逐个浏览数据清单中的内容,具体操作如下。

步骤一:单击数据清单中的任意一个单元格。

步骤二:选择选项卡栏中的【记录单】选项,弹出【员工基本情况】记录单对话框,如图 6-103 所示。

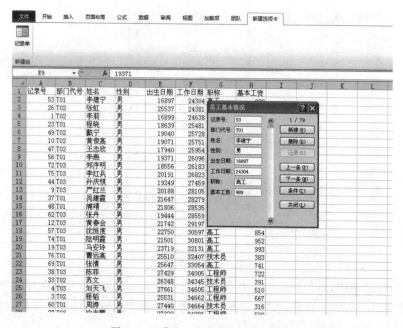

图 6-103 【员工基本情况表】记录单

步骤三:在该记录单对话框中,左边显示了数据清单的字段名,中间显示了当前记录在各个字段上的值,右边显示了当前记录的记录号、记录总数以及多个选项按钮。

步骤四:如果要查看当前记录的下一个记录,可以单击【下一条】按钮,则显示第二条记录;单击【上一条】按钮,则显示当前记录的上一条记录。也可以利用中间的垂直滚动条来快速地移动、浏览数据清单中的任意记录。浏览完,单击【关闭】按钮,返回工作表。

2. 使用记录单查找数据记录

利用记录单不但可以浏览数据记录,还可以查找满足条件的数据,具体操作如下。

步骤一:单击需要修改的数据清单中的单元格。

步骤二:单击【条件】按钮,字段中的数据变为空白。

步骤三:根据需要在字段中输入条件。例如查找【工资】大于 300 的记录,请在【数据结构】编辑框中输入>300,如图 6-104 所示。

步骤四:条件设置完后按 Enter 键,即可在记录单中显示第一个满足条件的数据记录,如图 6-105 所示。

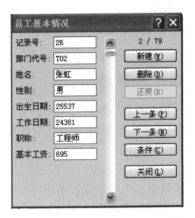

图 6-104　输入大于 300　　　　图 6-105　第一个满足条件的数据记录

步骤五:单击【上一条】或【下一条】按钮,Excel 将从当前记录开始向下或者向上定位于满足条件的记录,并显示其内容。

注意:① 设置的查找条件不会在查找完后自动消失,要删除查找条件,需要单击【条件】按钮,出现条件区域后,再单击【清除】按钮,才能删除条件。

② 按条件查找到满足条件的记录,进行查看后,要重新浏览全部数据,只需用鼠标单击字段文本框右侧滚动条的上下箭头按钮,即可查看数据清单中的全部记录。

3. 使用记录单修改数据记录

步骤一:单击需要修改的数据清单中的单元格。

步骤二:在选项卡上,单击【记录单】命令。

步骤三:单击【上一条】或【下一条】或【条件】按钮,找到需要修改的记录。

步骤四:在记录中修改信息。

步骤五:完成数据修改后,按下 Enter 键更新记录并移到下一记录。

步骤六:修改结束后,单击【关闭】按钮更新数据清单记录并关闭记录单。

4. 使用记录单删除数据记录

步骤一:单击数据清单中的任一单元格。

步骤二:在选项卡上,单击【记录单】命令。

步骤三:找到需要删除的记录。

步骤四:单击【删除】按钮。

5. 使用记录单添加数据记录

步骤一:单击需要向其中添加记录的数据清单中的任意单元格。

步骤二：在选项卡上，单击【记录单】命令。

步骤三：单击【新建】按钮。

步骤四：输入新记录所包含的信息。如果要移到下一字段，请按 Tab 键。如果要移到上一字段，请按 Shift＋Tab 组合键。

步骤五：所有字段中的数据输入完成后，按下 Enter 键将添加记录。

步骤六：单击【关闭】按钮完成新记录的添加并关闭记录单。

注意：① 含有公式的字段将公式的结果显示为标志，这种标志不能在记录单中修改。

② 如果添加了含有公式的记录，直到按下 Enter 键或单击【关闭】按钮添加记录之后，公式才被计算。

③ 如果要撤销所做的修改，请在按下 Enter 键或单击【关闭】按钮添加记录之前，单击【还原】按钮。

6.5.3 数据的排序

排序是计算机处理数据时经常用到的功能，可以快速地把数据按照次序由小到大或者由大到小，有次序地排序。例如对学生成绩按照高低顺序进行排序操作，Excel 提供了多种排序方法，下面分别加以介绍。

1. 什么是排序

排序是指数据由大到小或者由小到大，有次序地排列。由小到大的排列方式称为升序，由大到小的排列方式称为降序。

数据要做排序的时候，必须指定排序的依据字段，称之为关键值。

关键值大小如何定义呢？

① 数值数据：以数值大小为依据。

② 中文字：以笔画多少为依据。

③ 英文字母：英文字母以其顺序为依据，小写字母比大写字母小。

2. 简单排序，或者单一关键值的排序

单一关键值的排序是指排序数据时，只根据一个字段的数据来做排序。这种排序方法很简单，利用常用工具栏上的升序或者降序按钮，就可以实现对某一个字段值按照升或者降的方式进行排序，具体操作步骤如下。

步骤一：打开某个工作表，选中数据清单中要进行排序的字段列中的某一个单元格。

步骤二：单击【数据】选项卡上的升序或者降序按钮，就可以对刚才选中的列进行排序。如图 6-106 所示。

3. 复杂排序，或者多个关键值的排序

除了利用单一关键值来做排序外，也可以设定多个排序的关键值。设定多个关键值的排序条件后，当执行第一个排序条件遇到相同值时，可以依据第二个条件来排序数据，以此类推。

以【员工基本情况表】为例，看看具体的操作过程是怎样的。

步骤一：打开工作表，选中数据清单中要进行排序的字段列中的某一个单元格。

步骤二：打开【数据】选项卡，在选项卡中选择排序选项。排序对话框如图 6-107 所示。在这个对话框中，通过单击【添加条件】按钮设置三个排序关键值，分别是【主要关键字】、【次要关键字】、【次要关键字】。【主要关键字】的下拉列表框中必须要设置字段名。在对话框右上方还有个单选按钮，是【数据包含标题】。选中表示排序后的数据清单保留字段名那一行，未选中表示排序后的数据清单删除原来字段名那一行。如果对排序行有其他的设置，可以单击选项按

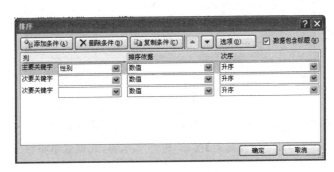

图 6-106 单列排序

图 6-107 【排序】对话框

钮,弹出的对话框如图 6-108 所示。用户可根据需要进行设置。

步骤三:单击【确定】按钮,数据清单将按照设置进行相应的排序。

4. 按自定义序列排序

在 Excel 中,用户不仅可以按照以上标准的排序方式对数据清单进行排序,还可以按照自定义的方式进行排序。例如使用 Excel 中已定义好的日期、星期和月份等作为自定义排序顺序,或者用户根据具体的需求生成自定义排序序列,使数据清单中的数据按照指定的顺序排序。

图 6-108 排序选项

使用已定义的排序序列对数据清单排序的操作步骤如下。

步骤一:打开工作表,选中数据清单中的任一单元格。

步骤二:打开【数据】选项卡,选择【排序】选项。排序对话框如图 6-107 所示。

步骤三:在排序对话框的主要关键字下拉列表框中选择出生日期字段名,然后单击【次序】,

认识 Excel 2010

在弹出的下拉列表中选择【自定义序列】，如图 6-109 所示。

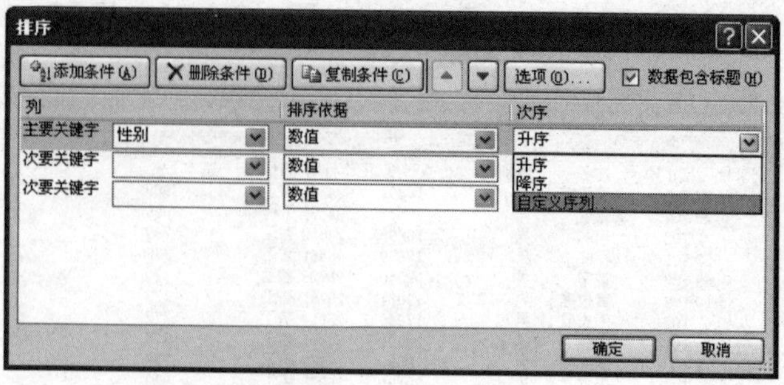

图 6-109　自定义排序

步骤四：单击自定义序列，弹出自定义序列对话框，如图 6-110 所示。

图 6-110　【自定义序列】对话框

步骤五：按用户需求定义完成后，单击【确定】按钮，返回排序对话框。

步骤六：单击排序对话框中的【确定】按钮，返回工作表，数据清单将按选定的自定义排序次序进行排序。

创建自定义序列的操作步骤如下。

步骤一：打开工作表，选中数据清单中的任一单元格。

步骤二：打开【数据】选项卡，选择【排序】选项。排序对话框如图 6-107 所示。

步骤三：在排序对话框的主要关键字下拉列表框中选择出生日期字段名，然后单击【次序】，在弹出的下拉列表中选择【自定义序列】，如图 6-109 所示。

步骤四：单击自定义序列，弹出自定义序列对话框，如图 6-110 所示。

步骤五：在弹出的自定义序列对话框的自定义序列菜单中可以查看已有的自定义序列，并且还可以向自定义序列的集合中添加新建的自定义序列。

6.5.4　数据的筛选

当电子表格中的数据很多时，要找寻特定数据可能要花费一些时间，而利用筛选功能，就可以帮用户解决这个问题，只要设定筛选的条件，就会马上列出符合的数据，既省时又省力。

实际上，利用筛选功能可以快速查找数据清单中的数据，相当于数据库中的查询功能。Excel 主要有两种方法，自动筛选和高级筛选。

1. 自动筛选

自动筛选功能是指将工作表中符合条件的数据显示出来，其他的数据则隐藏起来，利用这个功能可以帮助用户快速找到需要的数据。

打开【员工基本情况表】，显示所有女性的信息，将男性的信息隐藏起来。自动筛选数据的操作方法如下。

步骤一：移动光标从选项卡栏的【数据】选项卡中选择【筛选】。

步骤二：启动自动筛选功能后工作表中的每一个栏都会出现下拉列表的三角按钮，单击想要进行筛选的字段右侧的按钮，弹出选项卡后，选择想要筛选的条件。这里在性别列进行筛选，如图 6-111 所示。

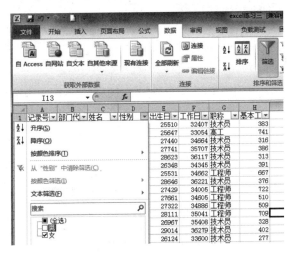

图 6-111　性别列进行筛选

完成后的结果如图 6-112 所示。如果要显示全部的数据，重新设定筛选条件时，只要从设定筛选条件的选项卡中选择全部，就会将数据全部显示在工作表中了。

图 6-112　结果

认识 Excel 2010

【自动筛选】选项的功能如下：

① 如果选择【全选】选项，可显示所有行。

② 如果选择【文本筛选】选项，按照弹出的选项进行筛选。

比如打算在"员工基本情况表"中，显示所有工资大于 200 小于 300 的员工信息，其他员工信息隐藏，具体操作如下。

步骤一：移动光标从【数据】选项卡中选择【筛选】。

步骤二：启动自动筛选功能后，在工资列进行筛选。

步骤三：在弹出的选项卡中选择【数字筛选】，如图 6-113 所示。

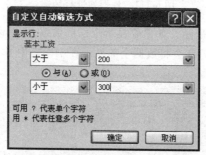

图 6-113　自定义自动筛选方式

步骤四：根据需求，设置完单击【确定】按钮。结果如图 6-114 所示。

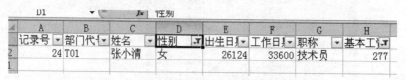

图 6-114　自定义自动筛选方式的结果

注意：如果要保存或者打印筛选后的数据清单，可以将数据清单复制，然后粘贴到其他工作表或者同一工作表的其他区域；如果要退出自动筛选状态，就再次移动光标从选项卡栏的数据选项卡中选择筛选，再从子选项卡中选择自动筛选，此时显示在字段右侧的下拉列表箭头就会消失。

2. 高级筛选

除了自动筛选功能外,也可以选择高级筛选功能,将条件设定成多个字段进行筛选。这样就可以处理实际应用中较为复杂的应用。

(1)高级筛选条件的设置。

高级筛选的条件不是在对话框中设置的,而是在工作表的某个区域中定义的,所以使用高级筛选之前,先要在工作表建立一个条件区域。一般条件区域放在数据清单的最前或者最后。

条件区域一般包含两行:第一行的单元格输入指定字段名称,第二行的单元格输入对应字段的筛选条件,如图 6-115 所示。

图 6-115　输入筛选条件

(2)执行高级筛选。

设置了高级筛选条件后,下面可以开始执行筛选操作了。因为使用高级筛选可以保留原来的数据清单不变,而将筛选的结果复制到一个指定的区域中。因此还要选择筛选结果放置的位置。

在图 6-115 的基础之上,开始对数据清单进行筛选,结果放在 K1 为左上角的区域中,具体操作如下。

步骤一:选中数据清单中的任意单元格。

步骤二:移动光标到【数据】选项卡中选择【排序和筛选】命令组中的【高级】,高级筛选对话框如图 6-116 所示。

步骤三:在方式选项区中,根据要求选择相应的选项。选中【在原有区域显示筛选结果】,则结果显示在原数据清单的位置;如果选中【将筛选结果复制到其他位置】,则结果将显示在其他区域,与原数据清单共同存放在同一个工作表上,同时需要在【复制到】文本框中输入指定的区域,

图 6-116　【高级筛选】对话框

由于无法确定【复制到】区域所占的大小,只需要输入【复制到】区域左上角的单元格地址即可。这里设定【复制到】K1,如图 6-117 所示。

步骤四:列表区域和条件区域分别按照需要进行设置。

步骤五:如果要忽略重复的记录,则选中【选择不重复的记录】复选框。

步骤六:单击【确定】按钮,结果如图 6-117 所示。

注意:① 如果在高级筛选时要将筛选的结果复制到其他区域中,注意该区域中不能有重要的数据,否则筛选的结果将覆盖这些已有的数据,而且无法用撤销功能来还原被覆盖的数据;

② 从图 6-117 中可以看到高级筛选的结果实际上是产生了一个新的数据清单;

③ 如果在条件区域中定义筛选条件时,是在两个条件字段名下方的同一行中输入条件的,

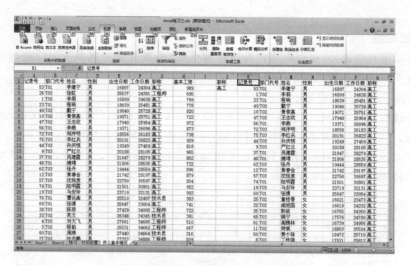

图 6-117　筛选结果

系统会认为只有两个条件都成立时才算满足筛选条件,筛选结果必须同时满足这两个条件,如果要表示或关系的两个条件,则要在两个条件字段下方的不同行输入条件,筛选结果只需要满足其中任意一个条件。

6.6　数据的统计分析

在实际应用中,经常会遇到较长或者较大的表格,用传统的方法分析这样的表格是很不方便的。如果要比较相关的总计值,或者对数据清单中的数据进行多种比较,就可以用到分类汇总、数据透视表和数据透视图这三种方法。数据透视表其实相当于一般数据表格的压缩,它通过同一标志集合一个表格中的数据来达到压缩数据的目的。数据透视图是数据透视表的可视化表现,使数据透视表形象地用图表表示出来。数据透视表和数据透视图是互相联系的,数据透视图准确地表达了相应的数据透视表中的数据。本节将介绍如何建立、编辑数据透视表,以及数据透视表数据的更新,同时将介绍如何生成数据透视图及编辑所生成的数据图的办法。

6.6.1　分类汇总

分类汇总是指对数据清单中的数据进行分类,然后在分类的基础上对数据进行汇总。

对数据清单中的数据进行分类汇总是 Excel 的卓越功能之一,它是对数据进行分析和统计时非常有用的工具。使用分类汇总,用户不需要创建公式,系统将自动创建公式,对数据清单中的某一字段进行求和、求平均、求最大值等函数运算,计算分类汇总值,而且将计算结果分级显示出来。这种显示方式可以将一些暂时不需要的细节数据隐藏起来,便于快速查看各类数据的汇总和标题。分类汇总并不会影响原数据清单中的数据。

1. 创建分类汇总

在对数据清单中的某个字段进行分类汇总操作之前,首先需要对该字段进行一次排序操作,以便将某个字段值相同的记录集中到一起,得到一个整齐的汇总结果。

下面以【员工基本情况】工作表为例,按性别对工资进行分类汇总(求平均),操作步骤如下:

步骤一:对字段性别进行排序操作。

步骤二:移动光标到【数据】选项卡,选择【分类汇总】选项,弹出的分类汇总对话框如

图 6-118 所示。

图 6-118 分类汇总对话框

步骤三：在分类字段下拉列表框中选择【分类字段】，这里选择性别选项。

步骤四：在汇总方式下拉列表框中选择需要的【汇总方式】，这里选择平均值选项。

步骤五：在【选定汇总项】中，选择需要进行汇总计算的字段，选中其前面的复选框，这里需要选中基本工资选项。

步骤六：在分类汇总对话框的下面有三个选项，分别是：

① 替换当前分类汇总。如果已经执行过分类汇总操作，选中该复选框，则将以本次操作的分类汇总结果替换上一次的分类汇总结果。

② 每组数据分页。如果选中该复选框，则分类汇总的结果按照不同类别的汇总结果分页，在打印时也将分页打印。

③ 汇总结果显示在数据下方。如果选中该复选框，则分类汇总的结果会显示在本类数据下方，否则会显示在本类数据上方。

步骤七：单击【确定】按钮，即可得到分类汇总结果，结果如图 6-119 所示。

2. 显示或者隐藏数据清单的细节数据

从汇总结果可以看到，数据清单中的数据已经按照性别分别对基本工资进行了求平均值。在显示分类汇总结果的同时，分类汇总表的左侧自动显示一些分级显示按钮，各种按钮的作用如下。

显示细节按钮 **+**：单击此按钮，可以显示分级显示信息。

隐藏细节按钮 **−**：单击此按钮，可以隐藏分级显示信息。

级别按钮 **1**：单击此按钮，则只显示总的汇总结果，即总计数据。

级别按钮 **2**：单击此按钮，则显示部分数据及其汇总结果。

级别按钮 **3**：单击此按钮，则显示全部数据及其汇总结果。

级别条 **|**：指示属于某一级别的细节行或列的范围。

利用这些分级显示按钮，可以控制细节数据的显示和隐藏。

【例 1】 单击显示男性汇总值一行左侧的隐藏细节按钮 **−**，则将该汇总值上方的各个男性

1 2 3		A	B	C	D	E	F	G	H
·	14	37	T01	吴建霞	男	21647	28279	高工	862
·	15	48	T01	浦靖	男	21806	28535	高工	722
·	16	62	T03	张丹	男	19444	28559	高工	896
·	17	12	T03	黄春会	男	21742	29197	高工	879
·	18	57	T03	沈恒度	男	22750	30597	高工	854
·	19	74	T01	陆明霞	男	21501	30801	高工	952
·	20	19	T03	马安玲	男	23719	32131	高工	993
·	21	76	T01	曹远高	男	25510	32407	技术员	383
·	22	69	T01	张清	男	25647	33054	高工	741
·	23	38	T03	陈菲	男	27429	34005	工程师	722
·	24	33	T02	苏文	男	26348	34345	技术员	391
·	25	4	T03	刘天飞	男	27661	34605	工程师	510
·	26	3	T02	程韬	男	25531	34662	工程师	667
·	27	60	T01	周涛	男	27440	34664	技术员	316
·	28	27	T03	冷志鹏	男	27322	34886	工程师	509
·	29	67	T03	沈庆波	男	28111	35041	工程师	709
·	30	43	T03	李梅	男	26967	35408	技术员	328
·	31	68	T01	陈李巧	男	27741	35707	技术员	386
·	32	34	T01	铣建宁	男	28623	36117	技术员	313
·	33	30	T02	李莹	男	28646	36221	技术员	376
·	34	55	T03	梁伟	男	29014	36279	技术员	402
−	35				男 平均值				694.2121
·	36	25	T02	董桂香	女	16621	23473	高工	739
·	37	22	T02	戚旭国	女	16618	24232	高工	728
·	38	35	T03	彭波	女	16755	24350	高工	782
·	39	65	T03	顾宁	女	17576	24700	高工	817
·	40	61	T02	高赐林	女	16739	24956	高工	846
·	41	11	T02	樊斌	女	18803	25524	高工	871
·	42	50	T02	姜小妹	女	18472	25710	高工	984
·	43	8	T03	丁桂萍	女	17521	25812	高工	971
·	44	32	T02	杜中强	女	19284	25926	高工	710

图 6-119　分类汇总结果

的细节数据隐藏起来,同时隐藏细节按钮变为显示细节按钮 ⊞,结果如图 6-120 所示。用户还可以单击显示细节按钮,再将细节数据显示回来。

1 2 3		A	B	C	D	E	F	G	H
	1	记录号	部门代号	姓名	性别	出生日期	工作日期	职称	基本工资
⊞	35				男 平均值				694.2121
·	36	25	T02	董桂香	女	16621	23473	高工	739
·	37	22	T02	戚旭国	女	16618	24232	高工	728
·	38	35	T03	彭波	女	16755	24350	高工	782
·	39	65	T03	顾宁	女	17576	24700	高工	817
·	40	61	T02	高赐林	女	16739	24956	高工	846
·	41	11	T02	樊斌	女	18803	25524	高工	871
·	42	50	T02	姜小妹	女	18472	25710	高工	984
·	43	8	T03	丁桂萍	女	17521	25812	高工	971
·	44	32	T02	杜中强	女	19284	25926	高工	710
·	45	59	T01	吴红花	女	19026	25996	高工	845
·	46	20	T01	林钢	女	17983	26109	高工	854
·	47	40	T01	李争光	女	18793	26126	高工	726
·	48	79	T02	邹伟东	女	18959	26318	高工	973
·	49	73	T01	全美英	女	19225	26338	高工	891
·	50	54	T01	徐萍	女	18761	26652	高工	851
·	51	71	T02	鲍华	女	19463	26715	高工	835
·	52	29	T01	李谦	女	20199	26798	高工	875
·	53	39	T02	叶建华	女	20541	27111	高工	923
·	54	2	T01	顾照月	女	19969	27246	高工	861
·	55	28	T01	盛芙彦	女	18657	27706	高工	953
·	56	46	T01	王义梅	女	20025	28007	高工	978
·	57	58	T03	戴渊	女	21504	28261	高工	843

图 6-120　结果

【例 2】　单击级别按钮 2,则显示结果如图 6-121 所示。从图中可以看到,只显示各性别对应的汇总结果,而将它们对应的细节数据隐藏起来。如果单击级别按钮 3 或者单击图中的两个显示细节按钮 ⊞,则可以将细节数据再全部显示出来。

1 2 3		A	B	C	D	E	F	G	H
	1	记录号	部门代号	姓名	性别	出生日期	工作日期	职称	基本工资
⊞	35				男 平均值				694.2121
⊞	82				女 平均值				739.7391
−	83				总计平均值				720.7215
	84								
	85								

图 6-121　结果

3. 取消分类汇总

如果要取消分类汇总的显示结果,恢复到数据清单的初始状态,操作步骤如下。

步骤一:选择分类汇总数据清单的任意一个单元格。

步骤二:移动光标到【数据】选项卡,选择【分类汇总】选项。

步骤三:在分类汇总对话框中,单击【全部删除】按钮,即可清除分类汇总。

4. 嵌套分类汇总

嵌套分类汇总是在一个分类汇总结果的基础上,使用其他的分类字段再次进行分类汇总的,也就是说,要按照多个字段进行多次分类汇总。在进行嵌套分类汇总前,首先要按照多列数据对数据清单中的数据进行排序。

下面以【员工基本情况】工作表为例,按性别对工资进行分类汇总(求平均),再按部门代号进行上述分类汇总,操作步骤如下。

步骤一:将数据清单按要分类的列进行排序,即先按性别后按部门代号两列对数据清单进行排序。

步骤二:移动光标到【数据】选项卡,选择【分类汇总】选项。

步骤三:在分类字段下拉列表框中选择要进行分类的字段,这里选择性别选项。

步骤四:在汇总方式下拉列表框中选择需要的汇总方式,这里选择平均值选项。

步骤五:在选定的汇总项列表框中,选择需要进行汇总计算的字段,选中其前面的复选框,这里需要选中基本工资选项。

步骤六:选择【替换当前分类汇总】和【汇总结果显示在数据下方】两个选项,然后单击【确定】按钮。这时按性别进行分类汇总的结果就显示出来了。

步骤七:再次移动光标到【数据】选项卡,选择【分类汇总】选项。

步骤八:在分类字段下拉列表框中选择要进行分类的字段,这里选择部门代号选项。

步骤九:在汇总方式下拉列表框中选择需要的汇总方式,这里选择平均值选项。

步骤十:在选定的汇总项列表框中,选择需要进行汇总计算的字段,选中其前面的复选框,这里需要选中基本工资选项。

步骤十一:选择【汇总结果显示在数据下方】选项,然后单击【确定】按钮。这时按性别进行分类汇总的结果和按部门代号进行分类汇总的结果就显示出来了,结果如图 6-122 所示。

6.6.2 数据透视表

数据透视表是用来分析、汇总大量数据的互动数据分析工具,例如:大量的产品销售数据、库存数据、问卷调查数据等。若能善用数据透视表,则不需要编写任何统计程序,就可以迅速产生各种统计分析表。另外,也可以将想要分析的数据建立成数据透视图,以图表的方式呈现,让用户对分析的数据更能一目了然。

在使用中,可以根据不同的汇总要求,将行和列互相交换数据,以查看对源数据的不同汇总,还可以通过显示不同的页来筛选数据,或者根据需要显示明细数据。数据透视表有分页字段、数据域位、序列字段、项目、类别字段等元素,如图 6-123 所示,其说明如下。

① 页字段:可以在此字段选择特定项目筛选数据。

② 数据项:是数据的来源。

③ 序列字段:是指可以提供个别的数据序列。

④ 项目:是指字段中的唯一项目。

⑤ 类别字段:是指绘制数据点的类别。

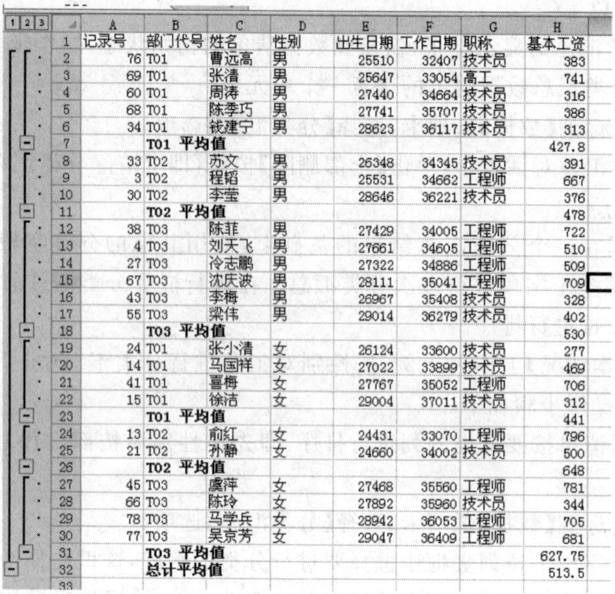

1 2 3		A	B	C	D	E	F	G	H
	1	记录号	部门代号	姓名	性别	出生日期	工作日期	职称	基本工资
	2	76	T01	曹远高	男	25510	32407	技术员	383
	3	69	T01	张清	男	25647	33054	高工	741
	4	60	T01	周涛	男	27440	34664	技术员	316
	5	68	T01	陈季巧	男	27741	35707	技术员	386
	6	34	T01	钱建宁	男	28623	36117	技术员	313
	7		T01	平均值					427.8
	8	33	T02	苏文	男	26348	34345	技术员	391
	9	3	T02	程蹈	男	25531	34662	工程师	667
	10	30	T02	李雯	男	28646	36221	技术员	376
	11		T02	平均值					478
	12	38	T03	陈菲	男	27429	34005	工程师	722
	13	4	T03	刘天飞	男	27661	34605	工程师	510
	14	27	T03	冷志鹏	男	27322	34886	工程师	509
	15	67	T03	沈庆波	男	28111	35041	工程师	709
	16	43	T03	李梅	男	26967	35408	技术员	328
	17	55	T03	梁伟	男	29014	36279	技术员	402
	18		T03	平均值					530
	19	24	T01	张小清	女	26124	33600	技术员	277
	20	14	T01	马国祥	女	27022	33899	技术员	469
	21	41	T01	喜梅	女	27767	35052	技术员	706
	22	15	T01	徐洁	女	29004	37011	技术员	312
	23		T01	平均值					441
	24	13	T02	俞红	女	24431	33070	工程师	796
	25	21	T02	孙静	女	24660	34002	技术员	500
	26		T02	平均值					648
	27	45	T03	虞萍	女	27468	35560	工程师	781
	28	66	T03	陈玲	女	27892	35960	技术员	344
	29	78	T03	马学兵	女	28942	36053	工程师	705
	30	77	T03	吴京芳	女	29047	36409	工程师	681
	31		T03	平均值					627.75
	32		总计	平均值					513.5
	33								

图 6-122　结果

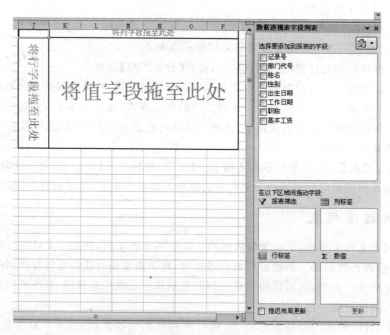

图 6-123　数据透视表

数据透视表的来源数据类型有下面几种,其说明如下:

① Excel 列表或者数据库、汇总及合并不同的 Excel 数据。

② 外部数据,如数据库文件、文本文件等。

③ 其他数据透视表,如建立多份数据透视表,然后重复使用现有的数据透视表,这样就可以更节省内存空间的方式来建立新的数据透视表。

1. 创建数据透视表

要建立数据透视表,可以利用数据透视表和数据透视图向导来产生,而建立数据透视表后,调整分析表的项目与条件,就会立即产生新的分析结果。

为了更好地说明数据透视表的创建及其作用,以"员工基本情况"工作表为例,在此基础上建立数据透视表,创建步骤如下。

步骤一: 移动光标到【插入】选项卡,如图 6-124 所示,选择【数据透视表】选项。

步骤二: 出现【创建数据透视表】对话框后,选择数据,再选择位置,如图 6-125 所示。

图 6-124 数据透视表操作步骤 1

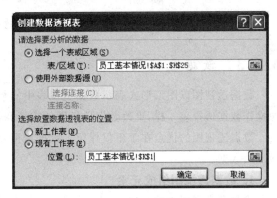

图 6-125 【创建数据透视表】对话框

步骤三: 出现【数据透视表字段列表】窗格后,分别拖动字段名称到工作表中的列标签、行标签、数值位置,结果如图 6-126 所示。从结果中能看到,不同部门,男女员工的平均工资是多少。

图 6-126 结果

2. 数据透视表工具栏

创建数据透视表的同时,在屏幕上还显示了【数据透视表】工具栏,如图 6-127 所示。

图 6-127　【数据透视表】工具栏

6.6.3　数据透视图

数据透视图以图形形式表示数据透视表中的数据,是数据透视表和图表的结合。用户可以像操作数据透视表一样,更改数据透视图的布局和数据显示。

数据透视图的优点在于不仅保留了数据透视表的方便和灵活,而且与其他图表一样能直观地反映数据。

1. 数据透视图组成元素

除具有常规图表的系列、分类、数据标志和坐标轴外,数据透视图还有一些其他元素。

① 页字段:可以使用页字段来根据特定项筛选数据。

② 数据字段:来自基本源数据的字段,提供进行比较或计算的数据。

③ 系列字段:数据透视图中为系列方向指定的字段。字段中的项提供单个数据系列。

④ 项:项代表一个字段中的唯一条目,且出现在页字段、分类字段和系列字段的下拉列表中。

⑤ 分类字段:分配到数据透视图分类方向上的源数据中的字段。分类字段为那些用来绘图的数据点提供单一分类。

2. 数据透视图与常规图表的区别

如果熟悉常规图表,就会发现数据透视图中的大多数操作和标准图表中的一样,但是两者之间也存在以下差别。

① 图表类型:标准图表的默认图表类型为簇状柱形图,它按分类比较值。数据透视图的默认图表类型为堆积柱形图,它比较各个值在整个分类总计中所占的比例。可以将数据透视图类型更改为除 XY 散点图、股价图和气泡图之外的其他任何图表类型。

② 图表位置:默认情况下,标准图表是嵌入(嵌入图表:置于工作表中而不是单独的图表工作表中的图表。当要在一个工作表中查看或打印图表或数据透视图及其源数据或其他信息时,嵌入图表非常有用)在工作表中。而数据透视图默认情况下是创建在图表工作表(图表工作表:工作簿中只包含图表的工作表。当希望单独查看图表或数据透视图(独立于工作表数据或数据透视表)时,图表工作表非常有用)上的。数据透视图创建后,还可将其重新定位到工作表上。

③ 源数据:标准图表可直接链接到工作表单元格中。数据透视图可以基于相关联的数据透视表(相关联的数据透视表:为数据透视图提供源数据的数据透视表。在新建数据透视图时,将自动创建数据透视表。如果更改其中一个报表的布局,另外一个报表也随之更改)中的几种不同的数据类型。

④ 图表元素：数据透视图除包含与标准图表相同的元素外，还包括字段和项，可以添加、旋转或删除字段和项来显示数据的不同视图。标准图表中的分类、系列和数据分别对应于数据透视图中的分类字段、系列字段和值字段。数据透视图中还可包含报表筛选。而这些字段中都包含项，这些项在标准图表中显示为图例（图例：图例是一个方框，用于标识为图表中的数据系列或分类指定的图案或颜色）中的分类标签或系列名称。

⑤ 格式：刷新（刷新：更新数据透视表或数据透视图中的内容以反映基本源数据的变化。如果报表基于外部数据，则刷新将运行基本查询以检索新的或更改过的数据）数据透视图时，会保留大多数格式（包括元素、布局和样式）。但是，不保留趋势线（趋势线：趋势线以图形的方式表示数据系列的趋势，例如，向上倾斜的线表示几个月中增加的销售额。趋势线用于问题预测研究，又称为回归分析）、数据标签（数据标签：为数据标记提供附加信息的标签，数据标签代表源于数据表单元格的单个数据点或值）、误差线（误差线：通常用在统计或科学记数法数据中，误差线显示相对序列中的每个数据标记的潜在误差或不确定度）及对数据系列的其他更改。标准图表只要应用了这些格式，就不会将其丢失。

⑥ 移动或调整项的大小：在数据透视图中，即使可为图例选择一个预设位置并可更改标题的字体大小，但是无法移动或重新调整绘图区（绘图区：在二维图表中，是指通过轴来界定的区域，包括所有数据系列。在三维图表中，同样是通过轴来界定的区域，包括所有数据系列、分类名、刻度线标志和坐标轴标题）、图例、图表标题或坐标轴标题的大小。而在标准图表中，可移动和重新调整这些元素的大小。

3. 创建数据透视图

（1）由数据清单创建数据透视图。

由数据清单创建数据透视图的具体操作步骤如下。

步骤一：选中数据清单中的任意一个单元格。

步骤二：移动光标到【插入】选项卡，选择【数据透视图】选项。

步骤三：选择【数据透视图】后，在弹出的对话框中选择数据和位置，再单击【确定】按钮，如图 6-128 所示。

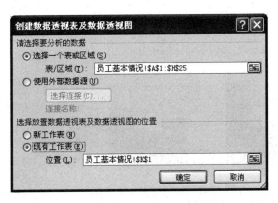

图 6-128　数据透视图 步骤 1

步骤四：在出现的数据透视图的任务窗格中，显示了【图例字段】、【轴字段】和【数值】，如图 6-129 所示。结果如图 6-130 所示。

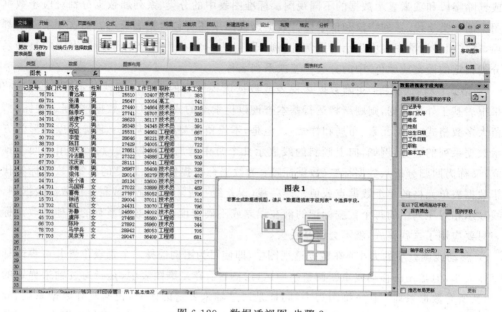

图 6-129　数据透视图 步骤 2

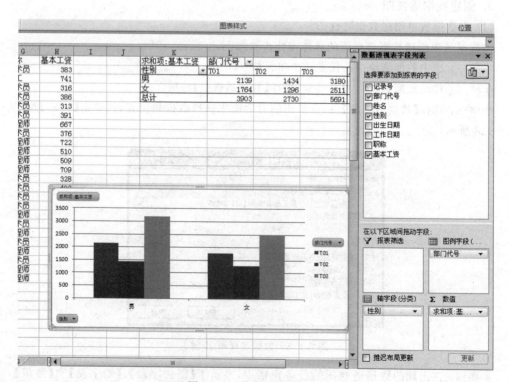

图 6-130　数据透视图结果

6.7 打印设置与打印

工作表设计好后,就可以进行打印,在打印之前需要对工作表进行打印设置,从而达到用户满意的效果。

6.7.1 打印设置

1. 页面设置

页面设置是打印的第一步,在这一步中,用户可以对工作表的比例、打印方向等进行设置。

选择【页面布局】选项卡中的【页面设置】命令组,如图 6-131 所示。

图 6-131 【页面设置】选项组

单击右下角的对话框启动器,会弹出页面设置对话框,如图 6-132 所示。

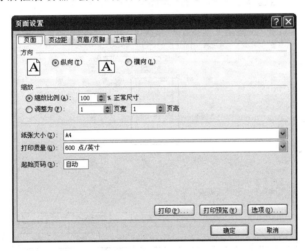

图 6-132 【页面设置】对话框

（1）页面的设置。

这一步的设置在【页面设置】对话框的【页面】选项卡中进行,其中包含【方向】、【缩放】选项区,【纸张大小】、【打印质量】列表框和【起始页码】文本框等选项。

① 打印方向。

在 Excel 中提供了两种打印方向,即纵向打印和横向打印。纵向打印出的页是竖直的;横向打印出的页是水平的,特别适合打印宽度大于高度的工作表。

在【方向】选项区根据需要单击一个单选按钮,就可以设置打印方向。Excel 默认的打印方向是纵向打印。

② 缩放比例。

对工作表的缩放比例进行设置,可以保证在指定的纸张上打印出全部的工作表内容。

缩放方式有两种：按比例缩放以及自动按要求的页宽和页高打印。前一种方式完成的方法是单击【缩放比例】单选按钮，然后在【正常尺寸】前面的数值框中输入缩放比例来完成；后一种方式完成的方法是单击【调整为】单选按钮，然后在单选按钮右侧的【页宽】数值框和【页高】数值框中设置页宽和页高。

③ 纸张大小。

确定纸张大小的作用是保证整个工作表能被完全打印出来。在【纸张大小】下拉列表框中选择纸张类型，即确定纸张大小，可选的纸张类型有 A4、A3、B4、B5 等。

④ 打印质量。

打印质量设置不同，打印出来的文档的效果也不同。设置方法是在【打印质量】下拉列表框中选择一种打印质量，可供选择的有【300 点、英寸】等各种选项，点数越大，打印的质量越好。

⑤ 起始页码。

在默认的情况下，Excel 在【起始页码】文本框中的默认值为【自动】，即 Excel 按照从第一页开始打印的方式进行打印。如果用户希望打印特定的页数，可以在【起始页码】文本框中输入希望的开始页码，Excel 在打印工作表时，会从该页开始打印。

（2）页边距的设置。

页边距是指实际打印内容的边界与纸张边沿的距离，通常用厘米表示。该步设置是在【页面设置】对话框的【页边距】选项卡中进行的，如图 6-133 所示。

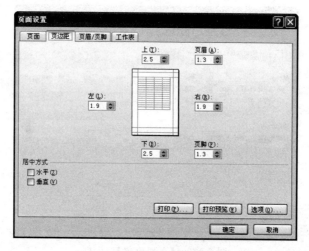

图 6-133 【页边距】选项卡

在该选项卡中有【上】、【下】、【左】、【右】4 个数值框，作用是调整打印内容与页边沿之间的距离。

【居中方式】选项区中有两个复选框——【水平】和【居中】，可以设置要打印的文档内容是否在页边距之内居中。如果要在左右页边距之间水平居中，就选中【水平】复选框；如果要在上下页边距之间垂直居中，就选中【垂直】复选框。

【页眉】、【页脚】数值框的作用是调整页眉页脚与上下边沿的距离。注意设置的数值必须小于页边距的尺寸。

（3）页眉页脚的设置。

页眉是一行文本，出现在工作表每一页的顶部。页脚也是一行文本，出现在工作表底部。页眉和页脚通常包括页码、工作表标题和打印工作表日期。这些信息对用户掌握和了解工作表的内容、作者和状态是很有帮助的。

可以通过 Excel 提供的页眉和页脚列表选项创建页眉和页脚。这些选项包含了页数、工作簿名、工作表名、作者名、公司名以及上述综合内容，如图 6-134 所示。页眉和页脚的选项是相同的。

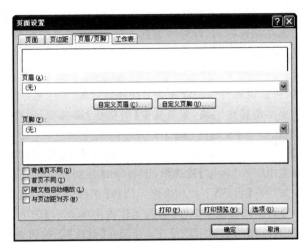

图 6-134　【页眉/页脚】选项卡

页眉和页脚的创建，可以直接输入文本或者单击 Excel 提供的选项按钮插入代码，如工作簿的名称、当前页码、当前日期等。插入这些代码，可以使页眉和页脚的信息得到更新。

（4）工作表的打印设置。

在【页面设置】对话框的【工作表】选项卡中，可以对工作表的打印区域、打印标题、打印效果和打印顺序等进行设置，如图 6-135 所示。

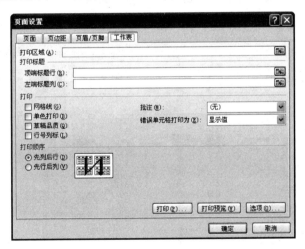

图 6-135　【工作表】选项卡

① 设置打印区域。

在默认状态下，Excel 会自动选择有文字的行和列的区域作为打印区域。如果希望打印某一区域内的数据，就可以在【打印区域】文本框中输入要打印区域的单元格区域名称，或用鼠标选定要打印的单元格区域。

② 设置打印标题。

当一张工作表不能完全在一张打印页上打印时,Excel 会自动分页打印,如果不设置【打印标题】,则除了第一页以外的其他打印页将由于没有标题而使用户看不懂这些页上数据的含义。

如果在【顶端标题行】文本框中设置某行单元格区域为顶端标题行,即输入改行的行号,则在打印时,各个打印页中的工作表的顶端都会打印该标题行内容。如果在【左端标题列】文本框中设置某列单元格区域为左端标题列,即输入该列的列标,则在打印时各个打印页中的工作表的左端都会打印该标题列的内容。

③ 设置打印效果。

利用【打印】选项区,可以设置打印工作表的一些特殊效果。

网格线是描绘每个单元格轮廓的线,如果选中【网格线】复选框,则在打印时将打印工作表的网格线。如果选中【单色打印】复选框,则打印时忽略其他颜色,只对工作表进行黑白处理。如果选中【按草稿方式】复选框,则打印时,将不打印网格线,同时图形以简化方式输出,这样可以缩短打印时间。如果选中【行号列标】复选框,则打印时分别将行号打印在工作表左端、列标打印在工作表的上边。如果在【批注】下拉列表框中选择【工作表末尾】选项,则在工作表的底部打印批注;如果在【批注】下拉列表框中选择【如同工作表中的显示】选项,则在工作表中批注显示的位置打印批注,并且只打印当前显示的批注;如果在【批注】下拉列表框中选择【无】,则在打印时不打印批注。

2. 分页设置

如果需要打印的工作表中的内容不止一页,Excel 会自动在工作表中插入分页符,将工作表分成多页,而且分页符的位置取决于纸张的大小、页边距设置值以及设定的打印比例。

选择【视图】选项卡中的【分页预览】命令,可以从工作表的普通视图切换到分页预览视图,从中可以看到分页符。但是切换到分页预览视图后,文字显示不清,用户只能通过该视图了解工作表的打印布局。如果要想看清文字显示,可以单击【视图】选项卡中的【显示比例】命令,在弹出的对话框中选择合适的放大比例,如图 6-136 所示。

	A	B	C	D	E	F	G	H
1	记录号	部门代号	姓名	性别	出生日期	工作日期	职称	基本工资
2	76	T01	曹远高	男	25510	32407	技术员	383
3	69	T01	张清	男	25647	33054	高工	741
4	60	T01	周涛	男	27440	34664	技术员	316
5	68	T01	陈季巧	男	27741	35707	技术员	386
6	34	T01	钱建宁	男	28623	36117	技术员	313
7	33	T02	苏文	男	26348	34345	技术员	391
8	3	T02	程韬	男	25531	34662	工程师	667
9	30	T02	李莹	男	28646	36221	技术员	376
10	38	T03	陈菲	男	27429	34005	工程师	722
11	4	T03	刘天飞	男	27661	34605	工程师	510
12	27	T03	冷志鹏	男	27322	34886	工程师	509
13	67	T03	沈庆波	男	28119	35041	工程师	709
14	43	T03	李梅	男	26967	35408	技术员	328
15	55	T03	梁伟	男	29014	36279	技术员	402
16	24	T01	张小清	女	26124	33600	技术员	277
17	14	T01	马国祥	女	27022	33899	技术员	469
18	41	T01	喜梅	女	27767	35052	工程师	706
19	15	T01	徐洁	女	29004	37011	技术员	312
20	13	T02	俞红	女	24431	33070	工程师	796
21	21	T02	孙静	女	24660	34002	技术员	500
22	45	T03	虞萍	女	27468	35560	工程师	781
23	66	T03	陈玲	女	27892	35960	技术员	344
24	78	T03	马学兵	女	28942	36053	工程师	705
25	77	T03	吴京芳	女	29047	36409	工程师	681

图 6-136　分页预览视图

该视图以打印方式显示工作表,可以使用户进行一些打印设置,并且也可以像在普通视图中一样对工作表进行编辑。

(1) 设置打印区域。

从图 6-136 中可以看到,蓝色虚线就是 Excel 自动产生的分页符,分页符包围部分就是系统根据工作表中的内容自动产生的打印区域。

如果要改变打印区域,可以使用鼠标向内外拖动分页符,重新选定打印区域,如图 6-137 所示就是将分页符向下拖动产生的新的打印区域。

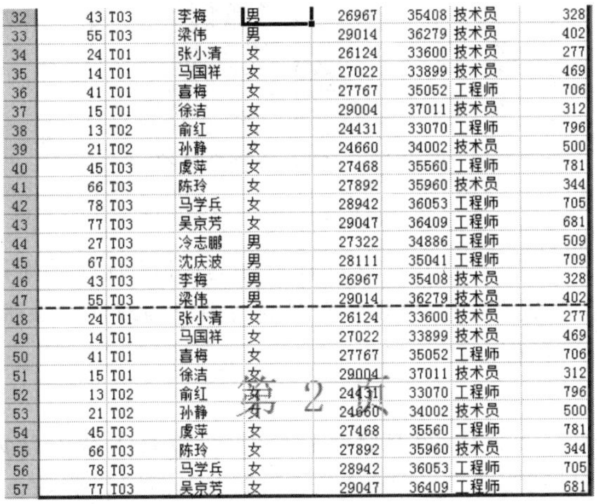

图 6-137　拖动分页符选定新的打印区域

(2) 插入、删除或移动分页符。

虽然当工作表很大时,一张打印页不能打下所有工作表的内容,Excel 自动在工作表中插入分页符,对其进行分页,但是用户有时并不想按这样的分页尺寸进行分页,这时可以采用手工方法插入分页符,通过插入水平分页符改变页面上数据行的数目,通过插入垂直分页符改变页面上数据列的数目。也可以在分页预览视图中,用鼠标拖动分页符的方法来调整其在工作表上的位置。

① 插入水平分页符。

选中工作表某一行的行号,然后选择【页面布局】选项卡的【分隔符】选项,这样选定行的上方出现分页符,如图 6-138 所示。

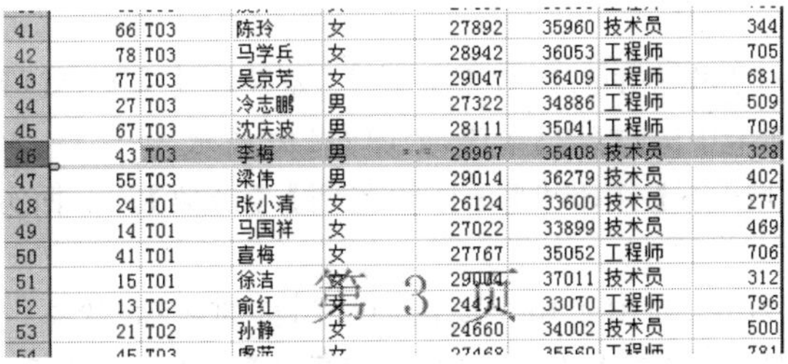

图 6-138　插入水平分页符

② 插入垂直分页符。

选中工作表某一列的列标,然后选择【页面布局】选项卡的【分隔符】选项,这样选定列的左边出现分页符,如图 6-139 所示。

图 6-139　插入垂直分页符

③ 移动分页符。

在分页预览方式下,如果插入的分页符位置不合适,可以通过鼠标移动分页符来快速地改变分页,即将鼠标指针移到分页符上,当鼠标指针变为黑色的双向箭头形状时,按住鼠标拖动分页符,移到新的位置后松开鼠标。

④ 删除分页符。

如果对于插入的分页符不满意,想要删除它们时,可以首先选中分页符下面或右边的任意单元格,然后选择【页面布局】选项卡的【删除分页符】选项,就可以删除该分页符。

如果要删除所有的分页符,则首先选择整个工作表,然后选择【页面布局】选项卡的【重设所有分页符】选项,就可以删除全部插入的分页符。

6.7.2　打印工作表

对一个工作表进行了页面设置后,就可以正式打印工作表了。最好在正式打印之前,先在打印预览中对打印效果进行检查,以确定对工作表的页面设置等是否满足需求。

1. 打印预览

在【打印预览】中不仅可以对要打印的工作表进行预览,而且还可以对工作表进行调整,因此在 Excel 中提供了多种打开【打印预览】窗口的方法:

(1) 选择【文件】选项卡的【打印】选项。

(2) 单击【页面设置】对话框中任一选项卡中的【打印预览】按钮。

2. 打印

在打印预览窗口中对工作表的打印效果查看后,如果对其满意,就可以进行打印了。

(1) 单击【文件】选项卡中的【打印】选项,如图 6-140 所示。

(2) 有三个选项区域——【打印机】、【打印范围】、【份数】。下面分别对它们的作用进行介绍。

① 在【打印机】选项区中,列出了用户使用的打印机的名称、状态、类型、位置及备注情况。如果想查看打印机的属性,可以单击下面的【打印机属性】按钮进行查看。

② 在【打印范围】选项区中,在其后的【页数】和【至】文本框中输入开始页的页号和结束页的页号。

③ 在【份数】选项区中,可以在【份数】文本框中输入要打印的份数,如果要一次打印多份工作表。

（3）设置完后，单击【确定】按钮。

图 6-140 【打印内容】界面

6.8 公式与函数

在 Excel 中不仅可以输入数据再进行格式化，还可以通过公式和函数进行统计计算，如求和、平均值、计数等。计算出的结果正确，并会跟随数据的变化自动更新。

6.8.1 使用公式基本方法

1. 认识公式

公式就是表达式，由单元格引用、常量、运算符、括号组成，复杂的公式还可以包含函数。公式必须以＝开头，公式计算结果显示在单元格，公式本身可以通过编辑栏进行编辑。

2. 公式的输入与编辑

1）输入公式

① 单击目标单元格，激活目标单元格。

② 输入＝。

③ 输入常量或单元格引用。

④ 按 Enter 键完成输入，结果显示在单元格。

2）修改公式

鼠标双击目标单元格，进入编辑状态，在编辑栏里完成对公式的修改，最后按 Enter 键即可。

3. 公式的复制与填充

通过拖动单元格右下角的填充柄，或者从【开始】选项卡的【编辑】组选择【填充】进行公式的复制，复制的不是数据而是公式。

4. 单元格引用

单元格引用分为三种：

① 相对引用：引用的地址不是固定的，而是相对于公式所在单元格的相对位置。默认都是采用相对地址，按照【列标行号】这种形式，如图 6-141 所示。

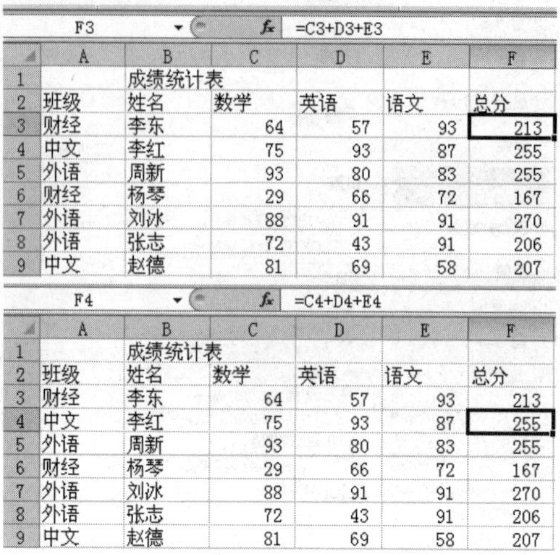

F3 =C3+D3+E3

	A	B	C	D	E	F
1		成绩统计表				
2	班级	姓名	数学	英语	语文	总分
3	财经	李东	64	57	93	213
4	中文	李红	75	93	87	255
5	外语	周新	93	80	83	255
6	财经	杨琴	29	66	72	167
7	外语	刘冰	88	91	91	270
8	外语	张志	72	43	91	206
9	中文	赵德	81	69	58	207

F4 =C4+D4+E4

	A	B	C	D	E	F
1		成绩统计表				
2	班级	姓名	数学	英语	语文	总分
3	财经	李东	64	57	93	213
4	中文	李红	75	93	87	255
5	外语	周新	93	80	83	255
6	财经	杨琴	29	66	72	167
7	外语	刘冰	88	91	91	270
8	外语	张志	72	43	91	206
9	中文	赵德	81	69	58	207

图 6-141 【相对引用】

② 绝对引用：在复制公式的时候，采用绝对引用，可以实现引用位置不发生变化，需要在不变的列标或者行号前面加上 $，如图 6-142 所示。

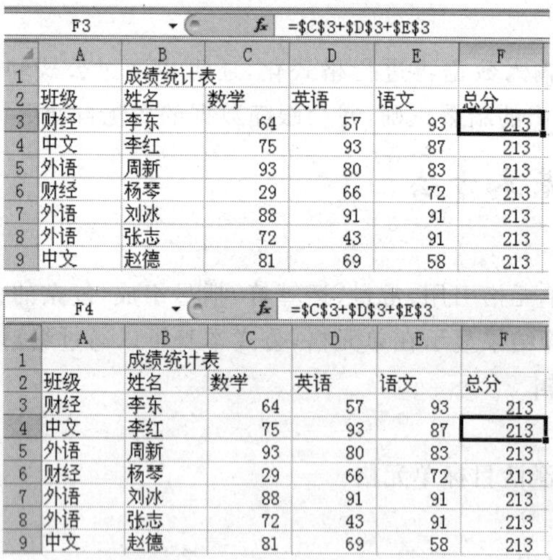

F3 =$C$3+$D$3+$E$3

	A	B	C	D	E	F
1		成绩统计表				
2	班级	姓名	数学	英语	语文	总分
3	财经	李东	64	57	93	213
4	中文	李红	75	93	87	213
5	外语	周新	93	80	83	213
6	财经	杨琴	29	66	72	213
7	外语	刘冰	88	91	91	213
8	外语	张志	72	43	91	213
9	中文	赵德	81	69	58	213

F4 =$C$3+$D$3+$E$3

	A	B	C	D	E	F
1		成绩统计表				
2	班级	姓名	数学	英语	语文	总分
3	财经	李东	64	57	93	213
4	中文	李红	75	93	87	213
5	外语	周新	93	80	83	213
6	财经	杨琴	29	66	72	213
7	外语	刘冰	88	91	91	213
8	外语	张志	72	43	91	213
9	中文	赵德	81	69	58	213

图 6-142 【绝对引用】

③ 混合引用：如果只固定列标或者行号，只需在列标或者行号前面加 $ 符号。

6.8.2 名称的定义与引用

为单元格或区域指定一个名称，是实现绝对引用的方法之一。可以在公式中使用名称完成绝对引用。

1．了解名称的语法规则

（1）唯一性原则：在适用范围内唯一。

（2）有效字符：第一个字符必须是字母、下划线、反斜杠。其他部分不能使用 C\c\R\r。

（3）不能与单元格地址相同。

（4）不能使用空格。

（5）名称长度不能超过 255。

（6）不区分大小写。

2．为单元格或单元格区域定义名称

1）快速定义名称。

步骤一：选中单元格或单元格区域。

步骤二：在编辑栏左侧【名称框】中单击，并输入名称，完成后按 Enter 键，如图 6-143 所示。

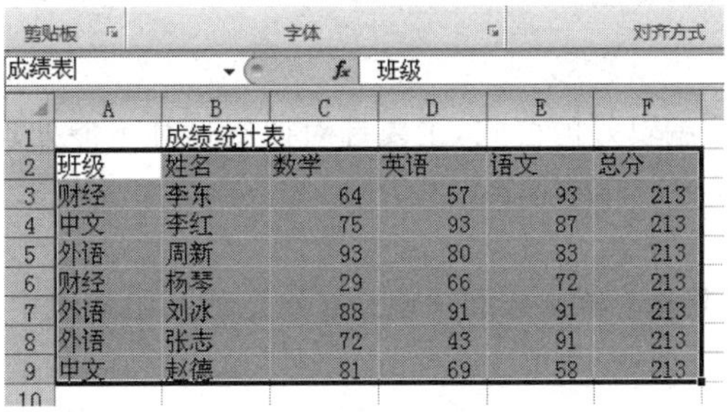

图 6-143 【名称框】

2）将现有行和列标题转换为名称

步骤一：选定区域。

步骤二：在【公式】选项卡的【定义的名称】组中，单击【根据所选内容创建】按钮，如图 6-144(a)所示，打开的对话框如图 6-144(b)所示。

(a)

(b)

图 6-144　将现有行和列标题转换为名称

步骤三：单击【确定】按钮完成名称创建。

3）使用【新名称】对话框定义名称

在【公式】选项卡的【定义的名称】组中，单击【定义名称】按钮，打开新建名称对话框，如图 6-145 所示。

图 6-145 【新建名称】对话框

6.8.3 使用函数的方法

1. 认识函数

函数实际上是特殊的、编辑好的公式,主要针对四则运算不能处理的算法。函数通常表示成:函数名(参数 1,参数 2…),同样需要以=开头。

2. 常用函数介绍

(1) SUMPRODUCT 函数:该函数的功能是在给定的几组数组中,将数组间对应的元素相乘,并返回乘积之和。

SUMPRODUCT(array1, [array2], [array3], …)

array1:必需。其相应元素需要进行相乘并求和的第一个数组参数。

array2,array3…:可选。2~255 个数组参数,其相应元素需要进行相乘并求和。

例如:如图 6-146 所示,如果想计算 A2:B4 和 C2:D4 这两组区域的值,可以用以下公式:=SUMPRODUCT(A2:B4,C2:D4)。

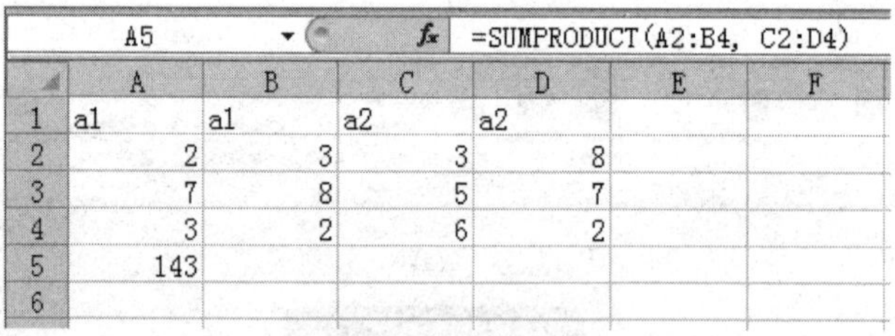

	A	B	C	D	E	F
1	a1	a1	a2	a2		
2	2	3	3	8		
3	7	8	5	7		
4	3	2	6	2		
5	143					
6						

A5 上方编辑栏:=SUMPRODUCT(A2:B4, C2:D4)

图 6-146 SUMPRODUCT 函数

(2) ABS 函数:该函数的功能是返回数字的绝对值。绝对值没有符号。

ABS(number)

number:必需。需要计算其绝对值的实数。

例如:如果在 C1、D1 单元格中分别输入 20,70,那么如果要求 C1 与 D1 之间的差的绝对值,可以在 E1 单元格中输入以下公式:=ABS(C1-D1)。

(3) IF 函数:该函数的功能是如果指定条件的计算结果为 TRUE,IF 函数将返回某个值;如果该条件的计算结果为 FALSE,则返回另一个值。例如,如果 A1 大于 100,公式=IF(A1>100,"大于 100","不大于 100")将返回"大于 100",如果 A1 小于等于 100,则返回"不大于 100"。

```
IF(logical_test, [value_if_true], [value_if_false])
```

① logical_test：必需。计算结果可能为 TRUE 或 FALSE 的任意值或表达式。例如，A10=100 就是一个逻辑表达式；如果单元格 A10 中的值等于 100，表达式的计算结果为 TRUE；否则为 FALSE。此参数可使用任何比较运算符。

② value_if_true：可选。logical_test 参数的计算结果为 TRUE 时所要返回的值。例如，如果此参数的值为文本字符串【预算内】，并且 logical_test 参数的计算结果为 TRUE，则 IF 函数返回文本【预算内】。如果 logical_test 的计算结果为 TRUE，并且省略 value_if_true 参数（即 logical_test 参数后仅跟一个逗号），IF 函数将返回 0（零）。若要显示单词 TRUE，请对 value_if_true 参数使用逻辑值 TRUE。

③ value_if_false：可选。logical_test 参数的计算结果为 FALSE 时所要返回的值。例如，如果此参数的值为文本字符串【超出预算】，并且 logical_test 参数的计算结果为 FALSE，则 IF 函数返回文本【超出预算】。如果 logical_test 的计算结果为 FALSE，并且省略 value_if_false 参数（即 value_if_true 参数后没有逗号），则 IF 函数返回逻辑值 FALSE。如果 logical_test 的计算结果为 FALSE，并且省略 value_if_false 参数的值（即在 IF 函数中，value_if_true 参数后没有逗号），则 IF 函数返回值 0（零）。

例如：如图 6-147 所示，如果 B1 单元格的数据大于等于 60，则在 C1 单元格显示【及格】，否则显示【不及格】，可以在 C1 单元格中输入以下公式：=IF(B1>=60,"及格","不及格")。

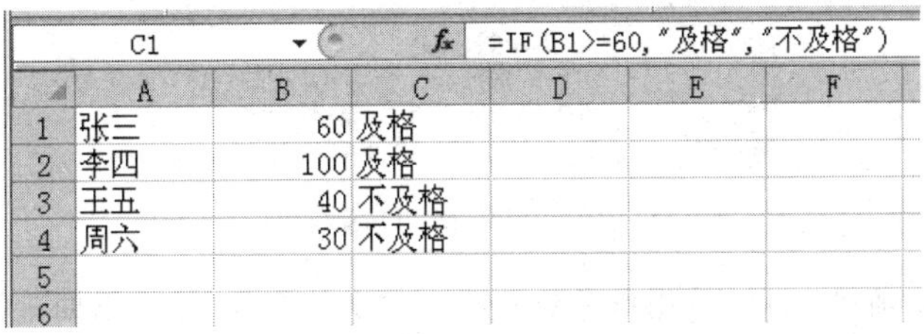

	A	B	C	D	E	F
1	张三	60	及格			
2	李四	100	及格			
3	王五	40	不及格			
4	周六	30	不及格			
5						
6						

图 6-147　IF 函数

（4）Ceiling 函数。

```
CEILING(number, significance)
```

number：必需。要舍入的值。

significance：必需。要舍入到的倍数。

将参数 Number 向上舍入（沿绝对值增大的方向）为最接近的 significance 的倍数。例如，如果不愿意使用像【分】这样的零钱，而所要购买的商品价格为￥4.42，可以用公式=CEILING(4.42,0.05)将价格向上舍入为以“角”表示。

例如：如图 6-148 所示，在 A1 单元格中输入以下公式：=CEILING(2.5, 1)，将 2.5 向上舍入到最接近的 1 的倍数 3。

（5）INT 函数。

```
INT(number)
```

number：必需。需要进行向下舍入取整的实数。

该函数是向下舍入取整函数。例如：如图 6-149 所示，在 A1 单元格中输入以下公式：=

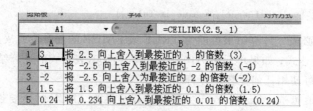

图 6-148　CEILING 函数

INT(8.9),将 8.9 向下舍入到最接近的整数 8。

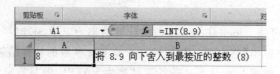

图 6-149　INT 函数

(6) MOD 函数:该函数是计算两数相除的余数。例如:如图 6-150 所示,在 A1 单元格中输入以下公式:＝MOD(3,2),3/2 的余数 1。

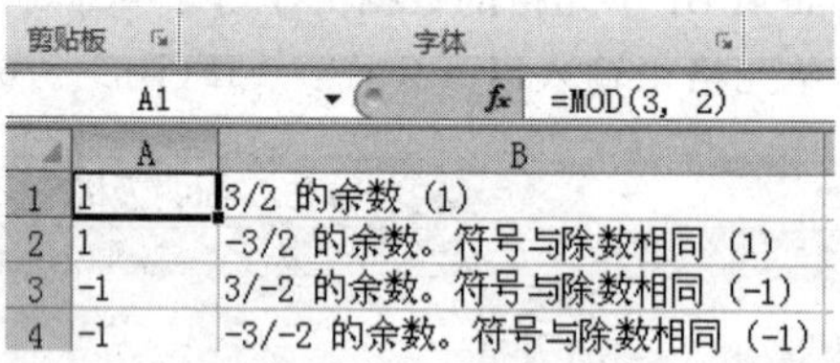

图 6-150　MOD 函数

(7) PRODUCT 函数:可计算用作参数的所有数字的乘积,然后返回乘积。例如,如果单元格 A1 和 A2 含有数字,则可以使用公式＝PRODUCT(A1,A2)计算这两个数字的乘积。也可以使用乘法(＊)数学运算符来执行相同的操作,例如,＝A1 ＊ A2。如果需要让许多单元格相乘,则使用 PRODUCT 函数很有用。例如,公式＝PRODUCT(A1:A3,C1:C3)等同于＝A1 ＊ A2 ＊ A3 ＊ C1 ＊ C2 ＊ C3。

例如:如图 6-151 所示,直接在单元格 B2 中输入以下公式:＝PRODUCT(A1:A3,A5:A7)。

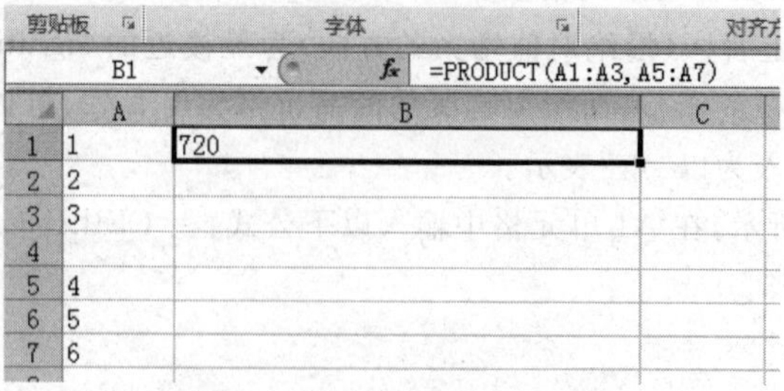

图 6-151　PRODUCT 函数

(8) ROUND 函数。

ROUND(number, num_digits),此函数为四舍五入函数。

① number：必需。要四舍五入的数字。

② num_digits：必需。位数，按此位数对 number 参数进行四舍五入。

说明：

① 如果 num_digits 大于 0（零），则将数字四舍五入到指定的小数位。

② 如果 num_digits 等于 0，则将数字四舍五入到最接近的整数。

③ 如果 num_digits 小于 0，则在小数点左侧进行四舍五入。

如图 6-152 所示，例如：将数字 56.789 按照指定的位数进行四舍五入，可以在 G3 单元格中输入以下公式：=ROUND(E3,F3)。

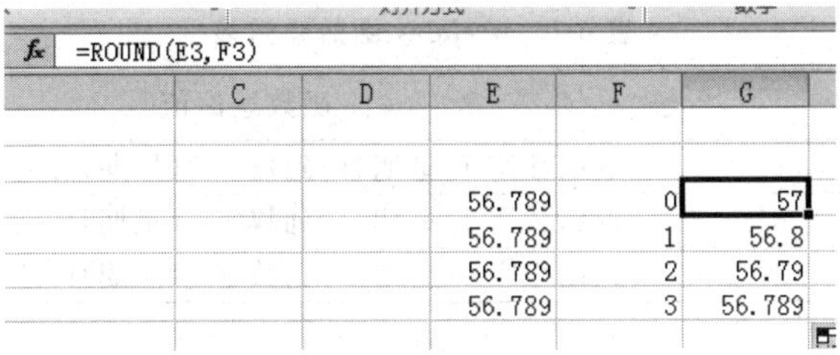

图 6-152 ROUND 函数

（9）DATE 函数。

DATE(year,month,day)

year：必需。year 参数的值可以包含 1~4 位数字。Excel 将根据计算机所使用的日期系统来解释 year 参数。默认情况下，Microsoft Excel for Windows 将使用 1900 日期系统，而 Microsoft Excel for Macintosh 将使用 1904 日期系统。如果 year 介于 0（零）到 1899 之间（包含这两个值），则 Excel 会将该值与 1900 相加来计算年份。例如，DATE(108,1,2) 将返回 2008 年 1 月 2 日（1900＋108）。如果 year 介于 1900~9999 之间（包含这两个值），则 Excel 将使用该数值作为年份。例如，DATE(2008,1,2) 将返回 2008 年 1 月 2 日。如果 year 小于 0 或大于等于 10 000，则 Excel 将返回错误值♯NUM!。

提示：为避免出现意外结果，建议对 year 参数使用 4 位数字。例如，使用 07 将返回 1907 作为年值。

month：必需。一个正整数或负整数，表示一年中从 1 月至 12 月（一月到十二月）的各个月。如果 month 大于 12，则 month 从指定年份的一月份开始累加该月份数。例如，DATE(2008,14, 2) 返回表示 2009 年 2 月 2 日的序列号。如果 month 小于 1，则 month 从指定年份的一月份开始递减该月份数，然后再加上 1 个月。例如，DATE(2008,−3,2) 返回表示 2007 年 9 月 2 日的序列号。

day：必需。一个正整数或负整数，表示一月中从 1 日到 31 日的各天。如果 day 大于指定月份的天数，则 day 从指定月份的第一天开始累加该天数。例如，DATE(2008,1,35) 返回表示 2008 年 2 月 4 日的序列号。如果 day 小于 1，则 day 从指定月份的第一天开始递减该天数，然后再加上 1 天。例如，DATE(2008,1,−15) 返回表示 2007 年 12 月 16 日的序列号。在实际工作中经常会用到此函数来显示日期。例如：如图 6-153 所示，在单元格中输入相应的年、月和日等信息，然后在单元格 A4 中输入以下公式：=DATE(A1,A2,A3)。

（10）WEEKDAY 函数：使用此函数可以返回某个日期为星期几。语法：WEEKDAY(serial_number,return_type)：其中参数 serial_number 代表要查找的那一天的日期，参数 return_type 为确

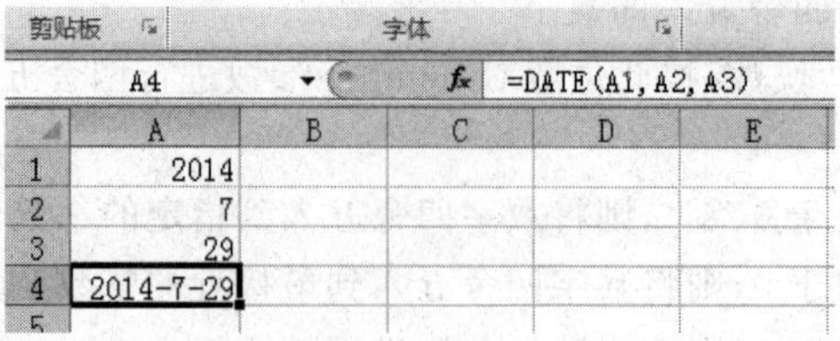

图 6-153   DATE 函数

定返回值类型的数字,详细内容如表 6-1 所示。

表 6-1   weekday 函数参数表

参数值	函数返回值
1 或者省略	返回数字 1(星期日)到数字 7(星期六)之间的数字
2	返回数字 1(星期一)到数字 7(星期日)之间的数字
3	返回数字 0(星期一)到数字 6(星期日)之间的数字

例如:计算当前日期是星期几,如图 6-154 所示,在单元格 B4 中输入计算当前日期的公式:
=WEEKDAY(A4,2)。

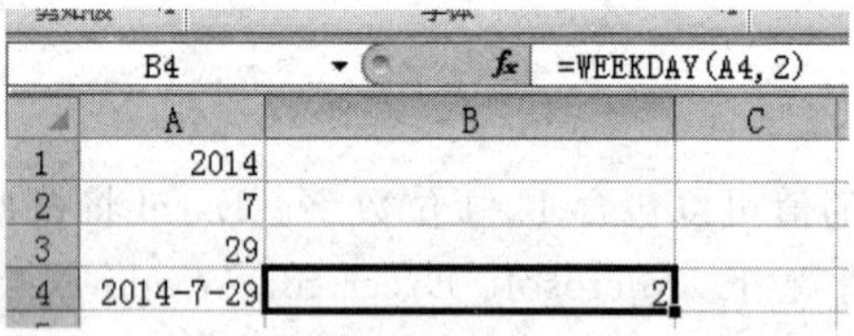

图 6-154   WEEKDAY 函数

(11) AND 函数。

AND(logical1, [logical2], …)

logical1:必需。要检验的第一个条件,其计算结果可以为 TRUE 或 FALSE。

logical2,…:可选。要检验的其他条件,其计算结果可以为 TRUE 或 FALSE,最多可包含 255 个条件。

当所有参数的逻辑值为真时,AND 函数的返回值为 TRUE;只要有一个参数的逻辑值为假,该函数的返回值则为 FALSE。

例如:如图 6-155 所示,如果单元格 C1 中的数字介于 1~100 之间,则显示 TRUE。否则,显示 FALSE。

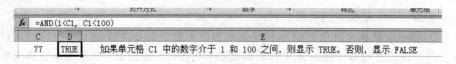

图 6-155   AND 函数

(12) OR 函数:判断逻辑值并集的计算结果,在所有的参数中只要有一个逻辑值为 TRUE,该函数的返回值即为 TRUE。例如已知某企业的员工姓名和出生年份两列值,如图 6-156 所示,然后根据输入的年份判断员工中是否有这一年出生的人,并且统计出共有几个。

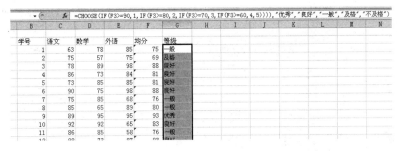

图 6-156　OR 函数

① 在单元格 D3 中输入判断值 1975，即判断是否有 1975 年出生的人，然后在单元格 E3 中输入以下公式：{＝OR(D3＝C3:C8)}，在该公式中，表示将 D2 单元格中的值与数据区域 C3:C8 中的每一个值做比较，判断是否相等。如果任何一人比较结果为真，函数 OR 则返回 TRUE，也就是 D3 单元格中的值位于这个列表中。由于是在一个数组中查找是否存在某个指定的值，所以公式要以数组的形式输入，输入公式后要按 Ctrl＋Shift＋Enter 组合键完成。

② 计算 1975 年出生的人数，在单元格 E3 中输入以下公式：{＝SUM(IF(D3＝C3:C8,1,0)}，在该公式中先使用 IF 函数将单元格 D3 中的值与数据区域 C3:C8 中的每一个值进行比较，如果两个值相等则返回 1，否则返回 0。然后利用 SUM 函数对所有的返回值求和，最后得到的数据就是 1975 出现的次数，即有几个人是 1975 年出生的。该公式要以数组公式的形式输入。

(13) CHOOSE 函数：例如评定学生成绩，利用该函数可以评定销售人员的业务能力，还可以返回成绩的档次以及是否及格等，其计算方法都是一样的。下面以学生成绩表为例看一下 CHOOSE 函数的应用方法。

① 首先在工作表中输入如图 6-157 所示的学生成绩，然后在单元格 F3 中输入以下公式：＝SUM(C3:E3)/3，此时即可计算出学生的平均成绩。

② 利用 CHOOSE 函数计算成绩名次，在 G3 单元格中输入以下公式：＝CHOOSE(IF(F3≥90,1,IF(F3≥80,2,IF(F3≥70,3,IF(F3≥60,4,5)))),"优秀","良好","一般","及格","不及格")，在该公式中用到了多个 IF 函数，用以判断平均成绩属于哪个区间，再使用 CHOOSE 函数返回不同情况下的结果，这里把成绩分为了 5 个档次，即平均分 90 以上的是"优秀"、80～90 之间的是"良好"、70～80 之间的为"一般"、60～70 之间的为"及格"、60 以下的为"不及格"。

图 6-157　CHOOSE 函数

(14) INDEX 函数。

INDEX(array, row_num, [column_num])，该函数返回指定单元格中的内容。

array 必需：单元格区域或数组常量。如果数组只包含一行或一列，则相对应的参数 row_num 或 column_num 为可选参数。如果数组有多行和多列，但只使用 row_num 或 column_num，函数 INDEX 返回数组中的整行或整列，且返回值也为数组。

row_num 必需：选择数组中的某行，函数从该行返回数值。如果省略 row_num，则必须有

column_num。

column_num 可选：选择数组中的某列，函数从该列返回数值。如果省略 column_num，则必须有 row_num。

例如：查找出第三行第二列单元格数值：只需在单元格 B9 中输入以下公式：= INDEX(B3：F6,3,2)，如图 6-158 所示。

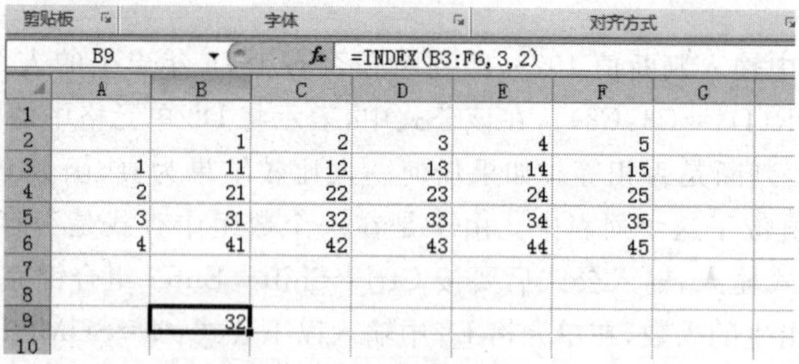

图 6-158　INDEX 函数

(15) LOOKUP 函数。

LOOKUP(lookup_value,lookup_vector,[result_vector])，该函数用于在行（或列）中查找并返回数值。

lookup_value 必需。LOOKUP 在第一个向量中搜索的值。lookup_value 可以是数字、文本、逻辑值、名称或对值的引用。

lookup_vector：必需。只包含一行或一列的区域。lookup_vector 中的值可以是文本、数字或逻辑值。lookup_vector 中的值必须以升序排列：…,−2,−1,0,1,2,,A～Z,FALSE,TRUE。否则，LOOKUP 可能无法返回正确的值。大写文本和小写文本是等同的。

result_vector：可选。只包含一行或一列的区域。result_vector 参数必须与 lookup_vector 大小相同。

例如员工的工资表如图 6-159 所示，查找姓名：首先在单元格 L5 中输入记录号值 4，然后在单元格 L6 中输入以下公式：= LOOKUP(L5,A2：A25,C2：C25)，也可在 L8 输入公式：= LOOKUP(L5,A2：G25)，如图 6-160 所示，此时即可查找到记录号为 4 的员工的姓名和职称。

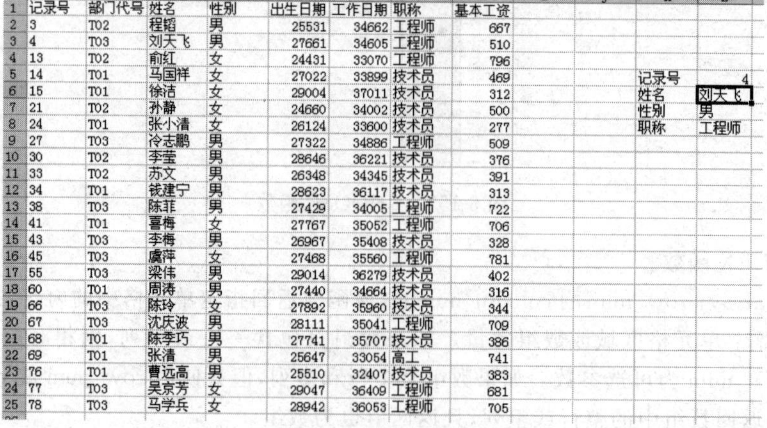

图 6-159　LOOKUP 函数

L8　　=LOOKUP(L5,A2:G25)

	A	B	C	D	E	F	G	H	I	J	K	L
1	记录号	部门代号	姓名	性别	出生日期	工作日期	职称	基本工资				
2	3	T02	程皓	男	25531	34662	工程师	667				
3	4	T03	刘天飞	男	27661	34605	工程师	510				
4	13	T02	俞红	女	24431	33070	工程师	796				
5	14	T01	马国祥	男	27022	33899	技术员	469			记录号	4
6	15	T01	徐洁	女	29004	37011	技术员	312			姓名	刘天飞
7	21	T02	孙静	女	24660	34002	技术员	500			性别	男
8	24	T01	张小清	女	26124	33600	技术员	277			职称	工程师
9	27	T03	冷志鹏	男	27322	34886	工程师	509				
10	30	T02	李莹	男	28646	36221	技术员	376				
11	33	T02	苏文	男	26348	34345	技术员	391				
12	34	T01	钱建宁	男	28623	36117	技术员	313				
13	38	T03	陈菲	男	27429	34005	工程师	722				
14	41	T01	喜梅	女	27767	35052	工程师	706				
15	43	T03	李梅	男	26967	35408	技术员	328				
16	45	T03	虞萍	女	27468	35560	工程师	781				
17	55	T03	梁伟	男	29014	36279	技术员	402				
18	60	T01	周涛	男	27440	34664	技术员	316				
19	66	T03	陈玲	女	27892	35960	技术员	344				
20	67	T03	沈庆波	男	28111	35041	工程师	709				
21	68	T01	陈李巧	男	27741	35707	技术员	386				
22	69	T01	张清	男	25647	33054	高工	741				
23	76	T03	曹远高	男	25510	32407	技术员	383				
24	77	T03	吴京芳	女	29047	36409	工程师	681				
25	78	T03	马学兵	女	28942	36053	工程师	705				

图 6-160　LOOKUP 函数

（16）MATCH 函数。

MATCH(lookup_value，lookup_array，[match_type])，功能是在数组中查找数值的相应位置，其参数表如表 6-2 所示。

表 6-2　MATCH 函数参数表

参　　数	说　　明
1 或省略	MATCH 函数会查找小于或等于 lookup_value 的最大值。lookup_array 参数中的值必须按升序排列，例如：…−2，−1，0，1，2，…，A~Z，FALSE，TRUE
0	MATCH 函数会查找等于 lookup_value 的第一个值。lookup_array 参数中的值可以按任何顺序排列
−1	MATCH 函数会查找大于或等于 lookup_value 的最小值。lookup_array 参数中的值必须按降序排列，例如：TRUE，FALSE，Z~A，…2，1，0，−1，−2，…

lookup_value：必需。需要在 lookup_array 中查找的值。例如，如果要在电话簿中查找某人的电话号码，则应该将姓名作为查找值，但实际上需要的是电话号码。lookup_value 参数可以为值（数字、文本或逻辑值）或对数字、文本或逻辑值的单元格引用。

lookup_array：必需。要搜索的单元格区域。

match_type：可选。数字−1、0 或 1。match_type 参数指定 Excel 如何在 lookup_array 中查找 lookup_value 的值。此参数的默认值为 1。

该函数的使用方法如图 6-161 所示。

（17）VLOOKUP 函数。

VLOOKUP(lookup_value，table_array，col_index_num)，函数的功能是在表格或数值数组的首行查找指定的数值，并由此返回表格或数组当前行中指定列处的数值。

lookup_value：必需。要在表格或区域的第一列中搜索的值。lookup_value 参数可以是值或引用。如果为 lookup_value 参数提供的值小于 table_array 参数第一列中的最小值，则 VLOOKUP 将返回错误值♯N/A。

table_array：必需。包含数据的单元格区域。可以使用对区域（例如，A2:D8）或区域名称的

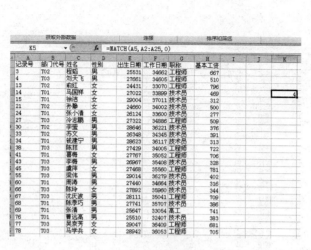

图 6-161　MATCH 函数

引用。table_array 第一列中的值是由 lookup_value 搜索的值。这些值可以是文本、数字或逻辑值。文本不区分大小写。

col_index_num：必需。table_array 参数中必须返回的匹配值的列号。col_index_num 参数为 1 时，返回 table_array 第一列中的值；col_index_num 为 2 时，返回 table_array 第二列中的值，以此类推。

（18）CONCATENATE 函数：此函数用来合并字符串。该函数的用法如图 6-162 所示。

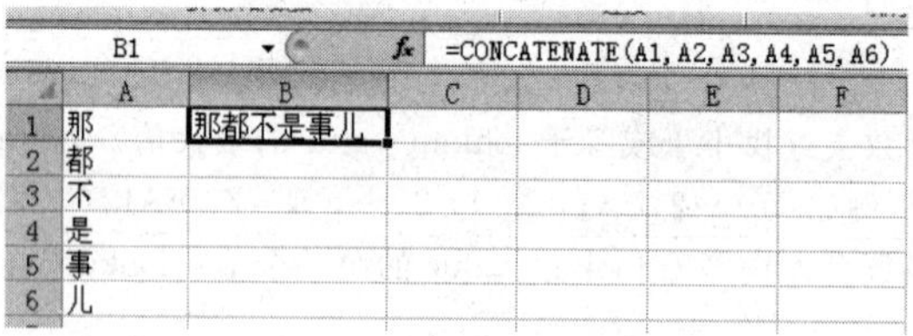

图 6-162　CONCATENATE 函数

（19）LEFT 函数：返回第一个或前几个字符。例如：在实际工作中，要取得人名的姓氏等都可以利用 LEFT 函数来完成。如图 6-163 所示，下面利用 LEFT 函数获取这些人名的姓氏。在单元格 J2 中输入以下公式：＝LEFT(C2:C25,1)。

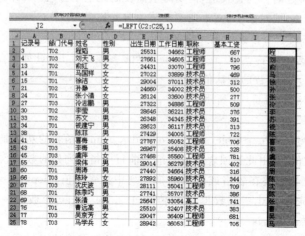

图 6-163　LEFT 函数

（20）LEN 函数：此函数用来查找文本的长度。该函数的用法如图 6-164 所示。

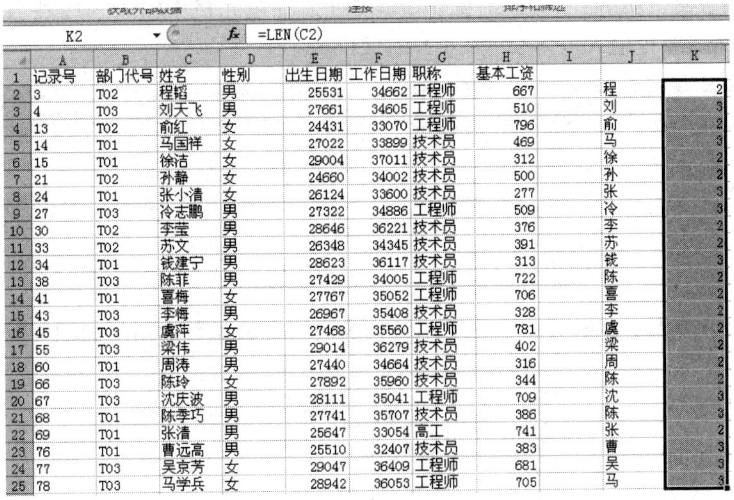

图 6-164　LEN 函数

（21）LOWER 函数：此函数用来将文本转换为小写。该函数的用法如图 6-165 所示。

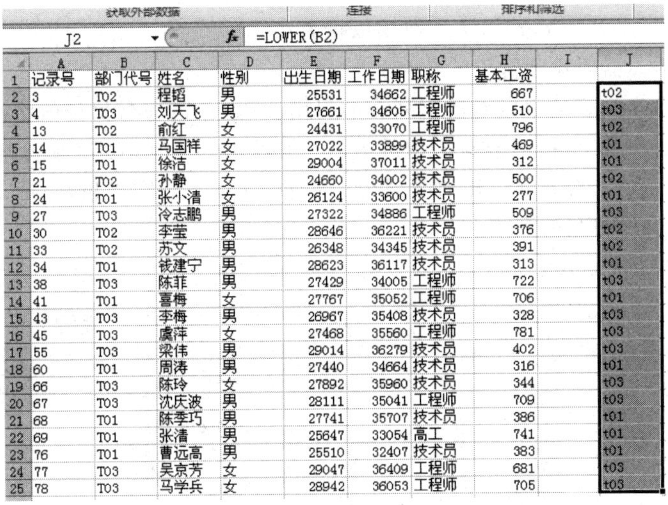

图 6-165　LOWER 函数

（22）MID 函数：此函数可以返回文本字符串中从指定位置开始的特定字符。该数目由用户指定。例如：如图 6-166 所示，从身份证号码中提取生日。在网上注册一些表格时经常需要填写身份证号码，填写完毕系统就会自动地生成出生日期，这里以某公司员工为例，根据其身份证号码提取出生年月日。首先在工作表中输入员工的姓名和身份证号码等数据信息，如图 6-166 所示，然后在单元格 D3 中输入以下公式：＝MID(C3,7,8)，在该公式中，利用 MID 函数返回身份证号码中从第 7 位字符开始的共 8 个字符，即该员工的出生日期，众所周知，身份证前 6 位代表的是省份、市、县编号，然后从第 7 位开始是出生年月日，共 8 位，后面的数字代表其他的意义。

（23）RIGHT 函数：使用此函数可以根据所指定的字符数返回文本字符串中最后一个或者

多个字符。例如：拆分姓名,在实际中人的姓名一般是由姓和名两部分组成的。下面介绍如何利用 RIGHT 函数将其拆分开,具体的操作步骤如下：在单元格中输入一些姓名,如图 6-167 所示,然后在单元格 D3 中输入以下公式：= RIGHT(B3,1)。

图 6-166 MID 函数

图 6-167 RIGHT 函数

(24) UPPER 函数：此函数用来将文本转换为大写。该函数的用法如图 6-168 所示。

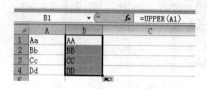

图 6-168 UPPER 函数

(25) RANK 函数。

RANK(number,ref,[order]),该函数用以排名次。

Number：必需。需要找到排位的数字。

Ref：必需。数字列表数组或对数字列表的引用。Ref 中的非数值型值将被忽略。

Order：可选。一数字,指明数字排位的方式。如果 order 为 0(零)或省略,Microsoft Excel 对数字的排位是基于 ref 按照降序排列的列表。如果 order 不为零,Microsoft Excel 对数字的排位是基于 ref 按照升序排列的列表。

该函数的用法如图 6-169 所示。

	A	B	C	D	E	F	G	H	I
	记录号	部门代号	姓名	性别	出生日期	工作日期	职称	基本工资	工资排名
1	1	T02	李利	男	1946-4-7	1967-6-15	高工	799	33
2	2	T02	顾照月	女	1954-9-2	1974-8-5	高工	861	22
3	3	T02	程韬	男	1969-11-24	1994-11-24	工程师	667	58
4	4	T03	刘天飞	男	1975-9-24	1994-9-28	工程师	510	63
5	5	T03	谭超群	女	1970-3-30	1989-4-12	工程师	784	35
6	6	T01	夏春	男	1962-6-25	1980-11-28	技术员	460	67
7	7	T01	吴凤霞	女	1961-10-13	1986-1-24	工程师	606	60
8	8	T03	丁桂萍	女	1947-12-20	1970-9-1	高工	971	6
9	9	T03	严红兰	男	1955-4-9	1976-12-11	高工	965	7
10	10	T02	黄俊高	男	1952-3-18	1970-7-2	高工	722	47
11	11	T02	樊滨	女	1951-6-24	1969-11-17	高工	871	20
12	12	T03	黄春会	男	1959-7-11	1979-12-8	高工	879	16
13	13	T02	俞红	女	1966-11-20	1990-7-16	工程师	796	34
14	14	T01	马国祥	女	1973-12-24	1992-10-22	技术员	469	66
15	15	T01	徐洁	女	1979-5-29	2001-4-30	技术员	312	78
16	16	T02	张成军	女	1970-1-14	1988-1-10	工程师	596	61
17	17	T02	郭万平	女	1967-12-5	1987-3-6	高工	912	12
18	18	T03	李庆	女	1965-2-2	1983-1-29	工程师	554	62

图 6-169 RANK 函数

习　题　6

一、填空题

1. 电子表格由行列组成的_____构成,行与列交叉形成的格式称为_____,它是 Excel 中最基本的存储单位,可以存放数值、变量、字符与公式等。

2. 在工作表中输入的数据分为_____和_____。

3. 如果单元格宽度不够,其中的数值会被显示为_____,只要加大单元格宽度即可显示出该数据。

4. 默认情况下,一个新工作簿包含_____个工作表。

5. 计算公式相似于数学中的等式,由_____和_____组成。

6. Excel 处理的对象是_____。

7. 图表是_____。

8. 如果将选定单元格的内容消除,单元格依然保留,称为_____。

9. Excel 中各运算符的优先级由高到低为比较运算符、字符串运算符、_____。

10. Excel 中工作簿的默认名是_____。

二、选择题

1. 当查看数据量较大的工作表时,希望顶部的标题栏不论怎样都不被隐藏,需要使用到 Excel 的什么技术(　　　)。

  A. 隐藏单元格　　　　B. 冻结单元格　　　　C. 查找单元格　　　　D. 删除单元格

2. 在 Excel 中,输入当天的日期,可以使用快捷键(　　　)。

  A. Shift＋;　　　　B. Ctrl＋;　　　　C. Shift＋:　　　　D. Ctrl＋Shift

3. 在 Excel 中,工作表窗口冻结包括(　　　)。

  A. 水平冻结　　　　　　　　　　B. 垂直冻结
  C. 水平、垂直冻结　　　　　　　　D. 以上全是

4. 在 Excel 中,单元格地址绝对引用的方法是(　　　)。

  A. 在单元格地址前加 $
  B. 在单元格地址后加 $
  C. 在构成单元格地址的字母和数字前分别加 $
  D. 在构成单元格地址的字母和数字之间加 $

5. 在 Excel 的单元格中输入一个公式,首先应输入(　　　)。

  A. 冒号:　　　　B. 分号;　　　　C. 感叹号!　　　　D. 等号＝

6. 下面哪种图表不是柱形图的变体?(　　　)

  A. 圆柱图　　　　B. 圆锥图　　　　C. 棱锥图　　　　D. 雷达图

7. 关于高级筛选错误说法是(　　　)。

  A. 筛选条件和表格之间必须有一行或者一列的间隙
  B. 可以在原有区域显示筛选结果
  C. 可以将筛选结果复制到其他位置
  D. 不需要写筛选条件

8. 下面哪个图表比较适合反映数据随时间推移的变化趋势?(　　　)

  A. 折线图　　　　B. 饼图　　　　C. 圆环图　　　　D. 柱形图

9. Excel 总共为用户提供了（　　）种图表类型。

    A. 9　　　　　　　　B. 6　　　　　　　　C. 102　　　　　　　　D. 14

10. 执行一次排序时，最多能设（　　）个关键字段。

    A. 1　　　　　　　　B. 2　　　　　　　　C. 3　　　　　　　　D. 任意多个

三、判断题

1. Sheet1 表示默认的第一个工作表名称。（　　）

2. 清除单元格是指清除该单元格的内容。（　　）

3. 若当前窗口是 Excel 的窗口，则按下 Alt＋F 键就能关闭该窗口。（　　）

4. Excel 的数据管理可支持数据纪录的增、删和改等操作。（　　）

5. 在 Excel 中，对某个单元格进行复制后，可进行若干次粘贴。（　　）

参 考 文 献

[1]　刘光蓉,汪靖,刘立峻.大学计算机基础.北京:清华大学出版社,2010.

[2]　孙淑霞,丁照宇.大学计算机基础.北京:高等教育出版社,2010.

[3]　林旺.大学计算机基础.北京:高等教育出版社,2010.

[4]　陈良银,邢建川,倪建成.大学计算机应用基础.北京:清华大学出版社,2008.

[5]　王超,杨明广.计算机应用基础.成都:四川科学技术出版社,2009.

[6]　黄国兴,周南岳.计算机应用基础.北京:高等教育出版社,2009.

[7]　徐军,郭晶.零起点学办公自动化.北京:清华大学出版社,2011.

图书资源支持

感谢您一直以来对清华版图书的支持和爱护。为了配合本书的使用，本书提供配套的资源，有需求的读者请扫描下方的"书圈"微信公众号二维码，在图书专区下载，也可以拨打电话或发送电子邮件咨询。

如果您在使用本书的过程中遇到了什么问题，或者有相关图书出版计划，也请您发邮件告诉我们，以便我们更好地为您服务。

我们的联系方式：

地　　址：北京市海淀区双清路学研大厦 A 座 701

邮　　编：100084

电　　话：010-83470236　010-83470237

资源下载：http://www.tup.com.cn

客服邮箱：2301891038@qq.com

QQ：2301891038（请写明您的单位和姓名）

资源下载、样书申请

书 圈

扫一扫，获取最新目录

课 程 直 播

用微信扫一扫右边的二维码，即可关注清华大学出版社公众号"书圈"。